ブロック共重合体の構造制御と応用展開

Self-Assembly in Block Copolymers : Structural Control and Applications

監修：竹中幹人
Supervisor : Mikihito Takenaka

シーエムシー出版

はじめに

2013年に「ブロック共重合体の自己組織化技術の基礎と応用」（以下「ブロック」）というタイトルでブロック共重合体の自己組織化によって形成されるモルフォロジーとその応用に関して，基礎的な部分から最新情報も含めた知見をこの分野の第一人者の諸先生方に執筆をお願いして，体系的にまとめたものを出版した。この当時，ブロック共重合体の自己組織化によって形成されるボトムアップ型の長距離秩序を持ったナノ構造は，ナノテクノロジーへの応用の期待されていたため，2012年におけるブロック共重合体関連の論文数は3700報にも上っており，その関心の高さもあって，「ブロック」も好評であった。

「ブロック」を出版して以来5年がたつが，昨年1年間でのブロック共重合体関連の論文数は2012年からさらに増えて4500報になっており，ブロック共重合体に対する注目度はいまだに高い。

その様な状況を鑑みて，「ブロック」に続くものとしてこの本の企画がなされた。この本においては，ブロック共重合体の形成する準結晶や，反射率測定など新しい物理・解析法，様々なブロック共重合体の新規合成法，新しいブロック共重合体の応用など，「ブロック」以降の新しい展開を網羅している。この本が「ブロック」同様，大学，研究機関，企業でのブロック共重合体の研究・開発に従事されていらっしゃる方のお役に立てれば幸いである。

2018年10月

京都大学
竹中幹人

執筆者一覧（執筆順）

竹中幹人　京都大学　化学研究所　複合基盤化学研究系　教授

高木秀彰　高エネルギー加速器研究機構　物質構造科学研究所　放射光科学研究施設

山本勝宏　名古屋工業大学　大学院工学研究科　生命・応用化学専攻　准教授

鳥飼直也　三重大学　大学院工学研究科　分子素材工学専攻　教授

吉元健治　京都大学　学際融合教育研究推進センター

櫻井伸一　京都工芸繊維大学　繊維学系　教授

山子　茂　京都大学　化学研究所　教授

寺島崇矢　京都大学　大学院工学研究科　高分子化学専攻　准教授

野呂篤史　名古屋大学　工学部　化学生命工学科；大学院工学研究科　有機・高分子化学専攻　講師

川口幸男　㈱堀場エステック　開発本部　京都福知山テクノロジーセンター　材料チーム　チームリーダー

塩野　毅　広島大学　大学院工学研究科　教授

田中　亮　広島大学　大学院工学研究科　助教

有浦芙美　アルケマ㈱　コーポレートR&D　ディベロップメントエンジニア

小椎尾　謙　九州大学　先導物質化学研究所　准教授

宮﨑　司　総合科学研究機構（CROSS）　中性子科学センター

藪　浩　東北大学　材料科学高等研究所　デバイス・システムグループ　ジュニア主任研究者（准教授）

八尾　滋　福岡大学　工学部　教授

上木岳士　物質・材料研究機構　国際ナノアーキテクトニクス研究拠点　主任研究員；北海道大学大学院　生命科学院　客員准教授

小野田実真　東京大学大学院　工学系研究科　マテリアル工学専攻

玉手亮多　横浜国立大学大学院　工学研究院　機能の創生部門；日本学術振興会特別研究員 PD

吉田　亮　東京大学大学院　工学系研究科　マテリアル工学専攻　教授

竹下宏樹　滋賀県立大学　工学部材料科学科　准教授

目　　次

【第１編　ブロック共重合体の構造物性と測定】

第１章　ブロックコポリマーの物理　竹中幹人

第２章　ブロック共重合体の準結晶　高木秀彰，山本勝宏

第３章　ブロック共重合体の界面・薄膜構造　鳥飼直也

第４章　シミュレーション法　吉元健治

第5章　ブロックコポリマーが形成するミクロ相分離構造のグレイン成長　**櫻井伸一**

【第2編　ブロック共重合体の設計】

第6章　TERP によるブロック共重合体の合成　**山子　茂**

第7章　ランダム共重合体を基盤とするミセル構築とナノ構造体の創出　**寺島崇矢**

第8章 リビング重合によるブロック共重合体の合成とナノ相分離構造設計 野呂篤史

第9章 量産重合法 川口幸男

第10章 配位重合によるオレフィンブロック共重合体の合成 塩野 毅，田中 亮

【第3編 ブロック共重合体の応用】

第11章 アクリルブロックコポリマー（Nanostrength®）の開発と応用 有浦芙美

第12章 ポリウレタンエラストマーのミクロ相分離構造と力学物性の関係 小椎尾 謙

第13章 ブロック共重合体の粘着メカニズム 宮崎 司

第14章 自己組織化による相分離微粒子材料 藪 浩

第15章　側鎖結晶性ブロック共重合体による結晶化超分子間力とポリエチレン改質機能　八尾　滋

第16章　ブロック共重合体の時空間構造化によるバイオミメティクス材料　上木岳士，小野田実真，玉手亮多，吉田　亮

第17章　結晶性ブロック共重合体　竹下宏樹

第1編

ブロック共重合体の構造物性と測定

第1章　ブロックコポリマーの物理

竹中幹人*

1　はじめに

ブロックコポリマーは2種類以上の高分子を共有結合で連結した高分子である。様々な分野で使われるブロックコポリマーの優れた物性はブロックコポリマーの自己組織化により形成されるミクロ相分離構造に起因している。前書[1]において，ブロックコポリマーの分類，ブロックコポリマーの相転移現象である秩序無秩序転移および相図，および無秩序状態から秩序状態経の転移および秩序相間の転移のダイナミックスについて解説をおこなった。本章においては，AB ジブロックコポリマー（AB）単体に A ホモポリマー（HA）をブレンドした AB/HA 系における，相挙動とモルフォロジーについて紹介する。

AB では AB 間に共有結合が存在するため，長距離秩序をもつジブロックコポリマーの回転半径程度の大きさを持つ周期構造が自発的に形成される。この現象はブロックコポリマーの相転移に伴う自己組織化であり，ミクロ相分離とよばれる[2]。ミクロ相分離のモロフォロジーは組成に依存して，AB 中の A の組成 $f_A = 0.5$ 付近ではラメラ構造（L）をとり，組成が偏るにしたがって，ダブルジャイロイド構造（G），シリンダー（C），体心立方格子上に球がある構造（S）へと転移する。また，G 相と L 相の中間に新しい共連続構造である *Fddd* 相が存在する[1~5]。この AB に対して HA を加えると HA が AB に対してどのように溶解（あるいは相分離）するかによって，その相分離のモルフォロジーは異なってくる。以下の項において，AB/HA 系においてのミクロ相分離とマクロ相分離の挙動に関しての乱雑位相近似を用いた解析，自己無撞着場理論による AB/HA 系の弱偏析状態におけるモルフォロジーの解明，強偏析状態における Wet Brush と Dry Brush の違いによる HA のモルフォロジーへの効果について概説する。

2　AB/HA 系のミクロ相分離とマクロ相分離

AB/HA 系における相分離挙動は，AB のブロック性に伴うミクロ相分離と AB と HA との高分子ブレンドとしてのマクロ相分離の二つの相分離が，系の状態によってどちらか一方または同時に起こる。この相分離挙動に関して，乱雑位相近似（RPA）によるミクロ相分離とマクロ相分離に対する AB/HA 系の安定性について計算した結果を以下に示す。RPA を用いることによって一相領域の系の濃度揺らぎの構造関数を求めることができ，その安定性からミクロ相分離

---

*　Mikihito Takenaka　京都大学　化学研究所　複合基盤化学研究系　教授

とマクロ相分離のスピノーダル点を求めることができる。

AB/HA 系の無秩序状態での波数 q での構造関数 $S(q)$ は RPA を用いて以下の様に与えられる[6~10]。

$$S(q)=\frac{1}{\Sigma(q)/W(q)-2\chi} \tag{1}$$

$S(q)$ は系の構造関数であり，$\Sigma(q)$ および $W(q)$ は以下の式で表される。

$$\Sigma(q)=S_{AA}(q)+2S_{AB}(q)+S_{BB}(q) \tag{2}$$

$$W(q)=S_{AA}(q)S_{BB}(q)-S_{AB}(q)^2 \tag{3}$$

ここで $S_{ij}(q)$ (i, j = A または B) は i, j セグメントの応答関数であり，Debye 関数 $g(f, x)$ により以下の様に表される。

$$S_{AA}(q)=\phi_{AB}N_{AB}g(f_A, x_{AB})+(1-\phi_{AB})N_{HA}g(1, x_{HA}) \tag{4}$$

$$S_{BB}(q)=\phi_{AB}N_{AB}g(1-f_A, x_{AB}) \tag{5}$$

$$S_{AB}(q)=(1/2)\phi_{AB}N_{AB}[g(1, x_{AB})-g(f_A, x_{AB})-g(1-f_A, x_{AB})] \tag{6}$$

$$g(f, x)=(2/x^2)[fx+\exp(-fx)-1] \tag{7}$$

ここで

$$x_{AB}=q^2R^2_{g,AB}=\frac{q^2N_{AB}a^2}{6} \tag{8}$$

$$x_{HA}=q^2R^2_{g,HA}=\frac{q^2N_{HA}a^2}{6} \tag{9}$$

f_A ：AB 中の A の組成
ϕ_{AB} ：AB の体積分率
N_K ：K 成分の重合度
$R_{g,K}$ ：K 成分の回転半径
a ：統計的セグメント長
χ ：AB 間のセグメント単位の Flory-Huggins 相互作用パラメータ

である。マクロ相分離に対するスピノーダル点は $q=0$ で $S(q)$ が発散する点であり，そのときの χ の値 $\chi_{S,macro}$ は次式で求められる。

$$\chi_{S,macro}=\frac{\Sigma(0)}{2W(0)} \tag{10}$$

それに対してミクロ相分離に対するスピノーダル点は $S(q)$ の極大値が発散する点であり，極大値をとる波数を q_m とすると，ミクロ相分離に対するスピノーダル点の χ の値 $\chi_{S,micro}$ は次式で求められる。

$$\chi_{\mathrm{S,\,macro}} = \frac{\Sigma\,(q_{\mathrm{m}})}{2W(q_{\mathrm{m}})} \tag{11}$$

よって $S(q)$ においての極大値の存在の有無により，ミクロ相分離が起こるかどうかの可能性について予測でき，かつ $\chi_{\mathrm{S,\,macro}}$ と $\chi_{\mathrm{S,\,micro}}$ の大小関係よりどちらが優先して起こるかも判断できる。

図１に $f_{\mathrm{A}}=1/2$, $N_{\mathrm{HA}}=N_{\mathrm{AB}}/2$ における AB/HA 系の様々な ϕ_{AB} における $N_{\mathrm{AB}}\Sigma\,(q)/\mathrm{W}(q)$ を $qR_{\mathrm{g,\,AB}}$ に対してプロットしたものを示す。$N_{\mathrm{AB}}\Sigma\,(q)/\mathrm{W}(q)$ は $\chi=0$ での $S(q)$ の逆数に比例したものである。$\phi_{\mathrm{AB}}=0.8$（図１の曲線１）においては極小点が $qR_{\mathrm{g,\,AB}}\approx 1.5$ に存在し，極小点から求められるミクロ相分離のスピノーダル点 $\chi_{\mathrm{S,\,micro}}N_{\mathrm{AB}}\approx 20$ である。一方 $N_{\mathrm{AB}}\Sigma\,(0)/\mathrm{W}(0)$ から求められるマクロ相分離のスピノーダル点は $\chi_{\mathrm{S,\,micro}}N_{\mathrm{AB}}\approx 30$ であり $\chi_{\mathrm{S,\,macro}}N_{\mathrm{AB}}>\chi_{\mathrm{S,\,micro}}N_{\mathrm{AB}}$ であるためミクロ相分離が先に起こることになる。$\phi_{\mathrm{AB}}=0.2$（図１の曲線４）においては極小点は存在せずマクロ相分離のスピノーダル点のみが $N_{\mathrm{AB}}\chi_{\mathrm{S,\,macro}}\approx 30$ に存在する。このように ϕ_{AB} が減少するにつれて，ミクロ相分離のみがおこる $\phi_{\mathrm{AB}}=1.0$ からミクロ相分離が優先して起こる領域，マクロ相分離が優先して起こる領域へと変化することがわかる。

図２に(10)，(11)から計算される $f_{\mathrm{A}}=1/2$, $N_{\mathrm{HA}}/N_{\mathrm{AB}}=0.5$ におけるミクロ相分離とマクロ相分離のスピノーダル点の ϕ_{AB} 依存性を示す。実線がマクロ相分離のスピノーダル点，破線がミクロ相分離のスピノーダル点である。また，ϕ_{C} はその体積分率以下ではマクロ相分離が優先して起こる臨界組成である。$\phi_{\mathrm{AB}}>\phi_{\mathrm{C}}$ の領域において，$\chi N_{\mathrm{AB}}<\chi_{\mathrm{S,\,micro}}N_{\mathrm{AB}}$（点 P）は，マクロ相分離およびミクロ相分離に対して安定あるいは準安定な領域であり，$\chi_{\mathrm{S,\,micro}}N_{\mathrm{AB}}$ より十分離れた点 P では系は一相領域にある。$\chi_{\mathrm{S,\,micro}}N_{\mathrm{AB}}<\chi N_{\mathrm{AB}}<\chi_{\mathrm{S,\,macro}}N_{\mathrm{AB}}$（点 Q）は，ミクロ相分離に対して

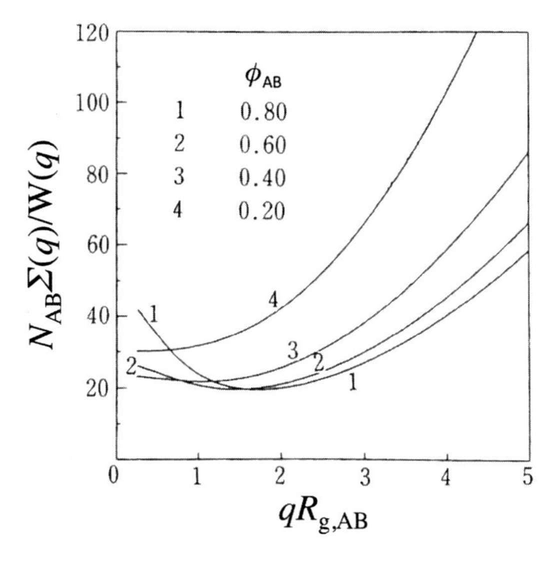

図１　AB/HA 系の $N_{\mathrm{AB}}\Sigma\,(q)/\mathrm{W}(q)$ の $qR_{\mathrm{g,\,AB}}$ 依存性
$f_{\mathrm{A}}=1/2$, $N_{\mathrm{HA}}=N_{\mathrm{AB}}/2$ である。

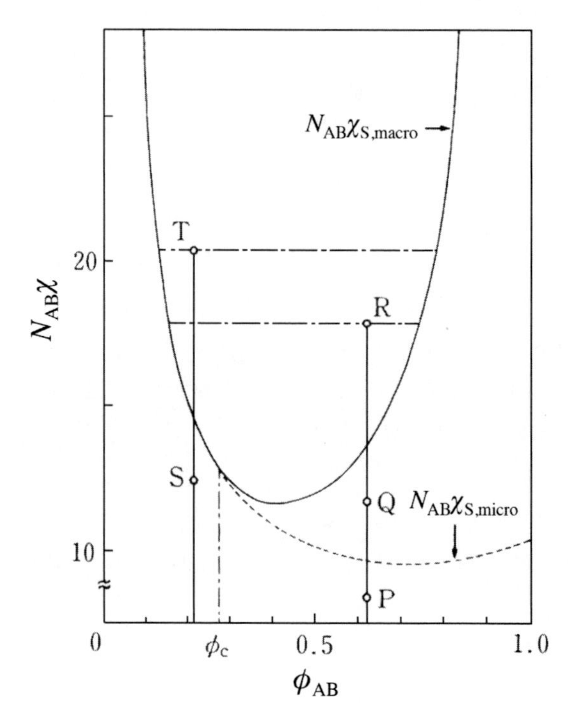

図2　$f_A = 1/2$, $N_{HA} = N_{AB}/2$ における AB/HA 系のミクロ相分離に対するスピノーダル点 $N_{AB}\chi_{S,\,micro}$（破線）とマクロ相分離に対するスピノーダル点 $N_{AB}\chi_{S,\,micro}$（実線）

は不安定であるがマクロ相分離に対して安定あるいは準安定な領域である。系はミクロ相分離のみが起こり，HA は A 相に相溶している。$\chi_{S,\,macro}N_{AB} < \chi N_{AB}$ はミクロ相分離とマクロ相分離に対して不安定な領域であり，ミクロ相分離とマクロ相分離の両方が同時に起こることになるが，速度論的にはミクロ相分離が優先的に進行すると考えられる。

マクロ相分離が優先して起こる $\phi_{AB} < \phi_C$ の領域においては，$\chi N_{AB} < \chi_{S,\,macro}N_{AB}$（点 S）はマクロ相分離に対して安定あるいは準安定な領域であり，$\chi_{S,\,macro}N_{AB}$ より十分離れた点 S では系は一相領域にある。それに対して $\chi N_{AB} > \chi_{S,\,macro}N_{AB}$（点 T）はマクロ相分離が優先して起こる。この場合，相分離の初期の段階ではマクロ相分離のみが起こるが相分離の進行とともに AB がリッチな領域の組成が ϕ_C を超えるとミクロ相分離を起こすことになり，マクロ相分離に誘起されたミクロ相分離が起こる。

ミクロ相分離とマクロ相分離のスピノーダル点の ϕ_{AB} 依存性は AB と HA の重合度の比に強く依存する。図 3 に $f_A = 1/2$ の AB において HA の重合度を変化させた場合のミクロ相分離とマクロ相分離のスピノーダル点の ϕ_{AB} 依存性を示す。図 3（a）の $N_{HA}/N_{AB} = 0.1$ の場合であり，ミクロ相分離が優先的に起こる領域が $N_{HA}/N_{AB} = 0.5$ の場合よりも広がっている。それに対して図 3（b）の $N_{HA}/N_{AB} = 2$ の場合，ミクロ相分離が優先的に起こる領域が $N_{HA}/N_{AB} = 0.5$ の場合に比

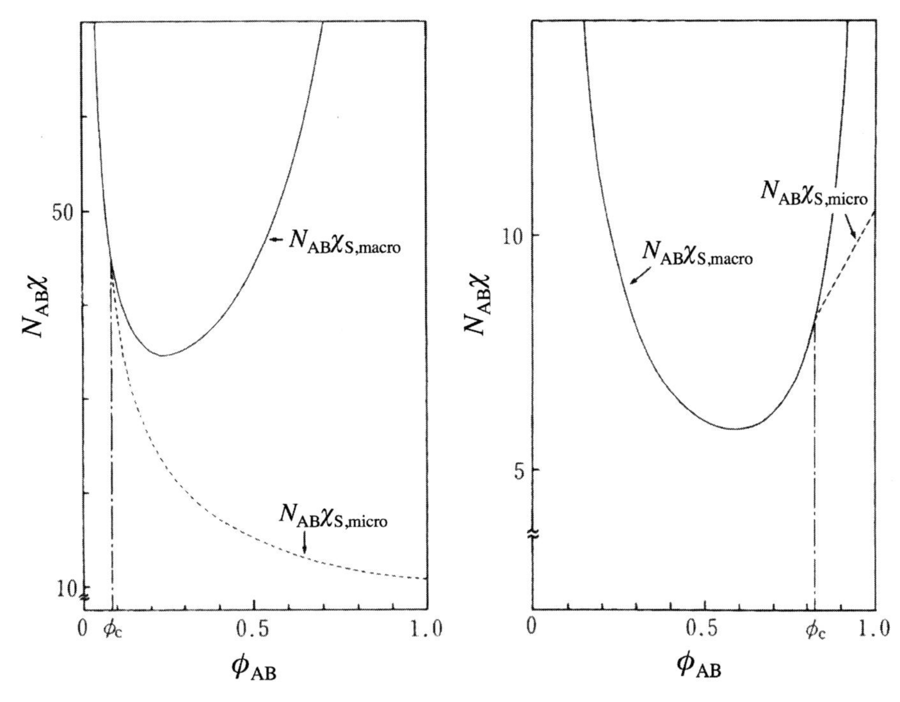

図3　AB/HA 系の $N_{AB}\chi_{S,\,micro}$（破線）と $N_{AB}\chi_{S,\,micro}$（実線）の重合度依存性
(a) $f_A=1/2$, $N_{HA}/N_{AB}=0.1$,（b）$f_A=1/2$, $N_{HA}/N_{AB}=2.0$。

べて狭くなっており，HA の分子量が大きくなるほどマクロ相分離が起こりやすくなることがわかる。

3　弱偏析状態における AB/HA 系のモルフォロジー

前項については，ミクロ相分離およびマクロ相分離に対する安定性に関しての議論であったが，この項では，比較的 $\chi N_{AB}=10$ 近傍の A と B の間の偏斥力が比較的弱い領域における AB/HA 系のモルフォロジーについて述べる。$\chi N_{AB}=10$ 近傍の秩序状態においては偏斥力が弱く，ミクロ相分離構造の界面は緩やかな濃度勾配を有している。Matsen は弱偏斥状態における AB/HA 系のモルフォロジーおよび相図を自己無撞着場理論（Self-consistent field theory, SCFT）を用いて計算した[11]。

図4に $N_{HA}/N_{AB}=1.0$ において χN_{AB} を変化させた場合の AB/HA 系の相図を示す。どの相図においても AB 単体でみられるラメラ構造（L），ダブルジャイロイド構造（G），シリンダー（H），体心立方格子上に球がある構造（Im$\bar{3}$m）が存在する。ホモポリマーの体積分率が増えるにしたがって S 相が最密充填した球（CPS）相へ G 相が Hexagonally Perforated Lammelar（HPL）相へと転移することがわかる。χN が増加するに伴って無秩序状態（DIS）の領域が減少してマク

ロに相分離する領域（2-phase）が増加している。

図5に$\chi N_{AB}=11$においてN_{HA}/N_{AB}を変化させた場合のAB/HA系の相図を示す。HAの分子量が低下するとDIS領域が広がり，2-phase領域が狭くなるのがわかる。特徴的なことは$N_{HA}/N_{AB}=0.67$の場合，G相がHAの分率の増加に伴ってOrdered Bicontinuous Double Diamond（Im$\bar{3}$d, OBDD）相が現れることである。OBDDはAB単体においては平衡な構造としては存在しない。OBDD相の存在については，高木らによって明らかにされている[12,13]。OBDD構造は図6に示す様な結節点からの4分岐構造がユニットとなったテトラポッドの6員環のダブルネットワークである。高木らは2種類のスチレンイソプレンジブロックコポリマー（SI）（Code：SI33, 数平均分子量$M_n=2.94\times10^4$, SI中のポリイソプレンの体積分率$f_{PI}=0.33$；Code：SI67, $M_n=4.33\times10^4$, $f_{PI}=0.67$）にポリイソプレンホモポリマー（hPI）（Code：PI11K, $M_n=1.14\times10^4$）またはポリスチレンホモポリマー（hPS）（Code：PI16K, $M_n=1.56\times10^4$）をブレンドした

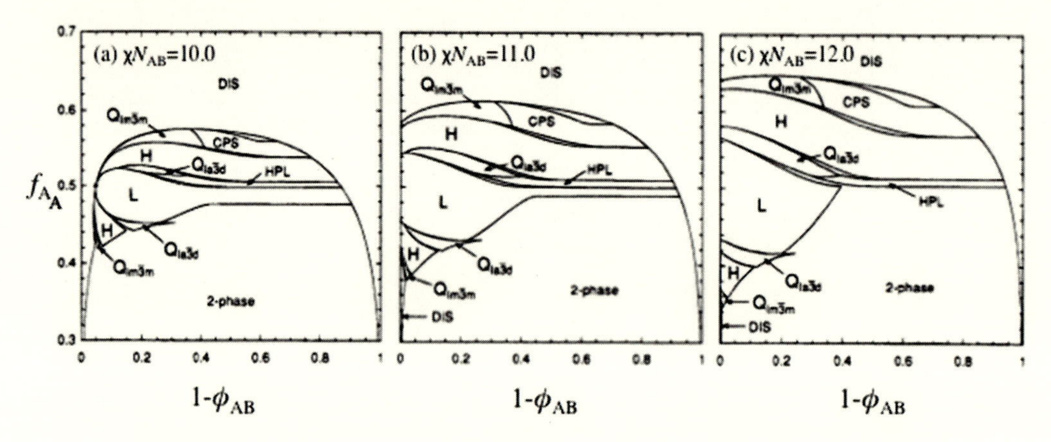

図4　$N_{HA}/N_{AB}=1.0$においてχN_{AB}を変化させた場合のAB/HA系のf_A-ϕ_{AB}相図
（a）$\chi N_{AB}=10$,（b）$\chi N_{AB}=11$,（c）$\chi N_{AB}=12$。

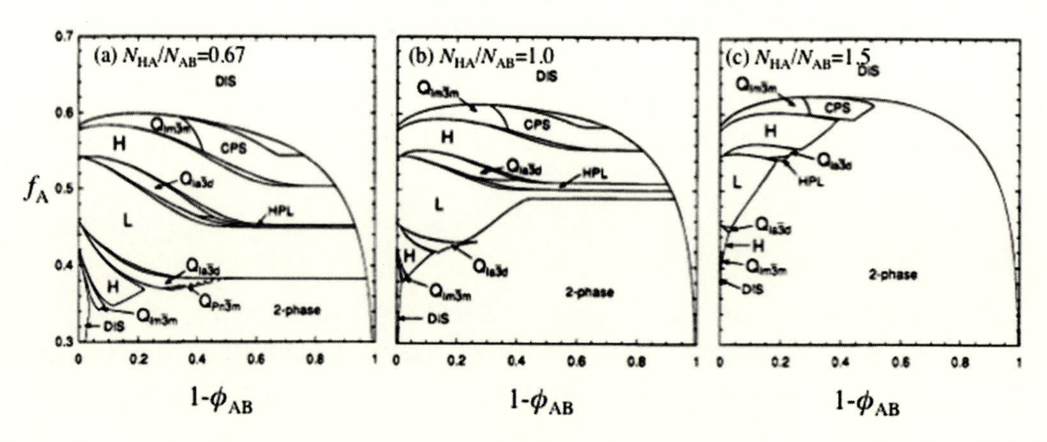

図5　$\chi N_{AB}=11$においてN_{HA}/N_{AB}を変化させた場合のAB/HA系のf_A-ϕ_{AB}相図
（a）$N_{HA}/N_{AB}=0.67$,（b）$N_{HA}/N_{AB}=1.0$,（c）$N_{HA}/N_{AB}=1.5$。

系について小角X線散乱法によりモルフォロジーの検討を行った。SI33/PI11Kのブレンドにおいては，図7に見られる様にPI11Kを9 wt%ブレンドした系ではシリンダー（HEX）からダブルジャイロイド（Gyr）への転移が，14%ではGからOBDDへの転移が観測された。また20%以上ブレンドした系では測定温度範囲内ですべてOBDDをとることが観測された。また，SI67/PS16Kでは30 wt%のPS16KのブレンドによってGyrからOBDDの転移が観測された。

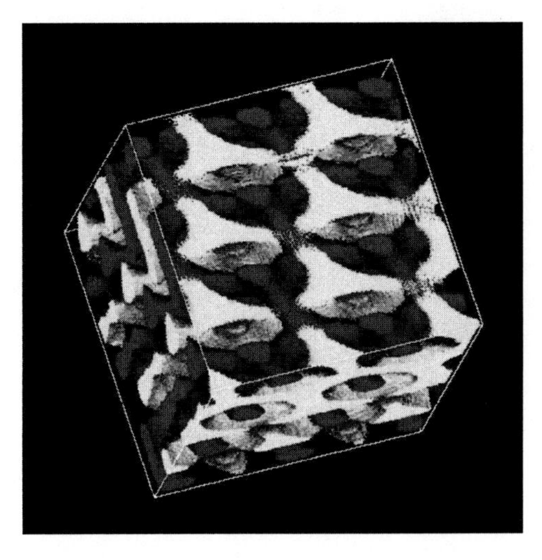

図6　OBDDのモデル図

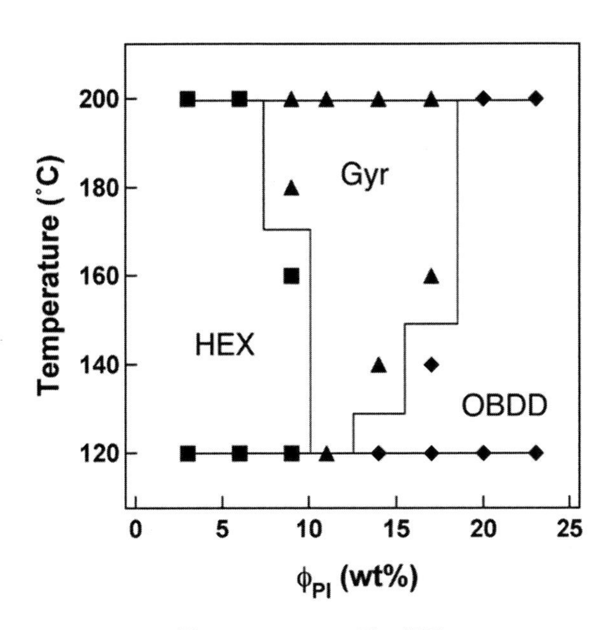

図7　SI33/PI11K系の相図
実線は相境界を示す。OBDD：Ordered Bicontinuous Double Diamond, Gyr：ダブルジャイロイド（G），HEX：シリンダー構造（C）。

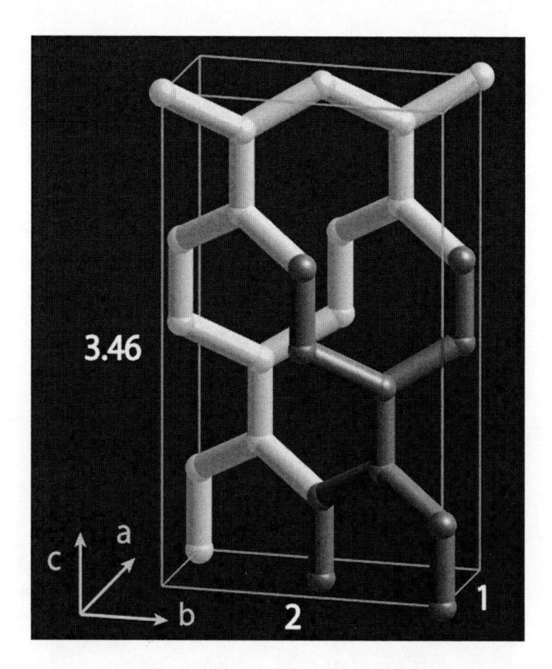

図８　*Fddd* 構造のモデル図

また，単独では *Fddd* 構造をとらない SI に対して短いホモポリマー（hPS）を添加することによって *Fddd* 相が現れることも見出されている[14]。*Fddd* 構造は図８に示す様な３分岐構造がねじれながら連結するシングルネットワークである。単位胞の各辺の長さ a, b, c が異なる。ブロックコポリマーで見出されている a, b, c の比は（a：b：c）=（1：2：$2\sqrt{3}$）である。SI（Code：SI-A, $M_n = 2.61 \times 10^4$, $f_{PI} = 0.651$）は高温から無秩序状態-G-L の転移を起こして，*Fddd* 相が観測されない SI である。これに対して hPS（code：PS6K, $M_n = 5.73 \times 10^3$）をブレンドしたサンプルを作成しその相転移挙動の温度依存性を小角 X 線散乱法により調べた。その結果，SI 単独では観測されなかった *Fddd* 相が現れることを見出した。図９はブレンドサンプルにおいて *Fddd* が観測された領域を f_{PI} に対してプロットしたものである。$0.632 \leq f_{PI} \leq 0.641$ かつ $27.5 < \chi N < 30.2$ において *Fddd* 相が見出され，HPS のブレンドによって *Fddd* 相が現れるということわかった。

4　強偏析状態における HA 混合のモルフォロジーに対する効果

AB/HA 系の強偏析状態のモルフォロジーを考える上において重要な概念が高分子ブラシである。高分子ブラシとは[15]高分子鎖が比較的高密度に存在し，その一方の末端が界面に拘束されている状態のことである。秩序状態でのブロックコポリマーにおける高分子鎖は高分子ブラシとみなすことができる。末端が拘束されている状態であるので，A-B の A 鎖の A ホモポリマーの HA の膨潤挙動は自由空間における二種類の分子量の異なる A ホモポリマーの混合状態とは大

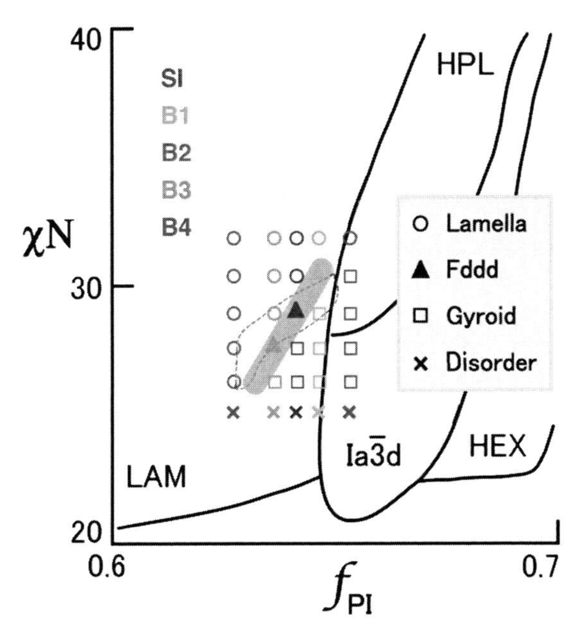

図9　SI-A/ PS6K 系の相図
灰色の部分が *Fddd* 相である。LAM：ラメラ，*Ia*$\bar{3}$*d*：
ダブルジャイロイド (G)，HEX：シリンダー構造 (C)。

きく異なる。

AB/HA 系における膨潤状態を特徴付けるパラメータは HA の重合度 N_A と AB の A 鎖の重合度 N_{HA} との比である $r_A = N_{HA}/N_A$ である[16]。AB が図 10（a）に示す様なミクロドメイン構造を形成しているとする。これに対して HA を混合すると，r_A の値によって HA の膨潤挙動は大きく異なる。$r_A << 1$ においては図 10（b）に示すように HA は A ミクロドメイン中に存在し，AB の A 鎖をほぼ均一に膨潤する。そのため AB 単体での結合点間の距離 a_{J0} は a_J へと広がり，モルフォロジーを変化させる。この状態のことを Wet Brush という。図 11 に単体でラメラ構造を形成するポリスチレンポリイソプレンジブロックコポリマー（SI）（Code：HY-8, $M_n = 3.16 \times 10^4$, SI 中のポリスチレンの体積分率 $f_{PS} = 0.44$）に分子量の低い hPS（Code：HS1, $M_n = 2.2 \times 10^4$, HS1 の重合度と HY-8 のポリスチレン（PS）鎖の重合度との比 $r_A = 0.15$）を様々な組成で混合した系の透過型電子顕微鏡（TEM）写真を示す。HY-8/HS1 系は $r_A = 0.15$ であり，Wet Brush 条件での混合となる。hPS の体積分率が増加するとともにラメラからシリンダー，球へとモルフォロジーが転移する。これは図 12 に示す様に Wet Brush 状態における界面の状態を示す。図 12（a）のように AB 単体でラメラを形成する場合には A 鎖と B 鎖は界面を境にして同じ体積を占め，フラットな界面となりラメラ構造を形成する。HA を Wet Brush 条件で混合すると HA は A ミクロドメインを膨潤するため，混合状態における 1 本あたりの占める体積は A 鎖の方が大きくなる。非圧縮の条件下において A 鎖と B 鎖の体積の非対称性を満たすためには図 12（b）のように A 鎖が引き延ばされてラメラ構造を維持するか，図 12（c）のように界面の曲率を変

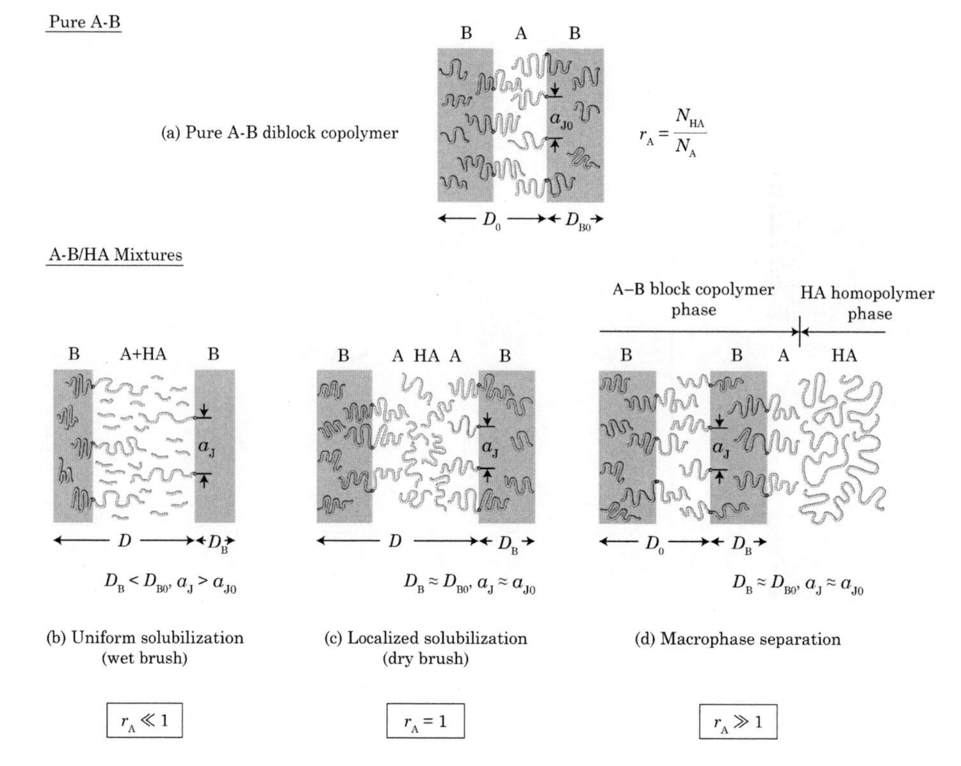

図10　AB/HA 系における r_A の変化に伴う混合状態の変化の模式図

(a) AB 単体 (b) r_A<<1 の Wet Brush 状態 (c) r_A≈1 の Wet Brush 状態 (d) マクロ相分離状態
D_0：AB 単体におけるドメイン間距離，D_{B0}：AB 単体における B のドメイン厚み，a_{J0}：AB 単体における結合点間距離，D：AB/HA 系におけるドメイン間距離，D_B：AB/HA 系における B のドメイン厚み，a_J：AB/HA 系における結合点間距離。

えて非対称性も満たすかのどちらかになるが，A と B の間の斥力が非常に強い場合には 1 本あたりの界面積が少ない図 12（b）の状態をとるが，多くの場合には A 鎖のコンフォメーションの安定性から図 12（c）のような界面の曲率の変化させることになる。

r_A≈1 においては図 10（c）に示すように HA は A ミクロドメイン中に存在するが，HA は AB の A 鎖をほとんど膨潤せず A ミクロドメインの中央部に局在化する。この場合 AB の結合点間の距離は a_J≈a_{J0} であり，HA は B ミクロドメインの構造に影響を与えないことになる。この状態のことを Dry Brush という。図 13 に単体でラメラ構造を形成する SI（Code：H102, M_n = 1.0 × 10^4, f_{PS} = 0.46）に hPS（Code：S62, M_n = 2.2 × 10^4, r_A = 1.2）を様々な組成で混合した系の TEM 写真を示す[17]。H102/S62 系は r_A = 1.2 であり，Dry Brush 条件での混合となる。単体でラメラ構造が観測されている。S26 の分率が増えるに従ってドメイン間隔 D は増加し，D の分布が大きくなっていくが，ポリイソプレン（PI）相（黒い部分）の厚みは変化していないことが観測される。また，S62 の体積分率が増加するとともに，図 14 のようなベシクルのシリンダーや球を形成する様になる。

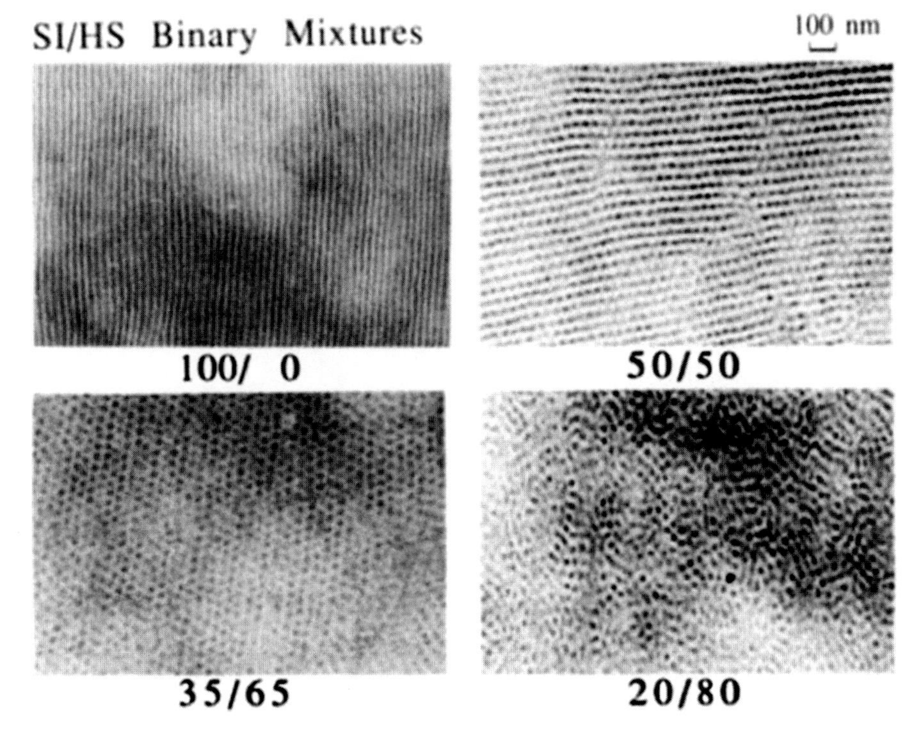

図11　SI(HY-8)/HS(HS1) 混合系の TEM 像
黒い部分がイソプレン相である。混合比を図の下に示す。

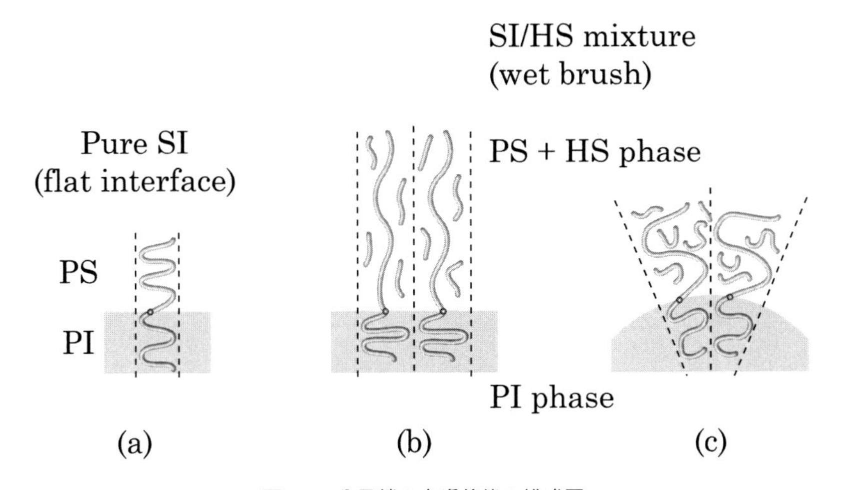

図12　分子鎖の充填状態の模式図
(a) 対称な SI 単体における高分子鎖の充填状態，(b) HS により非圧縮下で均一に膨潤された界面を平面に保った状態での高分子鎖の充填状態。(c) 界面に曲率を持たせて非圧縮下で均一に膨潤された場合の高分子鎖の充填状態。

図 13 SI(H102)/HS(S62) 混合系の TEM 像
黒い部分がイソプレン相である。混合比を図の下に示す。

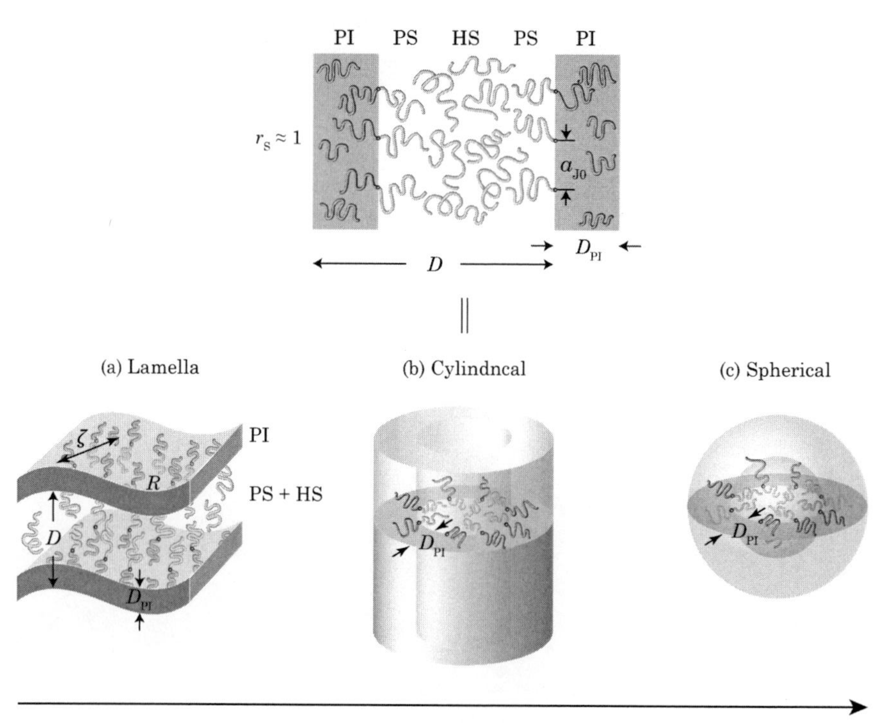

図 14 SI/hPS 系の Dry Brush の H102/S62 混合系のモルフォロジーの組成依存性の模式図

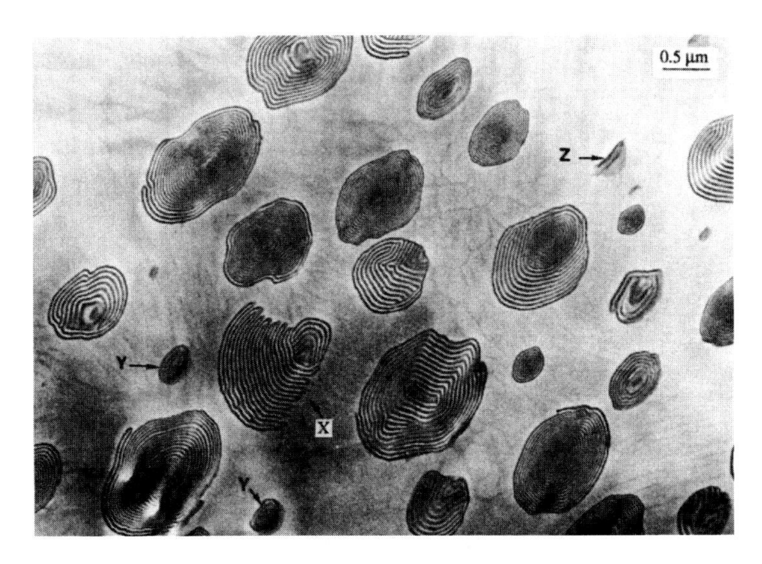

図15　H102/S570 混合系の H102/ S570＝20/80（wt%/wt%）の TEM 写真
黒い部分がイソプレン相である。

r_A＞＞1 においては図 10（d）に示すように HA と AB はマクロ相分離を起こし，ミクロ相分離をした A-B の領域と HA の領域とに相分離することになる。図 15 に H102 に hPS（Code：S570, M_n＝5.710^5, r_A＝8.5）を H102/S570＝20/80 の重量比でブレンドしたものの TEM 写真を示す[18]。系は hPS リッチ領域と SI リッチ領域とにマクロに相分離しているのがわかる。そして，SI リッチ領域においては SI 単体での平衡構造であるラメラ構造をとっている。この場合，マクロ相分離が先に起こりその後にミクロ相分離構造が形成されていることがわかる。

5　まとめ

本章では，ジブロックコポリマー単体にホモポリマーをブレンドした系におけるミクロ相分離とマクロ相分離の相転移挙動に対する安定性，弱偏析状態におけるモルフォロジーの転移に関する理論と実験の結果，強偏析状態における Wet Brush と Dry Brush の違いによるモルフォロジーの転移に違い，マクロ相分離とミクロ相分離の共存に関して記述した。これらの知見がブロックコポリマーの応用に役立てれば幸いである。

文　　献

1) 竹中幹人，ブロック共重合体の自己組織化技術の基礎と応用，シーエムシー出版（2013）
2) L. Leibler, *Macromolecules*, **13**, 1602 (1980)
3) A. K. Khandpur, S. Förster, F. S. Bates, I. W. Hamley, A. J. Ryan, W. Bras, K. Almdal, K. Mortensen, *Macromolecules*, **28**, 8796 (1997)
4) M. W. Matsen, M. Schick, *Phys. Rev. Lett.*, **72**, 2660 (1994)
5) M. W. Matsen, F. S. Bates, *Macromolecules*, **29**, 1091 (1996)
6) K. Mori, H. Tanaka, T. Hashimoto, *Macromolecules*, **20**, 381 (1987)
7) H. Tanaka, T. Hashimoto, *Maromolecules*, **29**, 211 (1988)
8) K. Mori, H. Taneka, H. Hasegawa, T. Hashimoto, *Polymer*, **30**, 1389 (1989)
9) 竹中幹人，橋本竹治，高性能ポリマーアロイ，第四章，丸善（1991）
10) 竹中幹人，橋本竹治，ABの相分離と構造形成，ポリマーABCハンドブック，NTS出版（2001）
11) M. W. Matsen, *Macromolecules*, **28**, 5765 (1995)
12) H. Takagi, K. Yamamoto, S. Okamoto, EPL, **110**, 48003 (2015)
13) H. Takagi, T. Takasaki, K. Yamamoto, *J. Nanosci. Nanotechnol.*, **17**, 9009 (2017)
14) Y-C. Wang, M. I. Kim, S. Akasaka, K. Saijo, H. Hasegawa, T. Hikima, M. Takenaka, *Macromolecules*, **49**, 2257 (2016)
15) 辻井敬亘，繊維と工業，**64**, 144 (2008)
16) H. Tanaka, H. Hasegawa, T. Hashimoto, *Macromolecules*, **24**, 240 (1992)
17) S. Koizumi, H. Hasegawa, T. Hashimoto, *Macromol. Chem. Macromol. Symp.*, **62**, 75 (1992)
18) S. Koizumi, H. Hasegawa, T. Hashimoto, *Macromolecules*, **27**, 6532 (1994)

第2章　ブロック共重合体の準結晶

高木秀彰[*1]，山本勝宏[*2]

1　はじめに

準結晶の発見は，1982年イスラエルの金属研究者シュヒトマン（D. Schehtman）がAl-Mn合金中の準安定相について電子顕微鏡観察の中で，10回回転対対称の回折パターンを見出したことに始まる[1)]。それ以前の常識では，合金の構造は，結晶か非晶かのいずれかであり，斑点状の回折パターンを与えるものは結晶と考えられていた。結晶に許される回転対称性は1, 2, 3, 4, 6回対称性のみであり，10回対称性は存在しない。さらに，結晶であれば，よく知られたブラッグの式で表されるように，回折点が原点から等間隔に並ぶはずであるが，10回対称を示した回折像では，その条件に当てはまっていない（無理数倍の位置に並ぶ）ことも特徴であった。この発見から2年後1984年にPhysical Review Lettersに発表された[2)]。その後，LivineとSteinhardtの二人の理論家によって新しい物質概念「準結晶（quasicrystal)」が提唱された。その後，世界中では次々と準結晶の発見の報告がされるようになった。準結晶はハードマテリアルである金属系の合金に多く発見されているが，その形成は原子同士の強い結合によるものであり，またそこに電子状態が寄与している。一方，本書であつかうソフトマテリアル系の準結晶は相互作用の相関が弱い微粒子や分子または，その集合体を幾何学的見地から準結晶構造が発現するという考えに基づき，構成する異なる粒子や分子間の相対サイズ，相対数により決定される。準結晶に関する詳しい説明は，他の書物を参考にいただけると幸いである[3)]。本書では，ソフトマテリアルであるブロック共重合体のミクロ相分離構造に特化し，そのメゾスコピックな準結晶およびその近似結晶について紹介する。

2　準結晶の定義

ここでは，非常に簡単にまとめて書くとする。準結晶は，通常の結晶が持つ原子配列秩序とは全く異なる固体物質であり，図1に示す原子配列の観点から固体を分類にすることができる。図の分類は散乱実験に現れる性質に基づいており，対象とする固体物質がどれに属しているかを実

＊1　Hideaki Takagi　高エネルギー加速器研究機構　物質構造科学研究所
放射光科学研究施設

＊2　Katsuhiro Yamamoto　名古屋工業大学　大学院工学研究科　生命・応用化学専攻
准教授

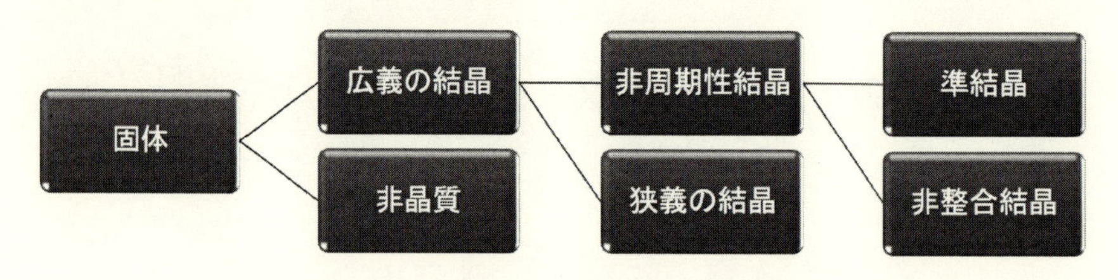

図１　原子配列の秩序に基づく固体の分類

験的に決めることができる。

X線で結晶からの散乱を観測する場合，電子密度の空間分布を$\rho(r)$とおくと，各原子の位置でピークを持ち，原子間で値が小さくなるような連続関数となる。このとき，原子によって散乱能（電子密度）が違うので，そのピークの高さは異なる。rの周りの微小空間$\mathrm{d}r$からの散乱波は$\rho(r)\exp(-iq\cdot r)\mathrm{d}r$と表され，これをすべての$r$に対して足し合わせることで次式が得られる。

$$F(q)=\int\rho(r)\exp(-iq\cdot r)\,\mathrm{d}r \tag{1}$$

散乱強度$I(q)$は，

$$I(q)=|F(q)|^2 \tag{2}$$

で与えられる。

「広義の結晶」と「非晶質」の違いは，散乱強度$I(q)$がδ関数の組になるかならないか，すなわち「広義の結晶」とは何らかの長距離秩序を有し，「非晶質」は長距離秩序を持たず，散乱強度は連続的な関数となる。広義の結晶は

$$I(q)=\sum_i|Ai|^2\delta(q-G_i) \tag{3}$$

の形で回折スペクトルを与える。qは散乱ベクトル，$\delta(x)$はδ関数で，δ関数の位置の集合$\{G_i\}$を逆格子と呼ぶ。

逆格子$\{G_i\}$の基本ベクトルの数Nが空間次元の数dと一致するとき，そのような構造を「狭義の結晶」と呼び，$N>d$となるとき，「非周期結晶」と呼ばれる。2次元および3次元の「狭義の結晶」に許される回転対称性は2，3，4，6回に限られる。非周期結晶においてはこの限りではなく，そのうちで，$I(q)$が「狭義の結晶」に存在しない回転対称性，すなわち，2，3，4，6回以外の回転対称性を持つ場合，その構造を「準結晶」と呼び，そうでないものは「非整合結晶」と呼ばれる。以上をまとめると，「準結晶」とは，①$I(q)$がδ関数のセットとなる。つまり長距離秩序を持つ。②逆格子$\{Gi\}$を指数付けるのに必要最小な逆格子基本ベクトルの数Nが次元数より大きい。つまり準周期性を持つ。③$I(q)$が2，3，4，6回以外の対称性をもつ。これら①～③の条件を満たす構造が「準結晶」として定義される。

3　非金属系準結晶

金属系のアロイに多くの準結晶が発見されてきたが，ここでは金属系以外の粒子間の相互作用が小さい系であるナノ粒子の集合体やブロック共重合体のミクロ相分離構造が形成する原子スケールから大きく離れた，ナノメートルスケールの大きさの準結晶について紹介する。

3.1　ナノ粒子が自己組織化した準結晶[4)]

2種類のナノ粒子（直径13.4 nmのFe_2O_3微粒子と5 nmの金微粒子，直径12.6 nmのFe_3O_4微粒子と4.7 nmの金微粒子，直径9 nmのPbS微粒子と3 nmのPd微粒子，いずれのケースもサイズ比が0.43）の混合による自己組織化を引き起こすことで，正12角形準結晶が形成された。微粒子の組み合わせにおいて，異種の粒子間に働く相互作用は弱く，構造は剛体球の充填のようにエントロピーに支配される。図2に示すように，大きな粒子は正三角形と正四角形をなしている。これらは，アルキメデスタイリング（3^2.4.3.4）構造として知られる。アルキメデスタイリングはKeplerによって1619年に導入され[5)]，平面を埋め尽くす“正多角形の切ばめ細工”の規則パターンとして定義される。それぞれのタイリングで唯一のタイプの頂点しか許されない。例えば，上述の（3^2.4.3.4）構造は，どの頂点をとっても周りに正三角形，正三角形，正方形，正三角形，正方形の順にタイリングされ埋め尽くされている。他の図も同様であることがわかる。ギャップ無しに面を埋め尽くすタイリングのパターンは11種類しか存在しない。その内，正三角形と正方形からなるタイリングパターンは4つ存在する。この（3^2.4.3.4）構造は，電子線回折像から12回回転対称構造であることが示された。正12角形準結晶では，アルキメデスタイリン

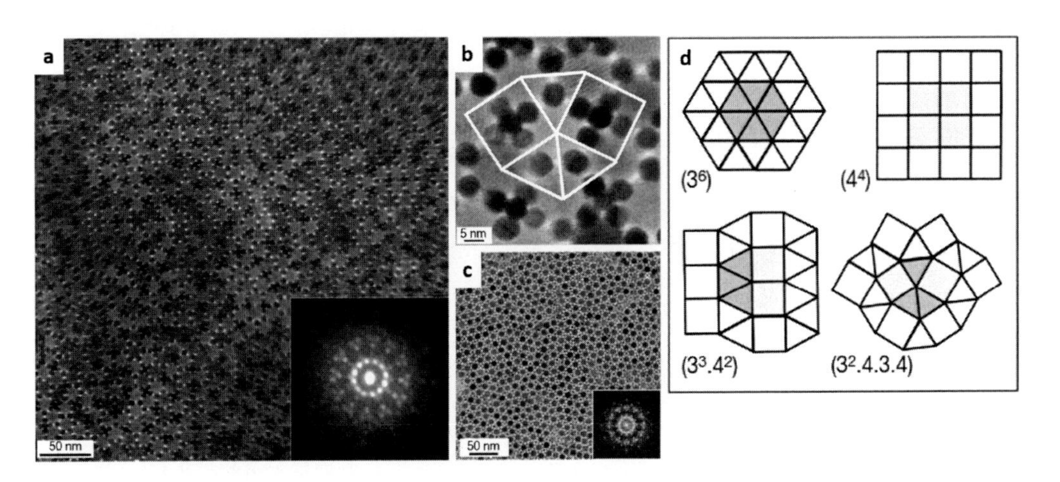

図2　自己組織化したナノ粒子の準結晶の高分解像とアルキメデスタイリング[4)]
（a, b）直径13.4 nmのFe_2O_3微粒子と5 nmの金微粒子，（c）直径9 nmのPbS微粒子と3 nmのPd微粒子，とそれぞれに対応する回折像，（d）アルキメデスタイリング（引用：*Nature* 461, 965（2009））

グによると正三角形と正方形の数の比は $N_3/N_4=2.31$（$4/\sqrt{3}$）となる。この関係と粒子の成分比から，N_{Au}/N_{Fe3O4} が約 3.86（$(4+6\sqrt{3})$ / $(2+\sqrt{3})$）で調製すると三角形と四角形の数の比が $N_3/N_4=2.31$（$4/\sqrt{3}$）になり正 12 角形準結晶（Dodecagonal quasicrystal：DDQC）が形成されたと述べられている。

3. 2　コロイド粒子による準結晶

高分子が作る準結晶として，帯電 PS ポリスチレン（半径 1.45 μm）の水懸濁系に発見されている[6]。五角形の偏光レーザービームを集光レンズで絞り薄い試料セルに照射すると，その部分で，光学干渉パターンが得られる。この干渉パターンのポテンシャル場の強度分布が 10 回対称性を有し，それを鋳型とする。ここに，帯電したポリスチレン微粒子が静電ポテンシャルによって分布し，正 10 角形コロイド準結晶が形成される。ただし，この場合，外部からの静電ポテンシャルが与えられたときのみ形成されるので，厳密には安定相ではない。

3. 3　有機分子集合体による準結晶

2004 年に樹状高分子（デンドリマー）が作る分子集合体，超分子デンドリマー準結晶（液晶）で 12 回対称の準結晶が発見された[7]。多くの長いアルキル鎖を有するデンドリマーは円錐型となり，それらが集合し球体を形成する（図 3）。これらの球体は自己組織化し，複雑な構造 $Pm\bar{3}n$ (or A15)，$P4_2/mnm$（or Frank-Kasper σ）相を形成することが小角 X 線散乱（SAXS）法により明らかにされた。$P4_2/mnm$（or Frank-Kasper σ）相は，準結晶の近似結晶とよばれる。準結晶の近似結晶とは，準結晶相の非常に近くの組成に対して，局所構造が準結晶に極めて類似したクラスターが周期的に配列した大きな単位胞の結晶である。したがって，準結晶の発見において，近似結晶が発見されることが多い。この超分子デンドリマー準結晶もその一つである。

4　高分子ブロック共重合体による準結晶

4. 1　ABC 星形トリブロック共重合体のミクロ相分離構造

互いに非相溶の三種類の高分子が 1 点で共有結合した ABC mikto-arm 星形共重合体のシリンダー状ミクロ相分離構造において，そのシリンダー軸に対して垂直方向の断面構造がアルキメデスタイリングの (6^3)，(4.8^2)，(4.6.12) 構造を示すことが，計算および実験の両面で示されている。2005 年に高野，堂寺，松下らのグループがポリイソプレン（PI），ポリスチレン（PS），ポリ 2 ビニルピリジン（PV）からなる ABC 星形ブロック共重合体（PI-PS-PV）において，アルキメデスタイリング（$3^2.4.3.4$）構造が発現することを見出した[8~10]。堂寺はモンテカルロシミュレーションで，ABC 星形ブロック共重合体で高分子鎖長比（ビーズ数）A：B：C＝9：7：12～18 とし，C の長さを順に長くすることで，$(4.8^2)\rightarrow(3^2.4.3.4)\rightarrow(4.6.12)$ 構造が現れることを示し，正 12 角形準結晶の構造が安定であることを確かめた[11~13]。

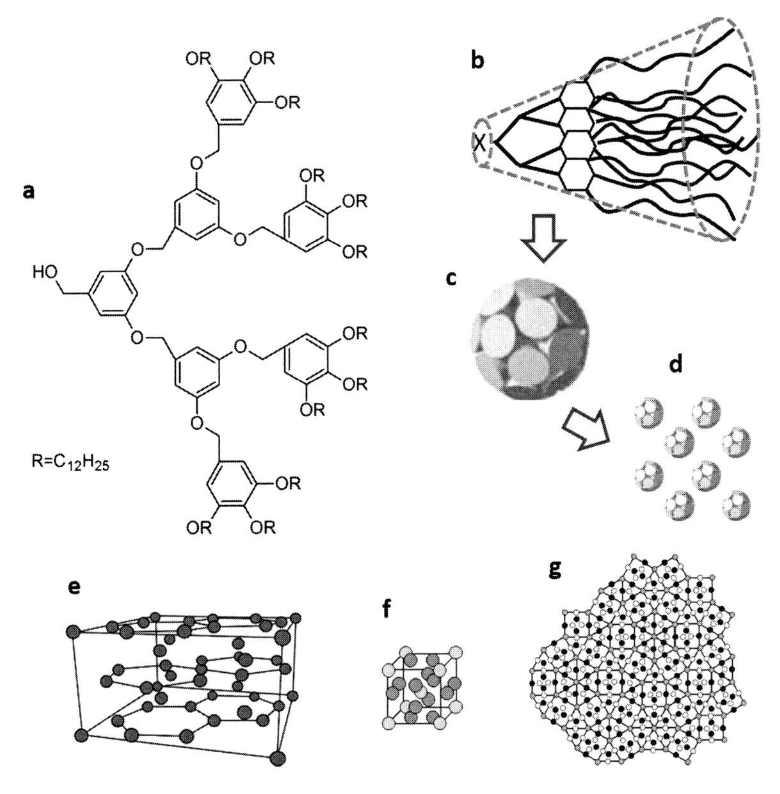

図3　(a) デンドロンの化学構造，(b) デンドロンが形成する円錐型構造，(c) 円錐型が集合して形成する球構造，(d) 球が集合して形成する三次元格子，(e) Frank-Kasper の σ 相の単位胞，(f) A15 の単位胞，(g) 12 回対称性準結晶のタイリングパターン

2007 年には，この計算結果を踏まえて，上記 ABC 星形ブロック共重合体にホモポリスチレンをブレンドすることで組成の微調整を行い，観測されるタイリングパターンがメソスコピックなスケールの 12 回対称の準結晶の本質的特徴であることを結論付けている[14]。さらに，準結晶のサイズは数 μm にまで及ぶことを確認している（図 4）。この図において，三角形の数は 461 で，四角形の数は 200 であり，その比 N_3/N_4 は 2.305 となり，極めて $4/\sqrt{3}$ に近いことも準結晶である証拠といえる。彼らは，SPring-8 BL40XU でのマイクロビーム（X 線ビームの半値幅 5×5 μm）小角散乱において，12 点スポットの散乱像を得ている。

4. 2　ABAC 線形テトラブロック共重合体のミクロ相分離構造

A, B, C の 3 つの異なるブロック成分が ABAC の順に連結した線形テトラブロック共重合体では，球状のドメインが配列して複雑な格子を形成することが発見された。Bates らは小角散乱法及び電子顕微鏡観察からポリスチレン-ポリイソプレン-ポリスチレン-ポリエチレンオキシドの順に連結された高分子で 12 回対称性を持つ準結晶及びその近似結晶である σ 相が存在すること

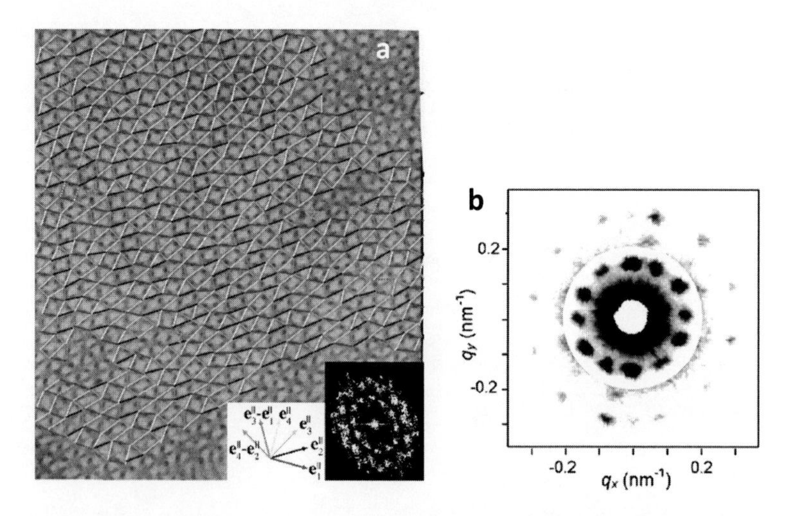

図４ (a) PS-PI-PV 三元トリブロック共重合体の透過型電子顕微鏡像, TEM 像にタイリングパターンを重ねて描いている, TEM 像の FFT パターンを示す, (b) マイクロビーム小角散乱パターン
（引用：*Phys. Rev. Lett.*, 98, 195502 (2007)）

を発見した[15,16]。その後２つのポリスチレンの体積組成を変化させた試料を複数合成しその構造を観察したところ，A15が発見された。また球状ミクロドメインは温度によって異なる格子へと再配列が可能で，複雑なものになると低温側から菱面体晶系格子→六方最密充填格子→A15→σ相の順に変化し，最終的に高温側で格子を組むのをやめて球は無秩序配置になることが報告されている[17]。

4.3 AB ジブロック共重合体のミクロ相分離構造

もっとも単純な２つの成分からなるジブロック共重合体でも準結晶や複雑な格子が発見されている。Bates らはポリ乳酸とポリイソプレンのジブロック共重合体において，12回対称性を持つ準結晶及びその近似結晶であるσ相が出現することを放射光X線小角散乱法により実証した[15,18]。ここで非常に興味深いのは，この準結晶が不安定な構造であり，長時間熱処理を加えることでBCCやσ相といった結晶構造に転移することが報告された[18]。またこの準結晶は，高温側に存在する格子を組まない無秩序球から冷却した場合，無秩序球からは準結晶が直接生成するが，無秩序球からBCCを経ると出現しないという特徴がある。つまり，球がどのような経路を経たかといった強いパス依存性（言い換えれば強い熱処理履歴の依存性）が存在することを意味する。

ジブロック共重合体では単純な系であるため理論研究も盛んに行われている。自己無撞着場理論（SCFT）に基づいた理論計算によれば，σ相が熱力学的に安定相として出現する鍵はコンフォメーションの非対称（ε）の増大であると予言されている[19]。ここでεは以下の式で定義される。

$$\varepsilon^2 = v_A a_A^2 / v_B a_B^2 \tag{4}$$

ここで v_i は i 成分のモル体積，a_i は i 成分の統計セグメント長を意味する。図5に（a）$\varepsilon=1.5$ 及び（b）$\varepsilon=2.0$ のときのSCFT計算によって得られた相図を示す。横軸はA成分の体積分率（f）を，縦軸は偏析力（χN）となっている。図内のNon-Sphere phasesは球状ミクロ相分離構造以外の相分離構造を意味し，bccは体心立方格子，fccは面心立方格子，disは相溶状態をそれぞれ意味する。図5から分かるように $\varepsilon=1.5$ でbccとNon-Sphere phasesの相境界でわずかに σ 相の安定領域が出現し，$\varepsilon=2.0$ になると σ 相の安定領域が拡大し，bccよりも広くなるという結果が計算によって導かれた。

Batesらはこの理論予想が正しいか否か実験によって証明するために，ε が異なる3つのジブロック共重合体を合成し，その相図を作製し比較することを行った[20]。片側の成分はポリ乳酸（PLA）で固定し，ポリ乳酸-ポリエチレンプロピレン（PEP-PLA，$\varepsilon=1.06$），ポリ乳酸-ポリイ

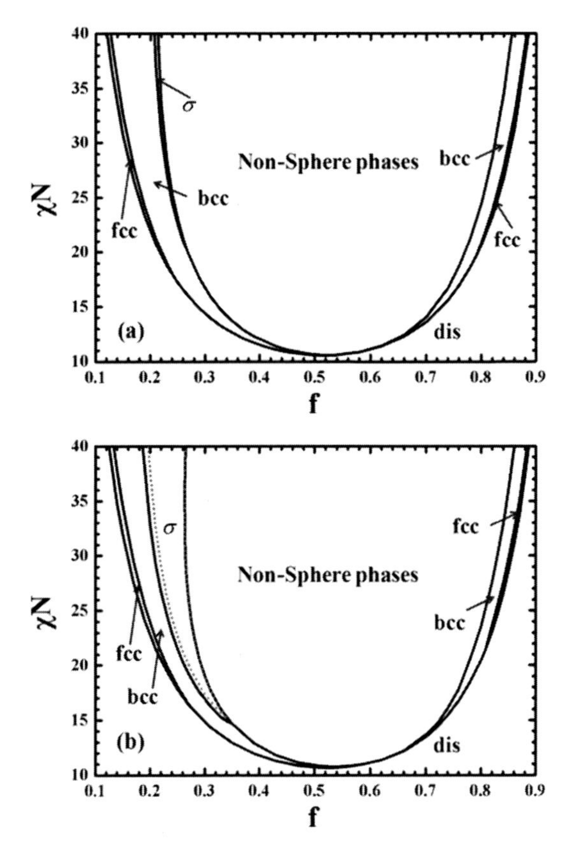

図5　SCFTに基づく計算から得られた理論相図
上側（a）は $\varepsilon=1.5$，下側（b）は $\varepsilon=2.0$ のときの相図。
ε が大きくなると σ 相の存在領域が大きくなる。
（引用先：*ACS Macro Lett.*, **3**, 906（2014））

ソプレン（PI-PLA, ε =1.32）及びポリ乳酸-ポリエチルエチレン（PEE-PLA, ε =1.68）を合成し実験によって相図を作製した。図6にこのときに得られた相図を示す。図は上から下に向かいεが大きくなっている。εが1.06ともっとも小さいPEP-PLAの相図ではσ相は出現せず，ε =1.32のPI-PLAでσ相が出現したことが見て取れる。もっともεが大きいPEE-PLA（ε = 1.68）ではPI-PLAよりもσ相の存在領域が広くなり，理論結果と一致した。またσ相の存在領

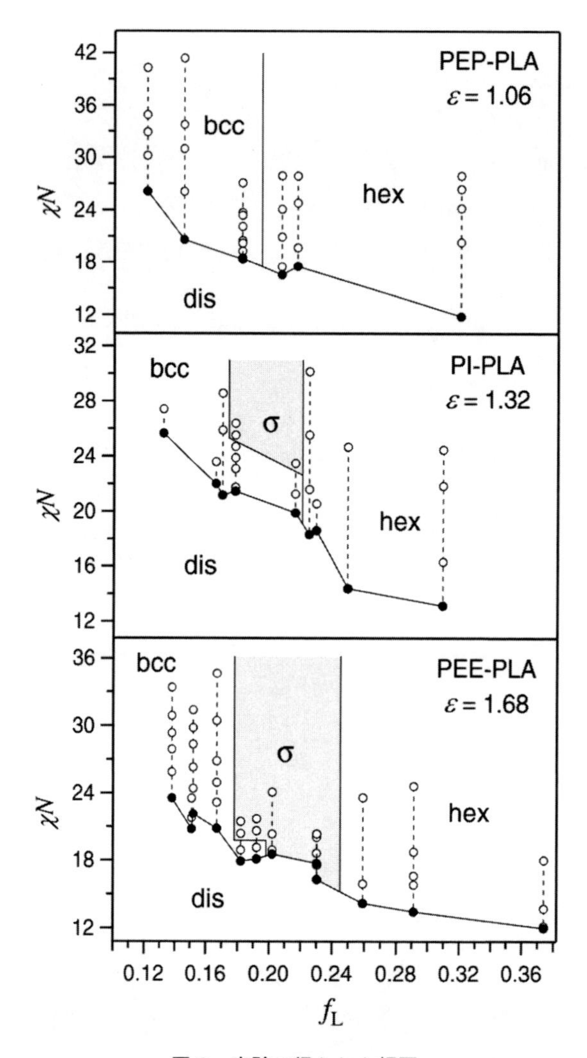

図6　実験で得られた相図
上からポリエチレンプロピレン-ポリ乳酸（PEP-PLA, ε =1.06），ポリイソプレン-ポリ乳酸（PI-PLA, ε = 1.32），ポリエチルエチレン-ポリ乳酸（PEE-PLA, ε =1.68）の相図に対応する。εが大きくなるに従いσ相の存在領域が大きくなる。
（引用先：*Phys. Rev. Lett.*, **118**, 207801（2017））

域がbccとヘキサゴナルシリンダー（hex）の相境界にあり，これも理論の結果と一致している。コンフォメーションの非対称性の概念は実験で得られた相図が$f=0.5$で鏡面対象にならない理由として導入された。相図の非対称性が複雑なミクロ相分離構造の安定性に強く影響を与えている点は非常に興味深い。コンフォメーションの非対称性が大きくなるということは，球状構造から多面体的な形態へと変化することを意味する。こういった多面体化によって従来の球状構造では形成することができない準結晶などの複雑な構造が形成されたと考えられている。

最近の研究結果から，σ相や準結晶といった複雑な格子以外にもC14やC15と呼ばれる構造が発見されている[21]。C14とC15の結晶空間群は図7に示すようにそれぞれ$P6_3/mmc$とFd3mである。またσ相やA15と同じ四面体のみで結晶構造ができるFrank-Kasper相に属し，Laves相と呼ばれる金属では奇妙な物性を示す構造として知られている。PI-PLAの試料を用いて得られたSAXSプロファイルを図8に示す。この試料は105℃では相溶状態（DIS）であり，そのまま相溶状態から冷却すると70℃ではBCCを，相溶状態から55℃まで温度ジャンプするとσ相を形成した（図8A）。一方で，相溶状態である105℃から液体窒素温度である－196℃までクエンチさせ，その後昇温すると相溶状態から冷却した場合と異なる結果が得られた。図8Bは相溶状態からクエンチして－196℃した試料を昇温したたきに得られたSAXSプロファイルを示す。－196℃から25℃に昇温すると無秩序球（LLP）を，35℃では12回対称性を持った準結晶（DDQC），85℃まで温度ジャンプするとC14になると分かった。この試料においても熱処理の履歴によって球は異なる格子を形成することが示された。

ジブロック共重合体におけるC14とC15の熱力学的安定性に関する理論研究も行われている。分子量分布を持たない単一の重合度をもった理想的なジブロック共重合体では，SCFTを用いた計算結果では安定に存在できないことが報告された[21]。一方で，B成分が等しい重合度を持ったジブロック共重合体／ジブロック共重合体ブレンドではC14とC15は安定相として出現できる計算結果となった[22]。B成分は同じ重合度を仮定し，A成分には2種類の長さが存在する高分子モデルであり，疑似的にA成分のみが分子量分布を持った場合と考えることもできる。どちらの計算結果が正しいのか今後の研究が待たれる。

このような複雑な格子が出現できる理由について様々な議論が行われている。Batesらは一連の結果について強い経路依存性が存在している観点から議論を展開した[22]。高温側に存在する無

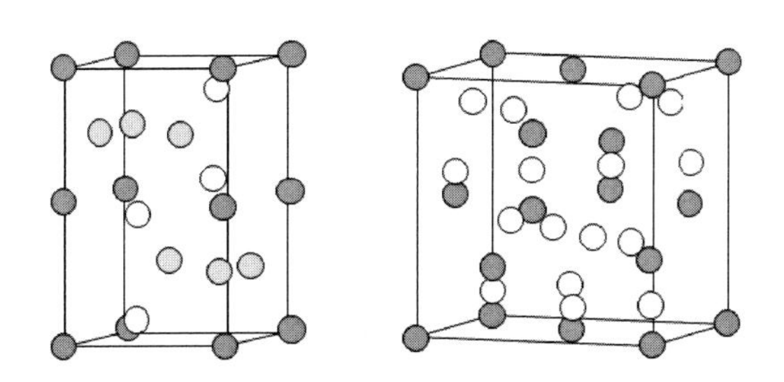

図7　C14（左），C15（右）Laves相のユニットセルの模式図

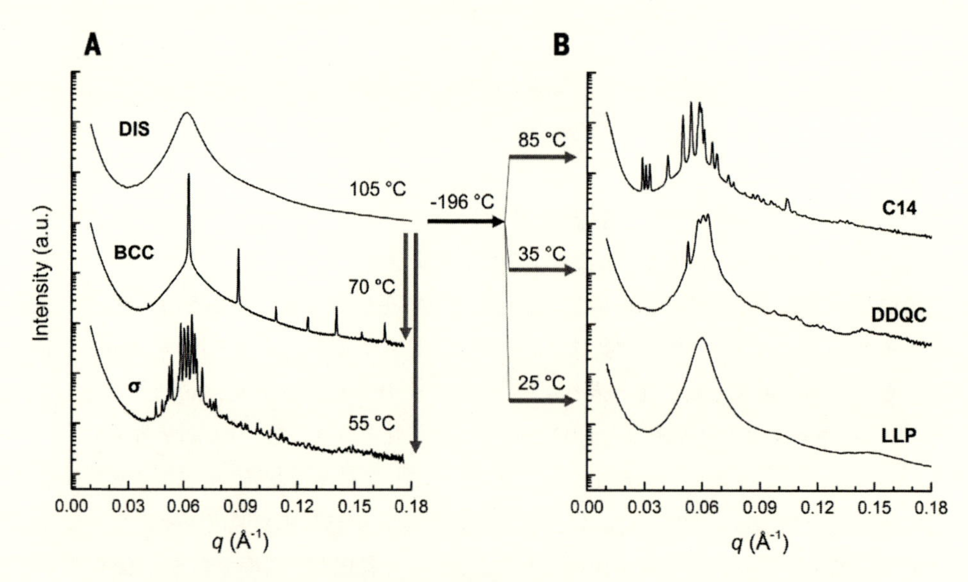

図８　ポリイソプレン-ポリ乳酸の試料を用いて相溶状態の105℃から様々な熱履歴を経た後に得られたSAXSプロファイル

Aは105℃からそのままクエンチした場合で，Bは一度液体窒素温度（－196℃）まで冷却した後，再度温度ジャンプして得られたSAXSプロファイル。熱処理の仕方でBCC，σ相，C14，DDQC，LLPと異なる構造を形成することが分かった。
（引用先：*Science*, 356, 520（2017））

秩序球は合体や分裂はしないが，球間では絶えず高分子鎖の交換が行われている。ある瞬間では高分子鎖が抜けた球はサイズが小さくなり，一方で高分子鎖が入り込んだ方はサイズが増大する。このようなサイズの変化を絶えず起こしている状態から液体窒素温度までクエンチすれば球サイズに分布が生じたまま構造は凍結される。またεが大きいために球ではなく多面体的になっていると考えられる。このような状態から昇温することで単位胞内に複数の多面体サイズが必要なC14やC15の形成が可能となったと考察されている。

4.4　ABジブロック共重合体/Aホモポリマーブレンドのミクロ相分離構造

ABジブロック共重合体にその片方のA成分のみからなるホモポリマーをブレンドした場合でもσ相が観察されている。ブロック共重合体にポリブタジエン-ポリεカプロラクトンを，ホモポリマーにポリブタジエンを用いたブレンド系でσ相が観察された[23]。図9にσ相のSAXSプロファイルを示す。(a)は$0.11<q<0.47\ \mathrm{nm}^{-1}$，(b)は$0.47<q<1.0\ \mathrm{nm}^{-1}$の図であり，(a)の挿入図は高精細な検出器を使用して得られたプロファイルである。図中の矢印はσ相からの回折ピークで，非常に多くのピークが見られたが全て計算値と一致した。ブレンド系においてもσ相は相図上でシリンダーとBCCの間に存在することが分かった。またジブロック共重合体と同じように準結晶は非平衡構造で，長時間熱処理することで他の構造へと転移することが示された。

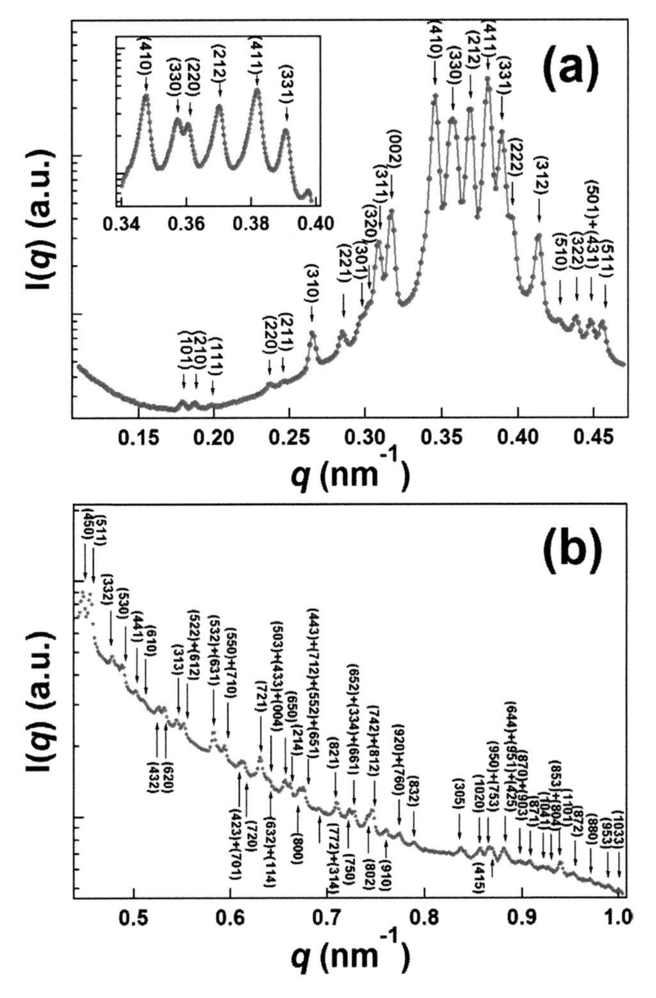

図９　ブレンド試料で形成したσ相のSAXSプロファイル
(a) は $0.11<q<0.47$ nm^{-1}, (b) は $0.47<q<1.0$ nm^{-1} の図。(a) 中のInsetは高精細な検出器を使用して得られたプロファイル。矢印はσ相からの回折ピーク位置，括弧内の数字は対応する回折面を意味する。
(引用先：*J. Phys.*：*Condens. Matter*, 29, 204002 (2017))

4.5　ジブロック共重合体溶液のミクロ相分離構造

ポリイソプレン-ポリエチレンオキシドのジブロック共重合体を水に溶かした水溶液でも準結晶が発見された[24]。用いられた試料では25℃以上ではFCCが安定で，15℃～20℃間では12回対称性を持った準結晶（Q12），10℃以下では18回対称性を持った準結晶（Q18）が観察された。図10に示すのはFCCが安定な温度領域からQ18が安定な温度領域まで温度ジャンプさせた後の時分割小角X線散乱結果を示す。時間の経過とともにFCCの回折パターンから12回対称性，最終的に18回対称性へと変化していく過程が明確に見て取れる。上述したほとんど全てのソフ

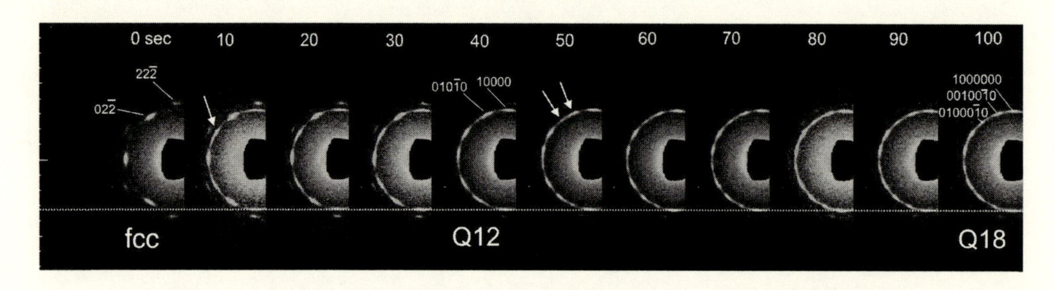

図10　ポリイソプレン-ポリエチレンオキシド水溶液でFCCの安定温度からQ18の安定温度まで温度ジャンプした後の時分割小角X線散乱の二次元パターン変化
時間が経過するに従い，FCCの回折パターンからQ12へと変化し，最終的にQ18へと変化していく。(引用先：*Proc. Natl. Acad. Sci. USA* 108, 1810 (2011))

トマター物質では12回対称性の準結晶を形成するが，このジブロック共重合体溶液では18回対称性の準結晶が観察されている点は非常に興味深い。

5　おわりに

原子レベルの結合による金属系準結晶の発見から，非金属系の準結晶の発見にまで至り，いまやコロイドや高分子といったソフトマテリアルによるソフト準結晶が発見されてきた。準結晶のサイズスケールはÅオーダーから数10 nm，数μmにまで広がった。即ち，物質やサイズスケールによらない準結晶構造の普遍性が示された。高分子ブロック共重合体における相分離構造に発見された準結晶やその近似結晶は，最初の発見が合成の精度が求められる星形ブロック共重合体ではあったが，その後発見された系は，それほど特殊な系ではなく単純な二元ブロック共重合体や，そのブレンド系と意外と身近にあるブロック共重合体系での発見である。多くの系での発見により，理論計算および実験での系統的な実験が可能となり，高分子ブロック共重合体のソフト準結晶が発現する条件が明らかとなりつつある。学術的観点のみならず，応用面に関しても，フォトニック結晶への展開も期待されるなど，今後の研究展望に期待したい。

文　献

1)　D. Shechtman and C. L. Lang, *MRS Bulletin*, **22**, 40 (1997)
2)　D. Shechtman, I. Blech, D. Gratias and J. W. Cahn, *Phys Rev. Lett.*, **53**, 1951 (1984)
3)　竹内伸，枝川圭一，蔡安邦，木村薫，準結晶の物理，朝倉書店
4)　D. V. Talapin, E. V. Shevchenko, M. I. Bodnarchuk, X. Ye, J. Chen, C. B. Murray, *Nature*,

461, 965 (2009)

5) B. Grümbaum and G.C.Shephard, *Tiling and Patterns* (Freeman 1988)

6) J. Mikhael, J. Roth, L. Helden, and C. Bechinger, *Nature*, **454**, 501 (2008)

7) X. Zeng, G. Ungar, Y. Liu, V. Percec, A. E. Dulcey, and J K. Hobbs, *Nature*, **428**, 157 (2004)

8) A. Takano, W. Kawashima, A. Noro, Y. Isono, N. Tanaka, T. Dotera, and Y. Matsushita, *J. Polym,. Sci, Part B, Polym. Phys.*, **43**, 2427 (2005)

9) K. Hayashida, W. Kawashima, A. Takano, Y. Shinohara, Y. Amemiya, Y. Nozue, and Y. Matsushita, *Macromolecules*, **39**, 4869 (2006)

10) K. Hayashida, A. Takano, S. Arai, Y. Shinohara, Y. Amemiya, and Y. Matsushita, *Macromolecules*, **39**, 9408 (2006)

11) T. Dotera, *J. Polym,. Sci, Part B, Polym. Phys.*, **50**, 155 (2012)

12) T. Dotera and T. Gemma, *Philos. Mag.*, **86**, 1085 (2006)

13) T. Dotera, *Philos. Mag.*, **88**, 2245 (2008)

14) K. Hayashida, T. Dotera, A. Takano, and Y. Matsuhita, *Phys. Rev. Lett.*, **98**, 195502 (2007)

15) S. Lee, M. J. Bluemle and F. S Bates, *Science*, **330**, 349 (2010)

16) J. Zhang and F. S. Bates, *J. Am. Chem. Soc.*, **134**, 7636 (2012)

17) S. Chanpuriya, K. Kim, J. Zhang, S. Lee, A. Arora, K. D. Dorfman, K. T. Delaney, G. H. Fredrickson and F. S. Bates, *ACS Nano*, **10**, 4961 (2016)

18) T. M. Gillard, S. Lee and F. S. Bates, *Proc. Natl. Acad. Sci. USA*, **113**, 5167 (2016)

19) N. Xie, W. Li, F. Qiu and A. C. Shi, *ACS Macro Lett.*, **3**, 906 (2014)

20) M. W. Schultze, R. M. Lewis, J. H. Lettow, R. J. Hickey, T. M. Gillard, M. A. Hillmyer and F. S. Bates, *Phys. Rev. Lett.*, **118**, 207801 (2017)

21) K. Kim, M. W. Schulze, A. Arora, R. M. Lewis, M. A. Hillmyer, K. D. Dorfman and F. S. Bates, *Science*, **356**, 520 (2017)

22) K. Kim, A. Arora, R. M. Lewis, M. Liu, W. Li, A. C. Shi, K. D. Dorfman and F. S. Bates, *Proc. Natl. Acad. Sci. USA*, **115**, 847 (2018)

23) H. Takagi, R. Hashimoto, N. Igarashi, S. Kishimoto and K. Yamamoto, *J. Phys.：Condens. Matter*, **29**, 204002 (2017)

24) S. Fischer, A. Exner, K. Zielske, J. Perlich, S. Deloudi, W. Steurer, P. Lindner and S. Förster, *Proc. Natl. Acad. Sci. USA*, **108**, 1810 (2011)

第3章　ブロック共重合体の界面・薄膜構造

鳥飼直也*

1　はじめに

ブロック共重合体は，非相溶な高分子鎖が共有結合により繋がれているために，濃厚溶液中やバルク中で凝集すると，分子内で相分離し，分子オーダーで規則正しく配列したミクロ相分離構造を形成する。これらミクロ相分離構造が示すモルフォロジーやサイズは，構成するブロック共重合体の組成や分子量などの分子の一次構造によって制御できることから，複合高分子の凝集構造の制御を目的として，これまでに学術，応用の両面で数多くの研究がなされてきた[1]。一方，ブロック共重合体の凝集構造を制御する上で，ミクロドメイン中のブロック鎖の分子形態やセグメント分布などミクロ相分離構造を分子レベルで理解することが不可欠である。

ミクロ相分離構造を分子レベルで調べる測定手法の一つとして，中性子小角散乱（SANS）により，種々のブロック・グラフト共重合体について，ミクロドメイン中のブロック鎖の分子形態が明らかにされた[2~6]。SANS測定では，ミクロ相分離構造の中で最も単純な交互ラメラ構造の形状を利用して，相分離界面に対して垂直および平行の二方向からミクロドメイン中のブロック鎖の拡がりが調べられた。二元ブロック共重合体では，ミクロドメイン中のブロック鎖は，非摂動状態と同じ占有体積を維持しながら，ラメラ界面に対して垂直な方向にやや引き伸ばされた形態をとることが明らかにされた[2]。また，ブロック鎖を部分的に重水素化したブロック共重合体を用いたり，重水素化ホモポリマーをブロック共重合体に混合することで，SANS測定から部分ブロック鎖やホモポリマーのミクロドメイン中での分布が定性的に明らかにされた[7,8]。このようなブロック鎖やホモポリマーのセグメント分布をより高い精度で調べられる測定手法として，中性子反射率法がミクロ相分離構造の分子レベルでの理解に大きく寄与した。ブロック共重合体の構造解析に中性子反射率法を初めて適用したRussellらの研究グループは，polystyrene（PS）とpoly(methyl methacrylate)(PMMA）を成分とするブロック共重合体を試料に用いて，1990年代初めにミクロ相分離界面の厚みやミクロドメイン中のホモポリマーの分布など多くのことを明らかにした[9~14]。中性子反射率法は，原理的に，構造が一方向に変調する系に対して有力であるため，ブロック共重合体の試料として，単純な交互ラメラ構造が利用され，またラメラ構造の高い配向性を維持するために固体基板上に作製されたブロック共重合体の薄膜試料に対して測定がなされた。

ここでは，ミクロ相分離界面の構造やミクロドメイン中のブロック鎖のセグメント分布を高い

*　Naoya Torikai　三重大学　大学院工学研究科　分子素材工学専攻　教授

精度で調べられる中性子反射率法について，原理を簡単に説明した後，その応用例として，ミクロ相分離構造の静的な構造解析の適用例を紹介し，さらに最近の湿潤環境下におけるブロック共重合体薄膜の構造変化についての研究を説明する。

2　中性子反射率法とは[15]

中性子反射率法（Neutron Reflectometry）は，屈折率が異なる物質の間の平滑な界面に微小な角度で入射された中性子が光学的に反射・屈折する性質を利用して，薄膜中の深さ方向の屈折率の分布，すなわち，物質の密度分布をサブナノの高い精度でかつ非破壊で調べられる。ここでは，中性子反射率法の測定原理について簡単に説明する。

物質の中性子に対する屈折率 n は，散乱長密度 (b/V) を用いて，次のように表される。

$$n = 1 - (\lambda^2/2\pi)(b/V) \tag{1}$$

ここで，λ は中性子の波長を表す。一般に，高分子に対しては，磁気散乱や中性子の吸収の寄与は無視できるほど小さい。本稿に関わる物質の (b/V) 値を表1に示す。X線は電子との相互作用によって散乱されることから，電子数の多い，すなわち，原子番号の大きな元素ほど識別しやすいのに対して，中性子の場合には散乱能（散乱長 b の大きさ）は個々の元素に固有の原子核相互作用によって決まるため，元素の識別の容易さは原子番号に依らずランダムである。また，中性子は同位体の識別が可能で，特に軽水素H（b：-3.74×10^{-6} nm）と重水素D（b：$+6.67\times10^{-6}$ nm）の間に符号の異なる大きな b の差が存在する。そのため，高分子など分子中に多数有するH元素の全てあるいは一部をDで置き換えること（重水素ラベル）により，分子の物性を大きく変えることなく，分子中に中性子に対するコントラストを付与することができる。このことが高分子をはじめ，界面活性剤などのソフトマターの構造解析に中性子が活用される最大の利

表1　関連する物質の散乱長密度 (b/V) および中性子に対する全反射臨界 q_z 値 $q_{z,c}$

Material	(b/V) (nm^{-2})	$q_{z,c}$ (nm^{-1})^a
Air	0	0
Si	2.07×10^{-4}	0.10
SiO_2	3.47×10^{-4}	0.13
H_2O	-0.56×10^{-4}	−
D_2O	6.35×10^{-4}	0.18
PEO (C_2OH_4)$_n$	6.45×10^{-5}	0.06
PBO (C_4OH_8)$_n$	2.09×10^{-5}	0.03
PS (C_8H_8)$_n$	1.41×10^{-4}	0.08
*d*PS (C_8D_8)$_n$	6.47×10^{-4}	0.18
P2VP (C_7NH_7)$_n$	1.95×10^{-4}	0.099

$^a q_{z,c} = 4\ [\pi(b/V)]^{1/2}$

点である。また，中性子は，物質の透過性が高いために，光やX線を通さない物質の内部に深く埋もれた界面構造を非破壊で調べることができ，シリコンやアルミニウムを窓材に用いた，真空や湿度などの気密保持を必要とする試料環境との組み合わせの容易さも利点にあげられる。

中性子反射率法では，主に，中性子の入射角と反射角が等しい位置に見られる鏡面反射（Specular Reflection）を，中性子の入射角θあるいはλを変えることで，試料表面に対して垂直な方向（z–方向）の中性子の移行運動量q_z（$=(4\pi/\lambda)\sin\theta$）の関数として観測する。この鏡面反射には，試料の面内方向に平均化された試料深さ方向の構造情報が反映されるため，薄膜深さ方向に層状ドメインが積層する交互ラメラ構造の構造解析に有力であるが，界面が曲率を有する非層状の相分離構造の詳細な解析には原理的に適さない。一方，鏡面反射から外れた位置に見られる微弱な非境面反射（Off-specular Reflection）には，試料の面内方向の構造情報が反映される。

薄膜中の構造情報は，q_zの関数として測定された鏡面反射率プロファイルに，薄膜深さ方向のモデル(b/V)分布から計算される反射率プロファイルをfittingするモデル解析を行うことで得られる。層間の界面に厚みのない理想界面を仮定すると，多層薄膜中の任意の隣接する二層（j層および$(j+1)$層）間の界面における反射係数$r'_{j,j+1}$は，それより下層での反射の寄与を考慮して，次式で与えられる。

$$r'_{j,j+1}=\frac{r_{j,j+1}+r'_{j+1,j+2}\exp(iq_{j+1,z}d_{j+1})}{1+r_{j,j+1}r'_{j+1,j+2}\exp(iq_{j+1,z}d_{j+1})} \tag{2}$$

ここで，d_{j+1}は層の厚みで，$r_{j,j+1}$はFresnel反射係数と呼ばれ，

$$r_{j,j+1}=\frac{q_{j,z}-q_{j+1,z}}{q_{j,z}+q_{j+1,z}} \tag{3}$$

で与えられる。$q_{j,z}$は媒体j中の中性子の移行運動量で，$[q_z^2-16\pi(b/V)]^{1/2}$と表される。この反射係数の計算を，薄膜の基板との界面から順に上層に向かって行い，最終的に薄膜の空気表面での反射係数$r'_{0,1}$を求め，それを二乗することで反射率が計算される。(b/V)分布がなだらかに変調する系では，理想界面を有する無数の細かな層が存在するとして，(b/V)分布を矩形に近似することで上式を適用して反射率が計算される。

3 ブロック共重合体のミクロ相分離界面

ブロック共重合体の異種ブロック鎖をつなぐ化学結合点はミクロドメイン間の界面領域に局在するために，分子量が無限大の同種成分のホモポリマーから成る界面と比べて，ミクロ相分離界面は厚くなることが理論的に予測された。複合高分子が形成する異種ドメイン間の界面厚みは，界面領域における異種高分子の相互貫入の度合いを反映し，界面が厚く異種高分子の相互貫入の度合いが高ければ相分離界面での破壊を抑制できることから，複合高分子の界面厚みは材料設計における重要な因子の一つとして考慮される。しかし，空間的に極薄の界面領域から得られるシ

グナルは微弱であるため，界面構造を精度良く観測することは容易ではない。物質の界面構造の観測にX線や中性子をプローブとする反射率法が有力であるが，異種高分子の間には大きな電子密度差がないために，どちらかの成分を重水素化することで，異種高分子の間に大きなコントラストを付与できる中性子反射率法が相分離界面の観測に用いられてきた。

図1に，PSブロック鎖が重水素化されたpoly(styrene-d_8)-poly(2-vinylpyridine)(*d*PS-P2VP）二元ブロック共重合体のシリコン基板上にスピンコートされた薄膜に対するX線および中性子の鏡面反射率曲線を比較する[16)]。*d*PS-P2VPの分子量は約90×10^3で，分子中のPSブロック鎖の体積分率ϕ_Sがほぼ0.5であるためバルク中では単純な交互ラメラ構造が形成される。薄膜試料は，構成成分のガラス転移温度より高い150℃で，あらかじめ十分に長い時間，真空下で熱処理され，ミクロ相分離構造が薄膜中に形成された状態で測定が行われた。X線の鏡面反射率曲線には，q_zが全反射臨界値（～0.3 nm^{-1}）より低い領域に反射率が1となる全反射が見られ，それより高くなると反射率の減衰とともにKiessigフリンジが単一周期で観測された。これはPSの電子密度は重水素化では変わらず，P2VP相とのコントラスト差が低いために，X線では異種ミクロドメインを見分けにくいことに起因する。このKiessigフリンジの周期Δq_zから*d*PS-P2VP薄膜の膜厚（$=2\pi/\Delta q_z$）が約113 nmと見積もられる。一方，同じ薄膜試料の中性子反射率曲線には，X線のデータと同様の膜厚を反映した短い周期のKiessigフリンジに，試料深さ方向に形成された規則構造を示唆する複数の強いBraggピークが重なって観測された。この中性

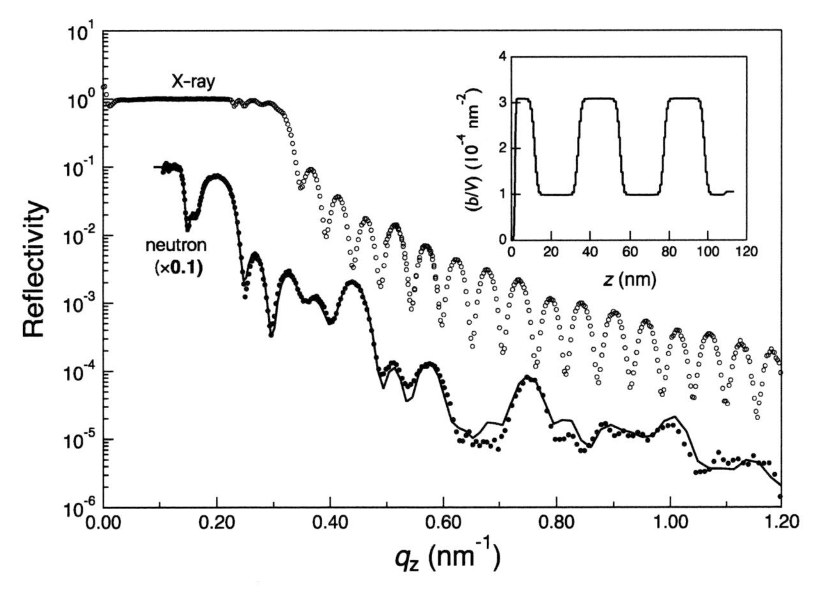

図1　*d*PS-P2VP二元ブロック共重合体薄膜のX線および中性子の移行運動量q_zの関数として得られた鏡面反射率曲線
図中の実線はモデル解析により得られた計算反射率曲線で，その薄膜深さ方向の散乱長密度(b/V)分布が挿入図に示されている。

子反射率曲線をモデル解析することにより得られた，薄膜深さ方向の(b/V)分布を挿入図に示す。その結果，シリコン基板との界面には基板表面に存在する自然酸化層と親和性の高い極性を持つP2VP相が，また空気表面には表面自由エネルギーの低い*d*PS相が析出し，約113 nmの薄膜中に*d*PS相とP2VP相が交互に約43 nmの周期で積層したラメラ構造の形成が確認された。薄膜中に複数存在する異種ラメラ相間の界面はすべて同じとして，界面プロファイル$\phi_i(z)$が誤差（error）関数で表されるとすると，ミクロ相分離界面の厚みt_Iは，

$$t_I = 1/(d\phi_i(z)/dz) \quad \text{at} \quad \phi_i = 0.5 \tag{4}$$

の定義から，約3.3 nmと見積もられた。

同様に，構成成分は同じだが分子構造の異なる二成分三元ブロック共重合体について，中性子反射率測定によりミクロ相分離界面の厚みが見積もられた[17)]。ラメラ構造の配向性の高い二種類のϕ_sの異なるP2VP-*d*PS-P2VPについて，それぞれ中性子反射率曲線のモデル解析によりミクロ相分離界面の厚みt_Iを見積もり，*d*PS-P2VPの結果とともに表2にまとめた。これによりミクロ相分離界面の厚みは，構成するブロック共重合体の分子構造や組成に依らずほぼ一定で，凡そ3 nmの値を示すことが明らかになった。比較のため，分子量の高い*d*PSとP2VPのホモポリマーの二層薄膜をスピンコートにより作製し，層間の界面厚みを中性子反射率測定により見積もったところ，約4 nmとなり，同成分のブロック共重合体のミクロ相分離界面より厚く見積もられた。

Helfand-Wassermanの理論[18)]では，χNが非常に高い強偏斥条件下でのブロック共重合体の界面は，分子量が無限大のホモポリマー間の界面と同等であると近似された。ここで，χはFlory-Huggins相互作用パラメータ，Nはブロック共重合体の重合度を表す。その理論によれば，界面プロファイルは双曲線正接（hyperbolic tangent）関数で表され，その界面厚みはKuhnセグメント長aとχにより

$$t_{I,HW} = 2a/(6\chi)^{1/2} \tag{5}$$

で与えられる。この式に，aとして0.68 nm，またχとして298 Kにおける実験値0.11[19)]を代入すると，$t_{I,HW}$は1.7 nmと見積もられる。この値は，ブロック共重合体のミクロ相分離界面のみ

表2　中性子反射率測定により見積もられた相分離界面の厚みと理論的予測値との比較

Sample	$M\times10^{-3}$	ϕ_S	χN	t_I (nm)	$t_{I,HW}$ (nm)	$t_{I,CO}$ (nm)	$t_{I,CO+FL}$ (nm)
*d*PS-P2VP	88.0	0.50	89	3.3±0.3	1.7	2.1	3.1
P2VP-*d*PS-P2VP	88.5	0.50	90	3.0±0.2	1.7	2.1	3.0
P2VP-*d*PS-P2VP	94.4	0.59	95	3.2±0.2	1.7	2.0	3.0
*d*PS/P2VP	130/370	–	–	4.4±0.6	1.7	–	4.4

ならず，ホモポリマー界面の厚みよりも遥かに低い。そのためShullらの方法[20]に従って，$t_{\rm I,HW}$は異種ブロック鎖が化学結合により繋がれている効果と界面の熱的揺らぎの効果に対して補正された。異種ブロック鎖が繋がれている効果は平均場理論によりχNの関数として見積もられ，χNが低く異種ブロック鎖間の偏斥力が弱いほどその効果は大きい。異種ブロック鎖が繋がれている効果を考慮すると，ミクロ相分離界面の厚み$t_{\rm I,CO}$は，約2 nmと見積もられたが，測定値よりは依然，低い値を示した。一方，界面の熱的揺らぎの大きさは，

$$(\Delta t_{\rm I,fl})^2 = (k_{\rm B}T/2\pi\gamma)\ln(\lambda_{\rm max}/\lambda_{\rm min}) \tag{6}$$

と表される。ここで，$k_{\rm B}$はボルツマン定数，Tは絶対温度，γは界面張力，$\lambda_{\rm max}$および$\lambda_{\rm min}$は揺らぎの最大および最小の波長を表す。γは，次式に従い，算出された。

$$\gamma = a\rho k_{\rm B}T(\chi/6)^{1/2} \tag{7}$$

ρは高分子の数密度を表す。$\lambda_{\rm max}$としてブロック共重合体にはラメラ構造の繰り返し周期，ホモポリマーには中性子の干渉長（約20 μm）が，また$\lambda_{\rm min}$としてはブロック共重合体，ホモポリマーともに$t_{\rm I,HW}$が考慮された。それぞれ見積もられた界面厚み$t_{\rm I,CO+FL}$を表2にまとめる。界面の熱的揺らぎの効果を考慮することで，反射率測定により見積もられた界面厚みは定量的に説明がなされた。中性子反射率測定により見積もられる相分離界面の厚みは，界面の熱的な揺らぎの影響により，相分離界面が本来有する厚みよりかなり厚く見積もられることが明らかにされた。この熱的揺らぎの効果はホモポリマー界面の方が大きいために，理論的な予測に反して，中

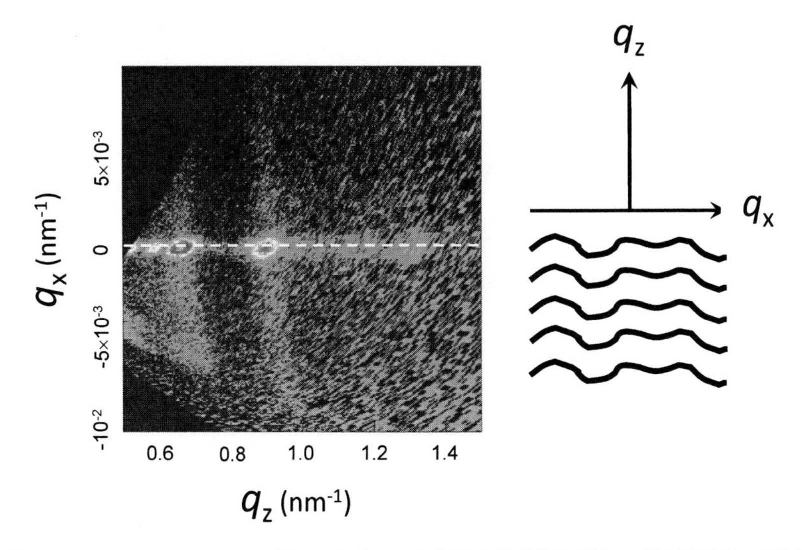

図2　P2VP-*d*PS-P2VP二成分三元ブロック共重合体薄膜の反射中性子強度の二次元（q_x-q_z）空間分布と界面同士で相関をもつミクロ相分離界面の様子
$q_x = (2\pi/\lambda)(\cos\theta_{\rm out} - \cos\theta)$，ここで$\theta_{\rm out}$は試料表面に対する中性子の反射角を表す。

性子反射率測定ではミクロ相分離界面より厚く見積もられた。

図2には，P2VP-*d*PS-P2VP 薄膜から得られた反射強度の二次元（q_x-q_z）空間分布を示す。$q_x=0\ \mathrm{nm}^{-1}$ に沿って見られる鏡面反射の ridge 上に，薄膜深さ方向の規則構造に由来する強い Bragg ピークがスポット状に観測された。これら Bragg ピークを通り，非常に微弱であるが，鏡面反射 ridge に垂直な方向（q_x 方向）にストリークが伸びている。このストリークの存在により，薄膜中に存在するラメラ界面の乱れが互いに相関を持つことが定性的に示唆された。

次に，組成分布が異なる *d*PS-P2VP および P2VP-*d*PS-P2VP ブロック共重合体に対して得られた中性子鏡面反射率曲線を図3に示す[21)]。組成分布の違いは，分子量は同じだが ϕ_S が異なる三種類の単分散ブロック共重合体のブレンド比を変えることで作り出された。ここで用いられたブロック共重合体はすべて PS ブロック鎖の全体が重水素化された。いずれの反射率曲線にも，ラメラ構造の形成を示唆する高次の Bragg ピークが複数観測された。モデル解析により得られ

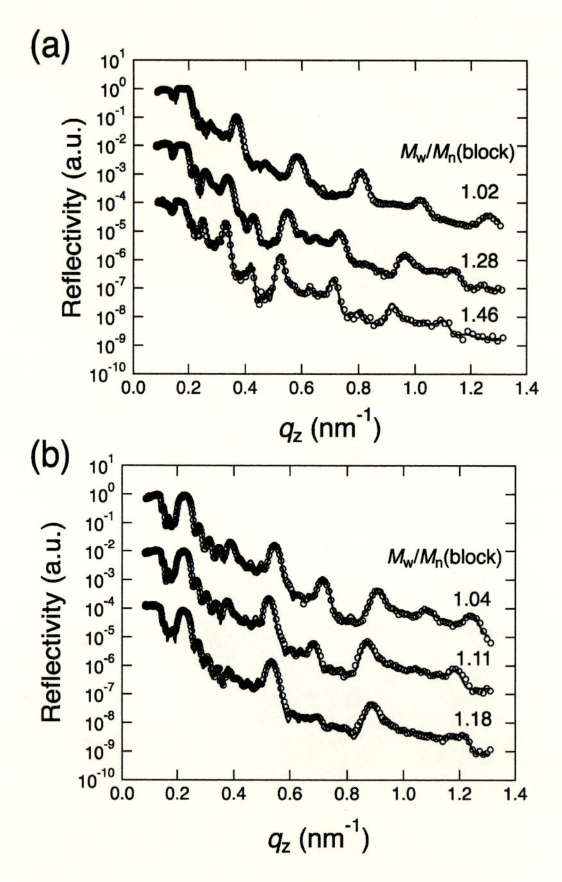

図3　組成分布（M_w/M_n(block)）が異なる（a）*d*PS-P2VP および，（b）P2VP-*d*PS-P2VP の中性子鏡面反射率曲線
図中の実線は，モデル解析により得られた反射率曲線。（ACS の許可を得て文献[21)]より転載）

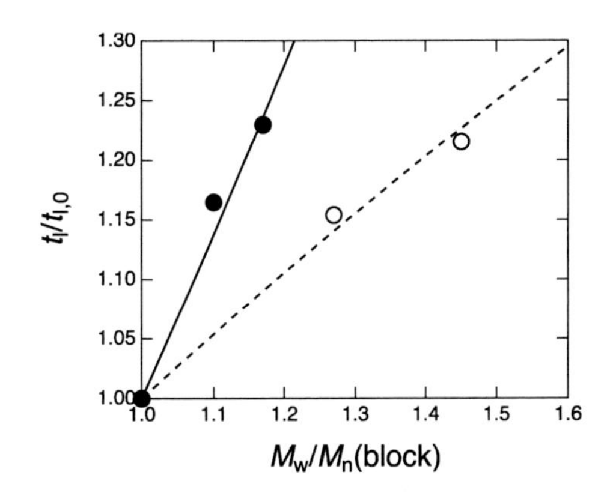

図4　組成分布（M_w/M_n(block)）に対するミクロ相分離界面の厚みの増加率 $t_I/t_{I,0}$（○：*d*PS-P2VP，●：P2VP-*d*PS-P2VP）
（ACSの許可を得て文献[21]より転載）

た(*b*/*V*)分布より界面厚みを見積もり，組成分布（ブロック鎖の分子量分布 M_w/M_n(block)）に対して図4に示す。相分離界面はいずれも平均場理論の予測より厚く，また組成分布が広いほど界面厚みは高い値を示した。Brosetaらの多分散なホモポリマーブレンドに対する平均場理論の計算[22]では，短い高分子鎖が界面領域に存在することにより界面張力が低下することが示され，このことから式(6)により定義される界面の熱的揺らぎの影響が増大するために，多分散な系の界面が厚くなったと考えられた。また，*d*PS-P2VPとP2VP-*d*PS-P2VPで比較すると，後者の方が組成分布による界面厚みの増加率は高かった。P2VP-*d*PS-P2VPの中央ブロック鎖は，P2VPブロック鎖との化学結合点を二つ有するために，*d*PS-P2VPのブロック鎖と比べて，その両端が界面領域に拘束される。そのために，中央ブロック鎖の長さに分布があることが相分離界面の厚みの増加を引き起こしたと考察された。

4　ミクロドメイン中のブロック鎖のセグメント分布

ここでは，構成成分ブロック鎖の一部を選択的に重水素化した試料を用いて，反射率測定によりミクロドメイン中のブロック鎖のセグメント分布を明らかにした例を示す。

ミクロドメインを形成するブロック鎖のセグメント分布を明らかにするために，PSブロック鎖の異種ブロック鎖との化学結合点および自由末端の近傍だけが部分的に重水素化されたPS-*d*PS-P2VPおよび*d*PS-PS-P2VP三元ブロック共重合体の薄膜について中性子反射率測定が行われた。図5および図6にそれぞれの薄膜に対して得られた中性子の鏡面反射率曲線とモデル解析による(*b*/*V*)の深さ分布を示す[23]。PS-*d*PS-P2VPでは重水素化セグメントの含有量が低いにも関わらずプロファイル中には試料深さ方向の規則構造に由来するBraggピークが高次まで観測されたのに対して，*d*PS-PS-P2VPではBraggピークの持続性が低かった。モデル解析の結

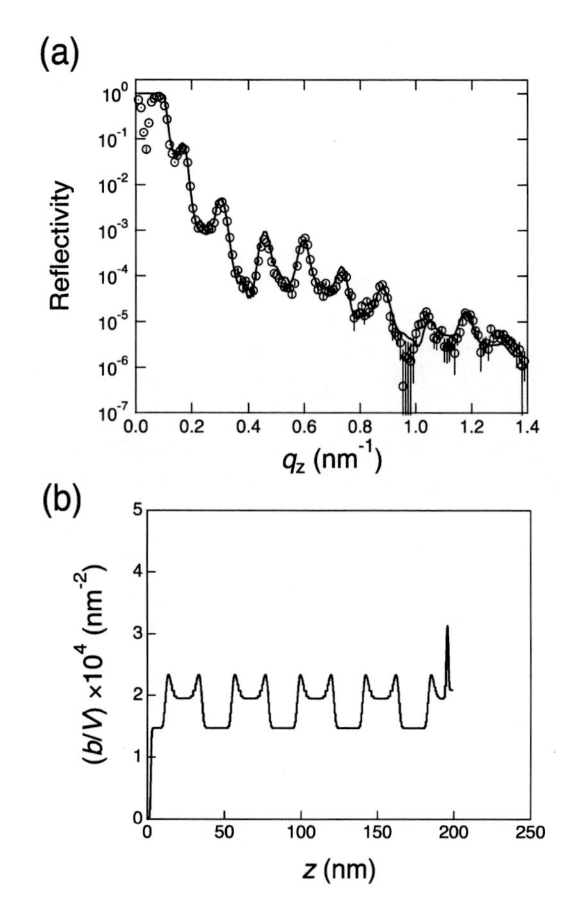

図５　PS ブロック鎖の異種ブロック鎖との結合点近傍を重水素化した PS-*d*PS-P2VP 薄膜の（a）中性子反射率曲線および，（b）モデル解析により得られた薄膜深さ方向の(*b*/*V*)分布
（ACS の許可を得て文献[23]より転載）

果，PS-*d*PS-P2VP では，PS ラメラ相の，P2VP 相を隔てる二つの界面それぞれの近傍に鋭いピークが見られた。これは異種ブロック鎖の化学結合点が界面領域に局在するために，それに隣接するブロック鎖のセグメントも狭い分布を示したと考えられた。一方，*d*PS-PS-P2VP では，PS ドメインの中央付近でブロードなピークを示した。図７に示されたように，反射率測定により得られたミクロドメイン中のブロック鎖の自由末端のセグメント分布は，平均場理論による予測と良い一致を示した。このことから，ミクロドメイン中央で極大を示すブロードな分布は，異種ドメイン間の界面それぞれからのセグメント分布が重なって構成されていることが明らかにされた。

また，ブロック共重合体の組成分布がミクロ相分離構造に及ぼす影響を明らかにするために行われた，分子量はほぼ等しいがϕ_Sが異なる三種類の単分散ブロック共重合体が同量ブレンドさ

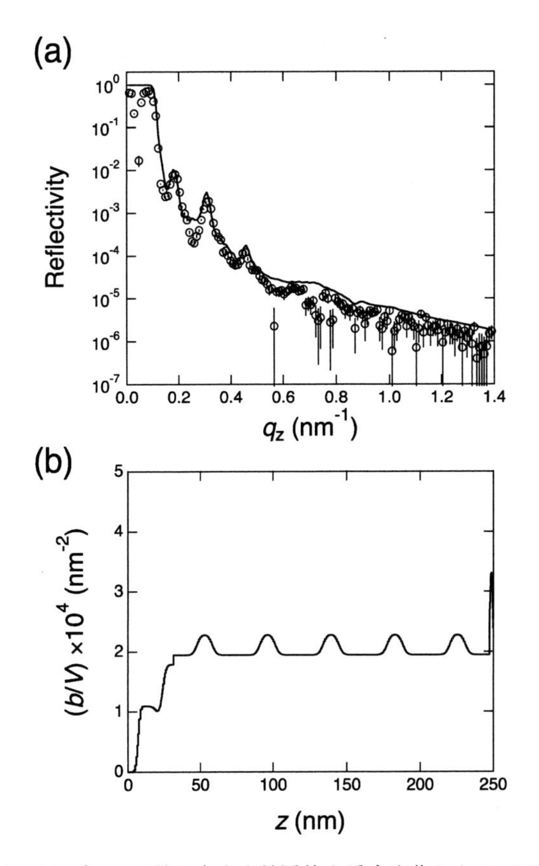

図6　PS ブロック鎖の自由末端近傍を重水素化した *d*PS-PS-P2VP 薄膜の（a）中性子反射率曲線および，（b）モデル解析により得られた薄膜深さ方向の(b/V)分布
（ACS の許可を得て文献[23]より転載）

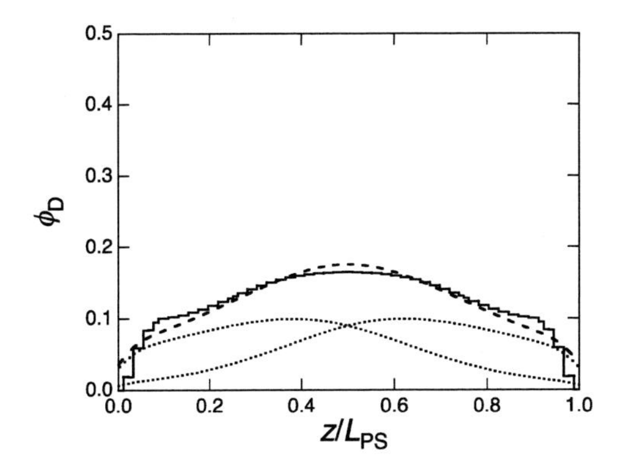

図7　反射率測定により得られたブロック鎖の自由末端近傍のセグメントが示すミクロドメイン中での分布（実線）と平均場理論による予測（破線）との比較
（ACS の許可を得て文献[23]より転載）

れた薄膜についての中性子反射率測定の結果を図8に示す[21]。薄膜Eでは三種類のブロック共重合体すべて，薄膜E_Lではϕ_Sが最も高い成分のみ，PSブロック鎖が重水素化された。一方，薄膜E_{ML}では，ϕ_Sが最も低い成分以外の二種類の成分に，PSブロック鎖が重水素化された試料が用いられた。薄膜E_Lおよび薄膜E_{ML}では，PSブロック鎖が全て重水素化された薄膜Eと比較して，プロファイル中に見られる薄膜深さ方向の規則構造に由来するBraggピークが弱かった。これらのモデル解析により得られた薄膜深さ方向の(b/V)分布を図9に示す。高分子の非圧縮性と(b/V)の加成性を仮定することで，系内の短いPSブロック鎖のセグメント分布が，薄膜Eから薄膜E_{ML}のデータを差し引くことにより見積もられた。図10に示したセグメント分布から，ブロック共重合体の分子構造の違いに依らず，ミクロドメイン中で短いブロック鎖のセグメントは界面近傍に局在することが明らかにされた。

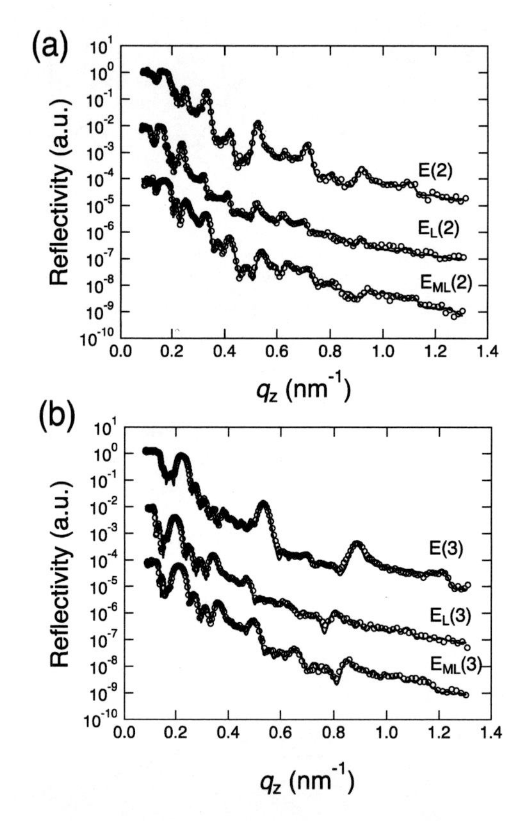

図8　PSブロック鎖の重水素化が異なる（a）PS-P2VP二元および，（b）P2VP-PS-P2VP二成分三元ブロック共重合体ブレンドの中性子鏡面反射率曲線

ブレンドEは構成成分すべて，ブレンドE_Lはϕ_Sが最も高いブロック共重合体，ブレンドE_{ML}はϕ_Sが最も低いブロック共重合体以外のPSブロック鎖が重水素化されている。図中の実線は，モデル解析により得られた反射率曲線。（ACSの許可を得て文献[21]より転載）

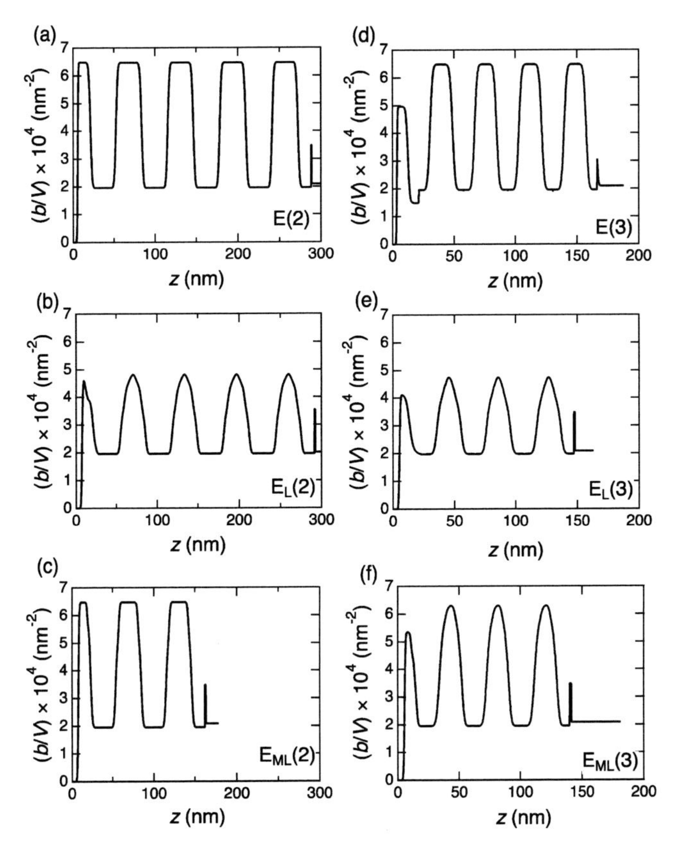

図９　図８の中性子反射率曲線のモデル解析により得られた薄膜深さ方向の(*b*/*V*)分布
（ACSの許可を得て文献[21]より転載）

5　ブロック共重合体薄膜の溶媒蒸気による膨潤挙動

ここまで示してきたように中性子反射率法によるブロック共重合体薄膜の研究は静的な構造観察がこれまで主であったが，近年，高温などの試料環境下における薄膜中の構造変化をその場観測する研究が行われるようになっている。ここでは，両親媒性ブロック共重合体薄膜の湿潤環境下における秩序構造の形成過程を時分割測定により調べた例を示す[24]。湿潤環境を作り出すために，中性子の透過性が高い 0.1 mm 厚のシリコン基板を窓材に，温度と湿度の両方を制御でき，かつ中性子反射率のその場測定が可能な特殊セルが試作された。試料には，poly(ethylene oxide)-poly(butylene oxide)(PEO-PBO) 二元ブロック共重合体が用いられた。分子量は 12.5×10^3，水に可溶な PEO ブロック鎖の分子中の体積分率は 0.37 で，バルク中ではシリンダー構造を形成する。なお，ブロック共重合体薄膜の脱濡れを防ぐために，シリコン基板はあらかじめ末端官能基を有する PS で疎水性の表面修飾が施された。図 11 に，PEO-PBO のスピンコート薄膜を 18℃の重水蒸気中でその場測定により得られた中性子の鏡面反射率曲線の時間発展を示す。

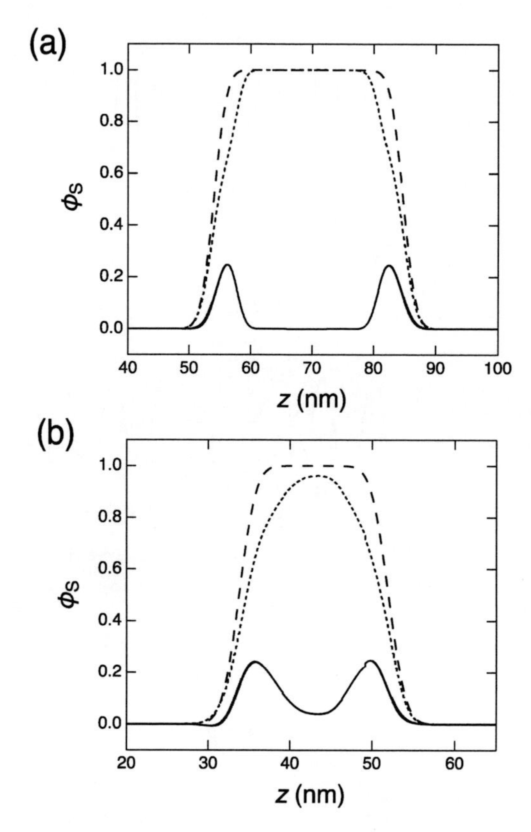

図10 (a) 二元，(b) 二成分三元ブロック共重合体のミクロドメイン中の短いPSブロック鎖のセグメント分布（実線）
破線および点線はそれぞれ薄膜 E_L および薄膜 E_{ML} に対して得られた重水素化セグメントの体積分率。(ACSの許可を得て文献[21]より転載)

図中では，5分毎に測定されたプロファイルが下から順に並べられている。図中の一番下に示されたas-cast薄膜のプロファイルには，q_z が0.34 nm^{-1} 付近にブロードな弱いピークが観測された。別に実施された微小角入射小角X線散乱（GISAXS）により，as-cast薄膜中で，PEO-PBOは秩序性は低いが相分離構造を形成していることが明らかにされた。この薄膜が水蒸気中に晒されると，初めはプロファイルの変化はほとんど見られないが，約130分が経過したところで薄膜中の秩序構造の形成を示唆する強いBraggピークが急に鏡面反射率曲線中に観測された。さらなら時間の経過に伴い，Braggピークの位置がlow-q_z 側にシフトしたことから，水の吸収によって秩序構造が膨潤して構造が徐々に大きくなったことが示唆された。これら反射率曲線のモデル解析により得た (b/V) 分布を図12に示す。薄膜中に吸収された重水の体積分率が各成分の (b/V) 値を用いて算出された。含水量が低いときには薄膜中の (b/V) 値が一定であったことから積層構造の形成は認められなかったが，約130分ぐらい経過すると急に含水量が増加し含水薄膜中に多層構造が形成された。その構造は時間とともに含水量が増加し，膜厚およびPEO層の

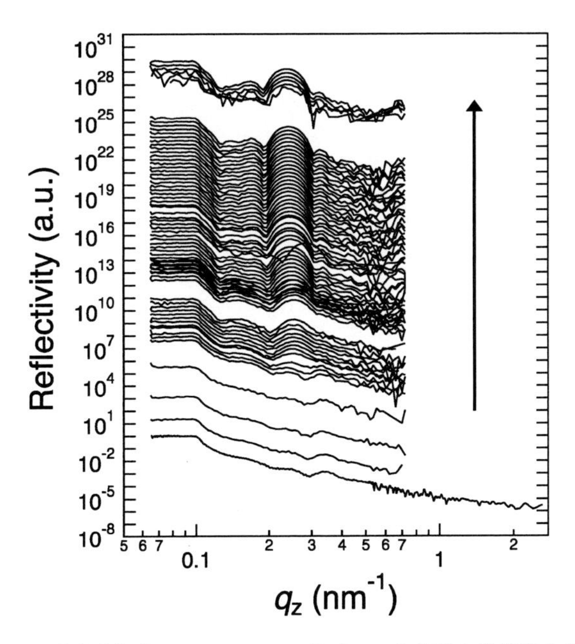

図11　重水蒸気中でPEO-PBO二元ブロック共重合体薄膜のその場測定により得られた中性子の鏡面反射率曲線の時間変化
5分毎に測定して得られた反射率曲線が時間経過とともに下から上に順番に並べられている。(ACSの許可を得て文献[24]より転載)

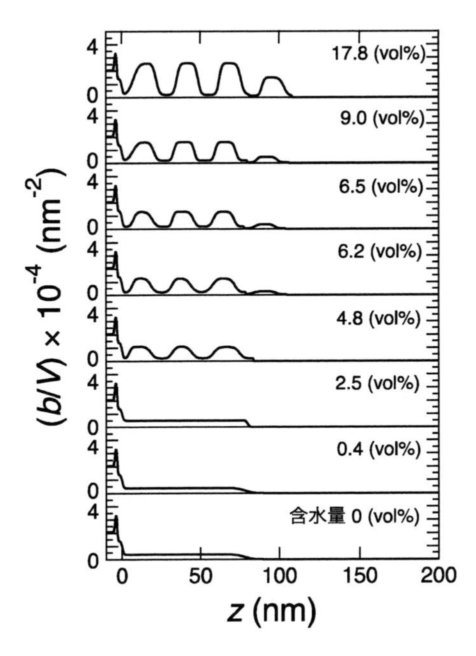

図12　図11の中性子反射率曲線のモデル解析により得られた薄膜深さ方向の(b/V)分布の時間発展
(ACSの許可を得て文献[24]より転載)

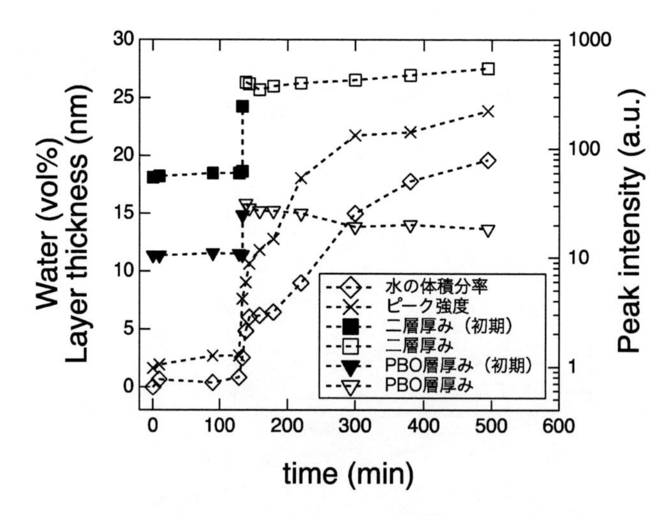

図 13　重水蒸気中での PEO-PBO 二層厚み，PBO 層の厚み，ピーク強度および，吸収された水の体積分率の時間変化
（ACS の許可を得て文献[24]より転載）

(*b*/*V*)値が増加した。これらの構造パラメータの変化が湿潤環境に置かれた時間に対して図 13 に示されている。理由は明確になっていないが含水量が 2.5 vol% に至ると，二層構造の厚みが急に増加し，その後，緩やかに増加した一方で，PBO 層の厚みは時間とともに少しづつ減少した。これは水の吸収によって PEO 相が膨潤したのに伴い，界面に水平な方向に拡げられた分，PBO 相は密度を一定に保つために界面に対して垂直な方向に縮められたためと考えられる。これら層構造の厚みについては，PEO-PBO 二層厚みの急激な増加の後の挙動は，自己無撞着場理論による計算結果と一致した。

6　おわりに

本稿では，ブロック共重合体の界面・薄膜構造について，中性子反射率法による静的な構造解析で明らかにされた結果を中心に説明した。これらの研究により，ミクロドメイン中でのブロック鎖のセグメント分布が明らかになり，理論による予測との比較を通じて，ミクロ相分離構造の分子レベルでの理解が大きく進展した。ここでは紙数の制約により示せなかったが，中性子反射率法によるブロック共重合体の構造解析として，空気-水界面上に展開された両親媒性ブロック共重合体単分子膜の特異な高密度“絨毯”層の存在が明らかにされた研究[25,26]や，最近では溶媒との接触によって両親媒性ブロック共重合体を含む高分子薄膜の表面に自発的に形成される高密度 brush がその場観測された研究[27]などがあげられる。今後，中性子源の大強度化と測定技術の高度化によって，短時間での時分割測定や特殊な試料環境下での測定が可能になることで，ブロック共重合体の界面・薄膜構造の理解がさらに進むことが期待される。

文　　献

1) I. W. Hamley, "The Physics of Block Copolymers", Oxford University Press (1998)
2) Y. Matsushita *et al.*, *Macromolecules*, **23**, 4317 (1990)
3) Y. Matsushita *et al.*, *Macromolecules*, **27**, 4566 (1994)
4) Y. Matsushita *et al.*, *Macromolecules*, **28**, 6007 (1995)
5) Y. Matsushita *et al.*, *Macromolecules*, **31**, 2378 (1998)
6) N. Torikai *et al.*, *Macromolecules*, **30**, 5698 (1997)
7) Y. Matsushita *et al.*, *Macromolecules*, **23**, 4387 (1990)
8) Y. Matsushita *et al.*, *Macromolecules*, **26**, 6346 (1993)
9) S. H. Anastasiadis *et al.*, *J. Chem. Phys.*, **92**, 5677 (1990)
10) A. M. Mayes *et al.*, *Macromolecules*, **25**, 6523 (1992)
11) A. M. Mayes *et al.*, *Macromolecules*, **26**, 1047 (1993)
12) A. M. Mayes *et al.*, *Macromolecules*, **27**, 7447 (1994)
13) A. M. Mayes *et al.*, *Macromolecules*, **27**, 749 (1994)
14) N. Koneripalli *et al.*, *Macromolecules*, **31**, 3498 (1998)
15) N. Torikai, "Neutrons in Soft Matter", p.115, John Wiley & Sons, Inc. (2011)
16) N. Torikai *et al.*, *J. Phys. Soc. Jpn.*, **70**, Suppl. A 344 (2001)
17) N. Torikai *et al.*, *Physica B*, **283**, 12 (2000)
18) E. Helfand and Z. R. Wasserman, *Macromolecules*, **9**, 879 (1976)
19) Y. Takahashi *et al.*, *J. Soc. Rheol. Jpn.*, **41**, 83 (2013)
20) K. R. Shull *et al.*, *Macromolecules*, **26**, 3929 (1993)
21) A. Noro *et al.*, *Macromolecules*, **39**, 7654 (2006)
22) D. Broseta *et al.*, *Macromolecules*, **23**, 132 (1990)
23) N. Torikai *et al.*, *Macromolecules*, **30**, 2907 (1997)
24) Y. Kamata *et al.*, *Macromolecules*, **47**, 8682 (2014)
25) E. Mouri *et al.*, *Langmuir*, **20**, 10604 (2004)
26) E. Mouri *et al.*, *Langmuir*, **21**, 1840 (2005)
27) M. Inutsuka *et al.*, *ACS Macro Lett.*, **2**, 265 (2013)

第4章　シミュレーション法

吉元健治*

1　はじめに

ジブロックコポリマーを用いた誘導自己組織化（DSA：Directed Self-Assembly）では，予めガイドと呼ばれるパターンを施した基板上に，ジブロックコポリマーの溶液を塗布し熱処理することで，大規模領域でミクロ相分離（もしくは自己組織化）構造の配向が制御される。比較的簡便かつ安価なプロセスで，ピッチ10 nm以下のパターンも作製できるため，DSAは次世代のパターニング技術として注目されている。一方で，DSAを量産化プロセスに適用するためには，欠陥数密度を0.01/cm^{2}以下まで抑えなければならない[1)]。DSAプロセスで発生する欠陥パターンには，ジブロックコポリマーのミクロ相分離構造が三次元で連結・切断したものも含まれ，従来のように，走査型電子顕微鏡（SEM：Scanning Electron Microscope）でパターン上面だけを撮影しても検出され難い（図1）。また，欠陥パターンの発生には，材料パラメータ（ジブロックコポリマーを構成する各ブロックの種類や分子量など）とプロセスパラメータ（熱処理温度や時間など）に加え，ガイドパラメータ（ガイドパターンの形状や各ブロックとの親和性など）も関与するため，欠陥を抑制するための最適条件を導くことは困難である。

そこで近年，シミュレーションを用いて，ガイドパターン上で形成されるブロックコポリマーの自己組織化構造の予測や，DSAのプロセス最適化が行われている。ブロックコポリマーのミクロ相分離に関する研究は長年行われており，様々なモデルやシミュレーション手法も確立されている。代表的なモデルには，ブロックコポリマーの鎖を数個から数十個の粗視化粒子で表現するParticle-Basedモデルと，各ブロックの濃度場（厳密には体積分率場）を変数とするField-

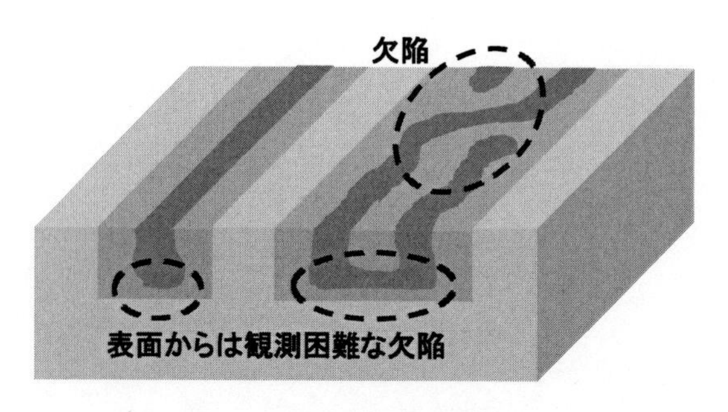

図1　DSA欠陥構造の概念図

*　Kenji Yoshimoto　京都大学　学際融合教育研究推進センター

Basedモデルが挙げられる。Particle-Basedモデルは，分子動力学法（MD：Molecular Dynamics），モンテカルロ法（MC：Monte Carlo），ブラウン動力学法（BD：Brownian Dynamics），あるいは散逸粒子動力学法（DPD：Dissipative Particle Dynamics）に基づいたシミュレーション[2~4]に適用される。ただし，系のサイズが数μmの場合，粒子の数と粒子間相互作用の数が膨大になり，現実的な時間内に自己組織化構造は形成され難い。

一方，Field-Basedモデルでは，ブロックコポリマーの鎖は厳密には表現されず，各位置における各ブロックの体積分率が変数として取り扱われる。代表的なField-Basedモデルは自己無撞着場理論（SCFT：Self-Consistent Field Theory）で，ブロックコポリマーの自己組織化構造を予測したり解析したりする際の基準として用いられる[4~9]。なお，SCFTでは，Particle-Basedモデルのような分子レベルでのパラメータ（粒子間相互作用パラメータなど）ではなく，ブロックコポリマーの物性パラメータ（各ブロックの体積分率，Flory-Hugginsパラメータなど）が用いられるため，実験データとの比較も行い易い。一方で，標準的なSCFTでは平均場近似により濃度揺らぎの効果が無視されているため，ブロック間反発力の比較的小さな弱偏析領域では実験とは異なる構造が得られる[4]。

本報では，de Pablo教授らの研究チームによって近年提案された，Particle-BasedモデルとField-Basedモデルとを組み合わせたTheoretically Informed Coarse-Grained（TICG）モデル[10~13]について，その原理から応用例まで簡潔に紹介する。このモデルでは，ポリマー鎖は粗視化粒子が結合したガウス鎖として表されるが，結合していない粒子間の相互作用エネルギーはField-Basedモデルと同様に局所体積分率から求められる。TICGモデルの利点としては，①濃度揺らぎの効果が自然に含まれ[14,15]，② Particle-Basedモデルに比べ計算負荷は小さく，③任意の形状（マルチブロック，分岐型など）のブロックコポリマーも簡単に表現でき，④多成分系（ブロックコポリマー/ホモポリマー/ナノ粒子/溶媒など）にも容易に拡張できる[16,17]，点が挙げられる。

2　Theoretically Informed Coarse-Grained（TICG）モデル

ここでは，ブロックAとブロックBで構成されるジブロックコポリマーの鎖がn本入った系を考える。系の体積Vと温度Tは一定とする。まず，ジブロックコポリマーの鎖をN個の球状セグメントが連結した理想鎖（もしくはガウス鎖）として粗視化する（図2）。球状セグメントの中には複数のモノマーが含まれており，その直径をbとする。また，ブロックAとブロックBのセグメント数をそれぞれN_AとN_Bとする（$N_A+N_B=N$）。結合しているセグメント間の相互作用エネルギーE_bは

$$\frac{E_b\{\boldsymbol{r}_i(s)\}}{k_B T}=\frac{3}{2b^2}\sum_{i=1}^{n}\sum_{s=1}^{N-1}|\boldsymbol{r}_i(s+1)-\boldsymbol{r}_i(s)|^2 \tag{1}$$

で表される[18,19]。k_Bはボルツマン定数，$\boldsymbol{r}_i(s)$は$i(=1,\cdots,n)$番目のブロックコポリマー鎖の中

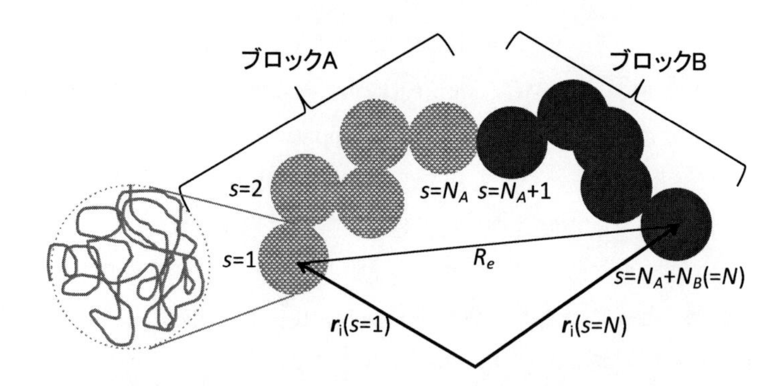

図２　ジブロックコポリマーの理想鎖（もしくはガウス鎖）の概念図

の $s(=1,\cdots,N)$ 番目のセグメントの位置（ベクトル）を表す。

結合していないセグメント間の相互作用エネルギー E_{nb} には，ポリマーAとポリマーBの二成分系での混合自由エネルギー式[20]

$$\frac{E_{\mathrm{nb}}\{\phi_{\mathrm{A}}(\boldsymbol{r}),\ \phi_{\mathrm{B}}(\boldsymbol{r})\}}{k_{\mathrm{B}}T}=\rho_0\iiint_V dxdydz\,[\,\chi\,\phi_{\mathrm{A}}(\boldsymbol{r})\,\phi_{\mathrm{B}}(\boldsymbol{r})+\frac{\kappa}{2}/(1-\phi_{\mathrm{A}}(\boldsymbol{r})-\phi_{\mathrm{B}}(\boldsymbol{r}))^2] \qquad (2)$$

を用いる。ρ_0 は系全体でのセグメントの平均数密度（$=nN/V$）を表し，$\phi_{\mathrm{K}}(\boldsymbol{r})$ は位置 $\boldsymbol{r}$ でのブロックK（AもしくはB）のセグメントの数密度を ρ_0 で規格化したものである。

$$\phi_{\mathrm{A}}(\boldsymbol{r})=\frac{1}{\rho_0}\sum_{i=1}^{n}\sum_{s=1}^{N_{\mathrm{A}}}\delta\,(\boldsymbol{r}-\boldsymbol{r}_i(s))\quad \phi_{\mathrm{B}}(\boldsymbol{r})=\frac{1}{\rho_0}\sum_{i=1}^{n}\sum_{s=N_{\mathrm{A}}+1}^{N}\delta\,(\boldsymbol{r}-\boldsymbol{r}_i(s)) \qquad (3)$$

式(2)の被積分関数の第一項目は，ブロックAとブロックBとの相互作用エネルギーを表しており，その大きさは χ パラメータに比例する[21]。第二項目は，系の非圧縮性を維持するもので，弾性率 κ が大きいほど，数密度の振幅が大きくなる[10]。

系全体のエネルギー E は，結合エネルギー E_{b} と非結合エネルギー E_{nb} の和として，

$$\frac{E}{k_{\mathrm{B}}T}=\frac{3(N-1)}{2R_e^2}\sum_{i=1}^{n}\sum_{s=1}^{N-1}|\,\boldsymbol{r}_i(s+1)-\boldsymbol{r}_i(s)\,|^2 + \sqrt{\bar{N}}\int_V\frac{d\boldsymbol{r}}{R_e^3}\,[\,\chi N\phi_{\mathrm{A}}(\boldsymbol{r})\,\phi_{\mathrm{B}}(\boldsymbol{r})+\frac{\kappa N}{2}(1-\phi_{\mathrm{A}}(\boldsymbol{r})-\phi_{\mathrm{B}}(\boldsymbol{r}))^2] \qquad (4)$$

で表される。R_e はジブロックコポリマー鎖の末端間距離（$=b\sqrt{N-1}$）[19]，$\sqrt{\bar{N}}$ は立方体 R_e^3 の中に含まれる平均セグメントの数を N で割りジブロックコポリマーの鎖の本数（$=(\rho_0 R_e^3)/N$）として表したものである[10]。なお，ガウス鎖はセグメントの種類やサイズには依存しないので，式(4)の右辺に含まれるパラメータ，$R_e,\sqrt{\bar{N}}$，χN，κN は全て鎖単位で定義されている[20]。各パラメータの詳細については文献12を参照頂きたい。

式(4)のエネルギー計算で必要となる局所数密度は，主に二つの方法で求められる。まず一つ目は，セグメントを確率分布関数で表し，局所数密度を全セグメントの確率分布関数の和として求めるやり方である。例えば，一個のセグメントを，その中心からの距離 $|\,\boldsymbol{r}-\boldsymbol{r}_i\ (s)\,|$ に応じて

減衰する確率分布関数 $w(|\boldsymbol{r}-\boldsymbol{r}_i(s)|)$ で表すと，各ブロックの局所数密度は

$$\phi_{\mathrm{A}}(\boldsymbol{r})=\frac{1}{\rho_0}\sum_{i=1}^{n}\sum_{s=1}^{N_{\mathrm{A}}}w(|\boldsymbol{r}-\boldsymbol{r}_i(s)|),\ \phi_{\mathrm{B}}(\boldsymbol{r})=\frac{1}{\rho_0}\sum_{i=1}^{n}\sum_{s=N_{\mathrm{A}}+1}^{N}w(|\boldsymbol{r}-\boldsymbol{r}_i(s)|) \tag{5}$$

から計算される[16,22]。式(5)で表される局所数密度は連続関数なので，その微分値が必要となる局所応力の計算などにも適用できる[12]。一方，それぞれの位置 $\boldsymbol{r}$ に対して，全セグメントの確率を合算するため，計算負荷は大きくなってしまう[23]。

二つ目の方法では，系を格子状に分割し，各微小体積要素（もしくはセル）内に含まれるセグメントを数えて局所数密度を求める[16]。x 方向，y 方向，z 方向の格子間距離を全て ΔL とした場合，局所数密度は

$$\phi_{\mathrm{K}}(i,j,k)=\frac{n_{\mathrm{K}}(i,j,k)}{n_0} \tag{6}$$

で表される。n_0 はセル当たりの平均セグメント数（$=nN/(V/\Delta L^3)$）で，n_{K}（i,j,k）は x 座標が（$i-1$）ΔL から $i\Delta L$，y 座標が（$i-1$）ΔL から $j\Delta L$，z 座標が（$k-1$）ΔL から $k\Delta L$ の間に存在するブロックK（AもしくはB）のセグメント数である。n_0 が大きいほど，計算時間が増加してしまうので，実際のシミュレーションでは，$n_0=14-16$ に設定されることが多い[12]。その際に，ΔL はセグメントの大きさ b より大きく，相分離界面幅 ξ より小さくなるように留意する[23]。なお，式(6)で必要となる n_{K}（i,j,k）の計算は，各セグメントの位置座標（x,y,z）をセル座標（i,j,k）に変更し加算していくだけなので，式(5)と比べ，計算時間は大幅に短くなる。以下のシミュレーションでは，局所数密度の計算には式(6)を用いる。

3　モンテカルロ（MC）シミュレーション

MCシミュレーションでは，各セグメントを試行的に動かしながら，エネルギー的に最安定な構造を探索していく。まず，ジブロックコポリマーの鎖 n 本を系にランダムに配置させ，初期構造を作成する。例えば，鎖の先端セグメントを系内でランダムに発生させた後，次のセグメントを前のセグメントとの距離が b になる範囲でランダムに配置させていく。なお，ガウス鎖のセグメントはソフトな塊であり，式(1)で示されるようにセグメント同士の重なり合いもエネルギー的に許容されるため，高濃度な系でも，初期構造は容易に作成される。

ジブロックコポリマーのMCシミュレーションに用いられるセグメントの試行的な動かし方には，Random Displacement, Reptation, Chain Translation, Block Inversionなどがあり，Random DisplacementとReptationが標準的に用いられている[3]。Random Displacementでは，まず全セグメントの中から一個をランダムに選択し，次に選択したセグメントを現在の位置 $\boldsymbol{r}_i^{\mathrm{old}}(s)$ から新たにランダムに選んだ位置 $\boldsymbol{r}_i^{\mathrm{new}}(s)$ に移動させる（図3）。この際に，新たな位置と現在の位置でのエネルギー差 ΔE（$=\Delta E_{\mathrm{b}}+\Delta E_{\mathrm{nb}}$）を計算する。結合エネルギーの変化量 ΔE_{b} は

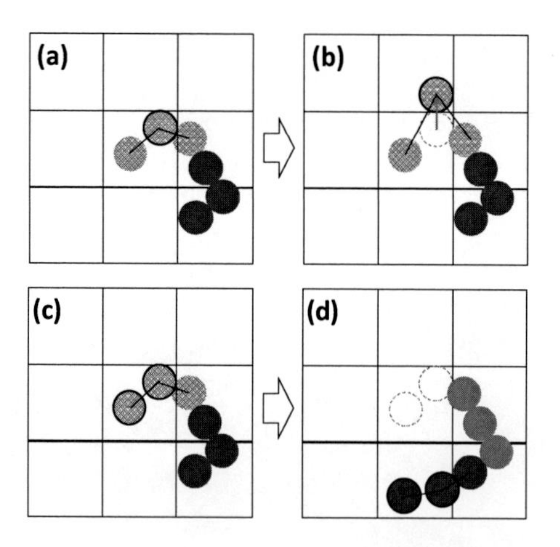

図３　セグメントの試行的な動き
(a, b) Random Displacement, (c, d) Reptation。左側がセグメントを動かす前，右側が動かした後を表す。

$$\frac{\Delta E_{\mathrm{b}}}{k_{\mathrm{B}}T}=\frac{3(N-1)}{2R_e^2}\{[1-\delta_{sN}]\ [\ |\boldsymbol{r}_i(s+1)-\boldsymbol{r}_i^{\mathrm{new}}(s)|^2-|\boldsymbol{r}_i(s+1)-\boldsymbol{r}_i^{\mathrm{old}}(s)|^2] \\ +[1-\delta_{s1}]\ [\boldsymbol{r}_i^{\mathrm{new}}(s)-\boldsymbol{r}_i(s-1)|^2-|\boldsymbol{r}_i^{\mathrm{old}}(s)-\boldsymbol{r}_i(s-1)|^2]\} \tag{7}$$

から求められる。クロネッカーのδ_{sN}は，セグメントがジブロックコポリマーの鎖の末端（$s=N$）に位置するときに1，それ以外では0となる。同様にδ_{s1}は，セグメントがジブロックコポリマーの鎖の先端（$s=1$）に位置するときに1，それ以外では0となる。一方，非結合エネルギーの変化量ΔE_{nb}は，セグメントが現在のセル（i, j, k）から別のセル（I, J, K）に移動する場合にのみ発生する。例えば，Aのセグメントが移動する場合，二つのセルにおけるブロックAの局所密度は

$$\begin{cases} \phi_A^{\mathrm{old}}(i,j,k)=\dfrac{n_{\mathrm{A}}(i,j,k)}{n_0} \\ \phi_A^{\mathrm{old}}(I,J,K)=\dfrac{n_{\mathrm{A}}(I,J,K)}{n_0} \end{cases} \tag{8}$$

から，

$$\begin{cases} \phi_A^{\mathrm{new}}(i,j,k)=\dfrac{n_{\mathrm{A}}(i,j,k)-1}{n_0} \\ \phi_A^{\mathrm{new}}(I,J,K)=\dfrac{n_{\mathrm{A}}(I,J,K)+1}{n_0} \end{cases} \tag{9}$$

に変化する。なお，ブロックBの局所密度は変化しないので，

$$
\begin{cases}
\phi_B^{\mathrm{new}}(i,j,k) = \phi_B^{\mathrm{old}}(i,j,k) = \dfrac{n_{\mathrm{B}}(i,j,k)}{n_0} \\
\phi_B^{\mathrm{new}}(I,J,K) = \phi_B^{\mathrm{old}}(I,J,K) = \dfrac{n_{\mathrm{B}}(I,J,K)}{n_0}
\end{cases}
\tag{10}
$$

となる。式（8〜10）より，ΔE_{nb} は

$$
\begin{aligned}
\frac{\Delta E_{\mathrm{nb}}}{k_{\mathrm{B}}T} = & f\{\phi_A^{\mathrm{new}}(i,j,k),\ \phi_B^{\mathrm{new}}(i,j,k)\} - f\{\phi_A^{\mathrm{old}}(i,j,k),\ \phi_B^{\mathrm{old}}(i,j,k)\} + \\
& f\{\phi_A^{\mathrm{new}}(I,J,K),\ \phi_B^{\mathrm{new}}(I,J,K)\} - f\{\phi_A^{\mathrm{old}}(I,J,K),\ \phi_B^{\mathrm{old}}(I,J,K)\}
\end{aligned}
\tag{11}
$$

より計算される。$f\{\phi_{\mathrm{A}}(i,j,k), \phi_{\mathrm{B}}(i,j,k)\}$ は式(2)の被積分関数を表す。

$$
f\{\phi_{\mathrm{A}}(i,j,k),\ \phi_{\mathrm{B}}(i,j,k)\} = \chi N \phi_{\mathrm{A}}(i,j,k)\,\phi_{\mathrm{B}}(i,j,k) + \frac{\kappa N}{2}\{1 - \phi_{\mathrm{A}}(i,j,k) - \phi_{\mathrm{B}}(i,j,k)\}^2 \tag{12}
$$

式（7-12）を用いて $\Delta E (= \Delta E_{\mathrm{b}} + \Delta E_{\mathrm{nb}})$ を計算した後，メトロポリス法の採択基準 min（1, exp［$-\Delta E/(k_{\mathrm{B}}T)$］）によって，選択したセグメントの新しい位置を採択するか棄却するかを決定する[2,3]。$\Delta E \leq 0$ の場合，新しい位置は無条件に採択される。一方，$\Delta E > 0$ の場合，一様乱数を 0 から 1 までの範囲で発生させ，その値がボルツマン因子 exp［$-\Delta E/(k_{\mathrm{B}}T)$］よりも小さいと，$\boldsymbol{r}_i^{\mathrm{new}}(s)$ を採択する。

Random Displacement は，局所的にエネルギーが高くなっている箇所を緩和するのには有効であるが，自己組織化構造を形成させるためには，ポリマー鎖の形状や位置も大幅に変化させる必要がる。そこで，Reptation（もしくは Slithering-Snake）と呼ばれる試行的な動かし方もよく用いられる。Reptation では，まず n_{cut}（≥ 1）個のセグメントを鎖の先端（もしくは末端）から切り取り，次に同じ数のセグメントを末端（もしくは先端）からランダムに発生させる（図3）。この際，セグメント間の距離を切断前と等しくするため，エネルギー変化 ΔE は，式(10)の非結合エネルギー変化 ΔE_{nb} から求められる。なお，切断するセグメント数 n_{cut} が大きすぎたら，ΔE が大きくなり，試行的な動きが採択され難くなる。逆に，n_{cut} が小さすぎると，鎖の位置や形状が大幅に変化し難くなる。例えば，$N=32$ の対称性ジブロックコポリマーに対しては，$n_{\mathrm{cut}}=3$-4 が比較的短時間でラメラ構造を形成させるのに有効である[11]。

4　TICG モデルを用いた MC シミュレーションの DSA への応用

ここでは，前節で概説した TIGC モデル及び MC シミュレーションを用いて，ジブロックコポリマーの自己組織化構造とガイドパラメータの関係について調べた二つの事例を紹介する。

4.1　化学ガイドを用いた DSA プロセス[13]

図4に示すように，バルク系では自然周期 L_0 のラメラ構造を形成する対称性 AB ジブロックコポリマー（$N_{\mathrm{A}}=N_{\mathrm{B}}$）を基板上に塗布した系を考える。ジブロックコポリマーの膜厚は L_z で，

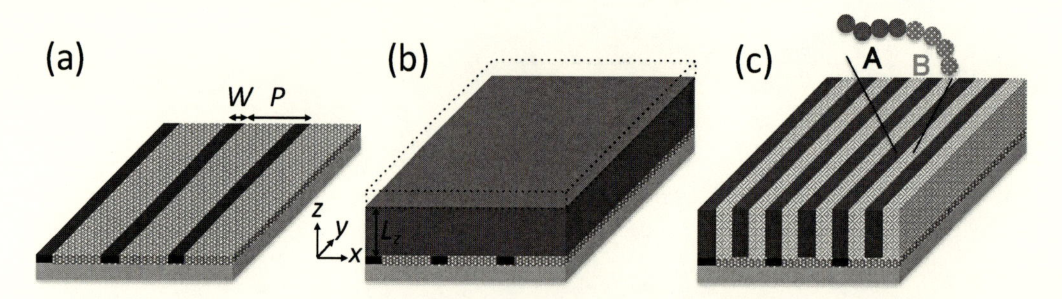

図４　化学ガイドによる対称性 AB ジブロックコポリマーの誘導自己組織化（DSA）の概念図
(a) 化学ガイドパターン。細い帯状の部分が化学ガイド（幅 W：0.5 L_0，ピッチ P：2.0 L_0）で，ブロック A への親和性が高い。それ以外の部分は中性化膜で覆われている。(b) 対称性 AB ジブロックコポリマーの塗布。膜厚 L_Z は 1.0 L_0 で，その表面は，どちらのブロックとも作用しない平らな壁（点線）で覆われている。(c) 熱処理後に形成されたジブロックコポリマーの垂直ラメラ構造。化学ガイド上にはブロック A のドメインが形成される。

膜表面（$z = L_z$）はどちらのセグメントとも相互作用しない平らな壁に接している。一方，基板表面では，幅 0.5 L_0 の化学ガイドパターンがピッチ 2.0 L_0 で並んでおり，ガイドパターンの間は中性化膜で覆われている。化学ガイドパターンはブロック A への親和性が高く，中性化膜はブロック A への親和性とブロック B への親和性が等しいとする。基板表面とセグメントとの相互作用エネルギー E_s は

$$\frac{E_s}{k_B T} = \sum_{i=1}^{n} \sum_{s=1}^{N} \frac{\Lambda}{d_s / R_e} \exp\left[-\frac{z_i(s)^2}{2 d_s^2} \right] \tag{13}$$

で表される[13]。各セグメントに働く引力もしくは斥力の大きさは，基板表面からの高さ $z_i(s)$ に応じて指数関数的に減衰する。d_s は減衰長と呼ばれ，慣例的には微小体積要素の長さ ΔL に近い値（0.15 R_e）が用いられる。また，Λ は基板表面とセグメントとの親和性の大きさを表し，セグメントの基板上での位置 $[x_i(s), y_i(s)]$ とタイプ $K_i(s)$ に依存する。ここでは，簡易化のため，Λ を二つの相互作用パラメータ Λ_s と Λ_b のみで表現する（$\Lambda_s \geq 0$, $\Lambda_b \geq 0$）。セグメントが化学ガイドパターン上に存在する場合，

$$\Lambda = \begin{cases} -\Lambda_s / N \text{ for A} \\ \Lambda_s / N \text{ for B} \end{cases} \tag{14}$$

とし，A のセグメントには引力が，B のセグメントには斥力が働くようにする。同様に中性化膜上では，

$$\Lambda = \begin{cases} \Lambda_b / N \text{ for A} \\ -\Lambda_b / N \text{ for B} \end{cases} \tag{15}$$

とし，B のセグメントには引力が，A のセグメントには斥力が働くようにする。

MC シミュレーションで用いられた主なモデルパラメータを表 1 にまとめる。χN と κN と $\sqrt{N}$ の値は，分子量が約 74,000（$L_0 \cong 45.0$ nm）の対称性 PS-b-PMMA を想定したもので，微小体積

要素の一辺の長さΔLは，セグメントの平均数密度n_0が約16になるように0.166 R_eに設定されている[13]。なお，表1のパラメータを用いてバルク系でシミュレーションを行うと，ラメラ構造の自然周期L_0は1.66 R_e（10 ΔL）となる[12]。シミュレーション系の大きさはL_x（4.0 L_0）×L_y（4.0 L_0 or 8.0 L_0）×L_z（1.0 L_0）で，x方向とy方向には周期境界条件が適用されている[13]。化学ガイドのピッチPを2.0 L_0に固定する一方で，化学ガイドの幅W，化学ガイドの親和性パラメータΛ_s，中性化膜の親和性パラメータΛ_bをそれぞれ表1の範囲内で変化させている。

MCシミュレーションで得られた対称性ABジブロックコポリマーの自己組織化構造は，五つの特徴的な構造（HL, VL, ML, D, C）に分類される（図5）。HLは基板に対して水平なラメラ構造で，VLは垂直なラメラ構造である。後者はさらに，すべてのドメインが完全に垂直なケース（VL）と部分的につながったケース（VL'）に分類される。MLは水平ラメラと垂直ラメラが混在した構造で，化学ガイド上には水平ラメラが，中性化膜上には垂直ラメラが形成される。Dはドット構造であり，中性化膜上のブロックBのドメインが化学ガイド上のブロックAのドメインを跨ぐケース（D_B）と，逆のケース（D_A）に分類される。Cはチェッカーボードを意味し，ガイドパターン上にはブロックAとブロックBのドメインが交互に現れ，中性化膜上では逆の順番でドメインが形成される。なお，CでもDでも膜表面付近では垂直ラメラ構造が形成されるが，化学ガイドパターンの向きとは一致しない。

図6は三つのガイドパラメータW, Λ_s, Λ_bを変化した際に得られた自己組織化構造を相図にまとめたものである。化学ガイドの幅が最も狭い（$W=0.25\,L_0$）場合，$\Lambda_b \geq 0.5$ではΛ_sの大小に関わらず全て水平ラメラになっている［図6（a)］。これは，基板表面の87.5%がブロックBに親和性の高い中性化膜で覆われているため，中性化膜上にブロックBの層状ドメインを形成する方がエネルギー的に有利になるからである。一方，化学ガイドの幅が大きくなると，$\Lambda_b \geq 0.5$では中性化膜上のブロックBのドメインが化学ガイド上のブロックAのドメインを跨ぐドット型構造が現れ［図6（b)］，やがて大部分を占めるようになる［図6（c)］。$W=1.00\,L_0$では，ドット型の領域は減るが，チェッカーボード型など新たな構造も観測されている［図6（d)］。重要なことは，垂直ラメラ構造が安定的に形成される領域は「化学ガイドの幅は$0.25\,L_0 \leq W \leq 0.75\,L_0$」と「中性化膜の親和性パラメータは$0 \leq \Lambda_b \leq 0.25$」にほぼ限られ，それ以外の領域では欠陥構造が形成されてしまう点である。図6のような相図は，欠陥を抑制する上で必要不可欠な情報であるが，実験からは得られ難いため，シミュレーションの有用性が示唆される。

表1　モデルパラメータ

パラメータ	χN	κN	$\sqrt{\bar{N}}$	N（N_A/N_B）	d_s/R_e	L_Z/L_0	P/L_0	W/L_0	Λ_s	Λ_b
値	25	35	128	32（16/16）	0.15	1.0	2.0	0.25～1.00	0.0～2.0	0.0～2.0

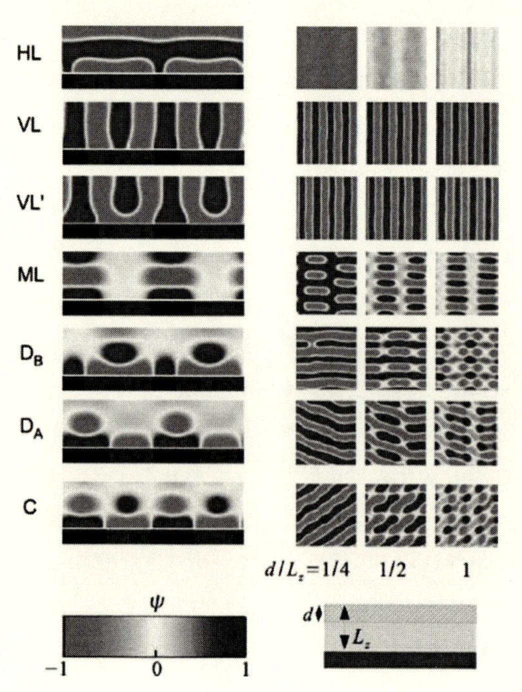

図5　化学ガイドパターンの幅と親和性を変化させた際に観測された主な自己組織化構造 Reprinted with permission from Ref. 16 ; F. A. Detcheuerry et al., Macromolecules, 41, 4989 (2008), Copyright 2008 American Chemical Society

左側はジブロックコポリマー膜の断面図で，局所オーダーパラメータ $\psi \equiv (\phi_A - \phi_B)/(\phi_A + \phi_B)$ を図4の y 方向に平均化したものを表す。同様に，右側の三つの図は左から順に，ψ を膜表面から 0.125 L_0, 0.500 L_0, 1.000 L_0 まで平均化したものである。

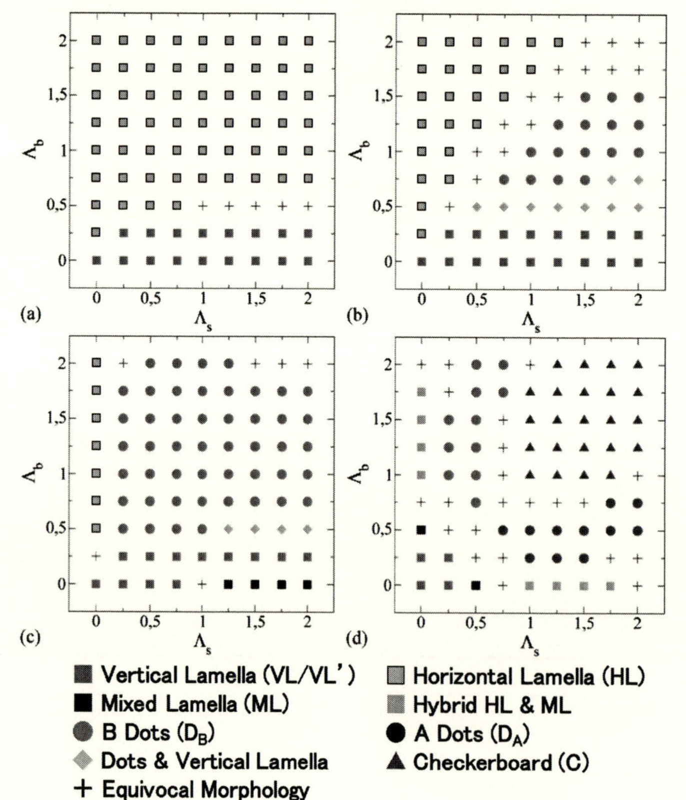

図6　化学ガイドパターン上での対称性ジブロックコポリマーの自己組織化構造の相図。Reprinted with permission from Ref. 16 ; F. A. Detoheverry et al., Macromolecules, 41, 4989 (2008), Copyright 2008 American Chemical Society

Λ_s は化学ガイドパターンの親和性パラメータを，Λ_b は中性化膜の親和性パラメータを表す。化学ガイドパターンの幅 W は (a) 0.25 L_0, (b) 0.50 L_0, (c) 0.75 L_0, (d) 1.00 L_0 で，ピッチ P は 2.00 L_0 で固定されている。

4.2　物理ガイドを用いたDSAプロセス[24)]

ここでは，ナノスケールの溝（もしくはトレンチ）の中で形成される対称性ABジブロックコポリマー（$N_A = N_B$）のミクロ相分離構造について，MCシミュレーションで検討した結果を示す[24)]。図7に示すように，溝の形状は深さD，幅W，長さLで表し，溝の側壁と底面はブロックAとの親和性が高くなるように設定した。また，y方向には周期境界条件，x方向とz方向には剛壁条件（＝セグメントは壁の内側へは移動できない条件）を適用し，ジブロックコポリマーの上面はどちらのブロックとも相互作用しない平らな壁に接していると仮定した。

MCシミュレーションに用いたモデルパラメータは，分子量が約54,000の対称性PS-b-PMMA（$L_0 \approx 30$ nm）を想定したものである（表2)。前項4.1で用いたパラメータ（表1）と比べ，解像度を上げるために，ΔLを小さくした。また，Nと$\sqrt{N}$の値を大きくすることで，セル内に含まれる平均セグメント数n_0を約16に維持した。

溝内で形成されるミクロ相分離構造は，溝の形状及び，壁とジブロックコポリマーとの相互作用が異なれば大きく変化する。今回は，二種類の相互作用について考えた。一つ目は，物理吸着型の比較的弱い相互作用で，前項4.1と同様に，指数関数型のポテンシャルを用いて，セグメントと壁との相互作用エネルギーE_sを表す。

$$\frac{E_s}{k_B T} = \sum_{i=1}^{n} \sum_{s=1}^{N} \frac{\Lambda}{d_s/R_e} \left\{ \exp\left[-\frac{z_i(s)^2}{2d_s^2} \right] + \exp\left[-\frac{l^2}{2d_s^2} \right] \right\} \tag{16}$$

式(16)は，溝の底面からの垂直距離$z_i(s)$に応じて減衰する指数関数式(13)に，最近傍の側壁との水平距離lに応じて減衰する指数関数を加えたものである。減衰距離d_sは，前項4.1と同じ値0.15 R_eに設定した。また，壁とセグメントの親和性パラメータΛは，式(14)と同様に，ブロックAのセグメントには$-\Lambda_s/N$（$\Lambda_s \geq 0$），ブロックBのセグメントにはΛ_s/Nとした。今回，Λ_sの値は1.0に固定した。

二つ目の相互作用では，壁表面でブロックAの薄膜が形成されるような比較的強い化学吸着

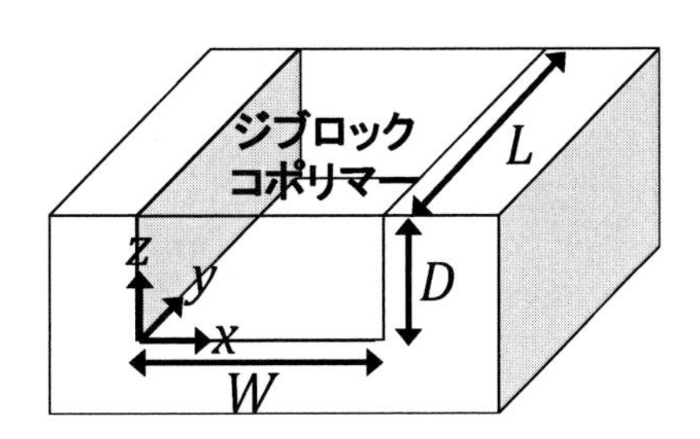

図7　物理ガイドの形状パラメータ

表2　モデルパラメータ

パラメータ	χN	κN	$\sqrt{N}$	N（N_A/N_B）	$\Delta L/R_e$	W/L_0	D/L_0	L/L_0	Λ_s	d_s/R_e
値	25	35	200	128（64/64）	0.0086	0.5-3.0	0.5-3.0	6.0	1.0	0.15

型を想定し，以下の手順でMCシミュレーションを行った。

① 溝内にて，全セグメントの初期位置をランダムに決定し，壁との相互作用がない状態で，MCシミュレーション（Random Displacementのみ）を行い，局所的にエネルギーが高くなっている箇所を緩和させた。

② ブロックAのセグメントと壁面との最短距離dが閾値t_wよりも小さなジブロックコポリマーの鎖に対してラベリングを行った（図8）。閾値t_wは0.086 R_e（＝ΔL）に設定した。

③ ラベリングされた鎖に含まれるブロックAのセグメント全てに対して，壁面からの最短距離dの二乗に比例するポテンシャルを導入した。

$$\frac{E_s}{k_B T} = \sum_{i \in \text{labeled}} \frac{k_w}{2} d_i^2 \tag{17}$$

バネ定数k_wは十分大きな値として1000に設定した。

④ 式(4)の系のエネルギーに式(17)を加え，MCシミュレーションを行った。試行的な動きには，ラベリングされた鎖にはRandom Displacementのみを，それ以外の鎖にはRandom DisplacementとReptationを適用した。

図9に，溝の深さDを固定し，幅Wを変化させた際のMCシミュレーション結果を示す。図9（a）は式(16)の物理吸着型相互作用を用いた結果で，Wが0.5 L_0から1.5 L_0までは，溝の中央付近でブロックAの相分離ドメインは形成されなかった。一方，Wが2.0 L_0では，側壁の間で，ブロックA（厚さ：約$L_0/4$），B（約$L_0/2$），A（約$L_0/2$），B（約$L_0/2$），A（約$L_0/4$）の順で相分離ドメインが形成された。これは，一般的に描かれるラメラ構造の模式図[25]と一致している。さらに，Wが3.0 L_0では，ブロックAの相分離ドメインがU字状の構造を形成した。U字状の相分離ドメインはホールシュリンクと呼ばれるDSAプロセスでも観測されており，欠陥構造として問題になっている[26〜28]。

図9（b）は化学吸着型の比較的強い相互作用を想定した結果である。物理吸着型と比べ，W

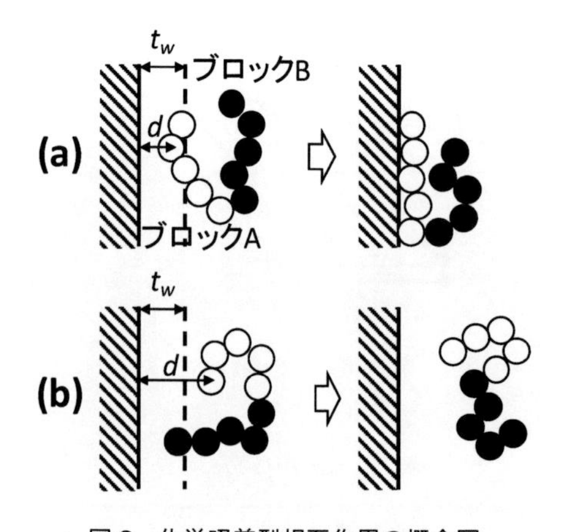

図８　化学吸着型相互作用の概念図
（a）ラベリング有り（$d>t_w$），（b）ラベリング無し（$d>t_w$）。

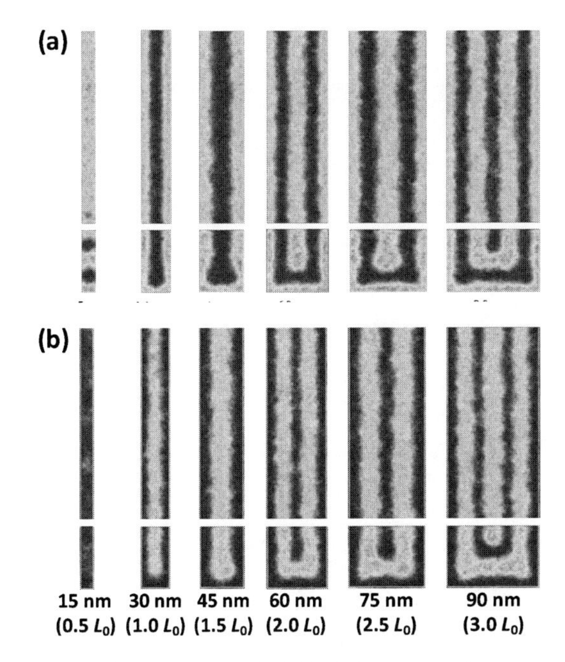

図9　溝内で形成される対称性ジブロックコポリマーのミクロ相分離構造（文献24のFig.7とFig.8を一部修正して引用）Copyright 2016. Japan Society of Applied Physics.

(a) は物理吸着型，(b) は化学吸着型の相互作用を用いた結果で，各図はブロックAの体積分率の空間分布を示す。(a) でも (b) でも，上段はジブロックコポリマーの上面，下段は断面の分布を表し，左から右に溝の幅 W が $0.5\,L_0$ から $3.0\,L_0$ まで変化している。溝の壁付近と溝内のドメインがブロックA濃厚相を示す。

の増加とともに相分離構造が変化していく様子は類似しているが，同じ W では構造は異なっている。ブロックAの層状ドメインが一本形成されるときの溝の幅 W_1 は，物理吸着型だと $2.0\,L_0$，化学吸着型だと $1.0\,L_0$ であり，$1.0\,L_0$ のオフセットが存在している。これは，化学吸着型では，壁近傍で形成されるブロックAの薄膜の厚さが約 $0.03\,L_0$（もしくは約 $\Delta L/2$）と極めて小さいためである。壁近傍のジブロックコポリマー鎖の配位を実験で解析することは困難なので，今回のシミュレーションのように W_1 からガイド壁とジブロックコポリマーとの相互作用を推測する方法は実践的と考えられる。

ガイドの幅 W だけでなく，深さ D も変化させた際に得られた相分離構造を図10の相図にまとめる。ここでは，溝内で形成されるブロックAの相分離ドメインを，一つの層状，二つの層状，U字状，U字状＋層状，に分類している。前述したように，物理吸着型の相互作用では，W が $2.0\,L_0$ 付近では一つの層状，W が $3.0\,L_0$ 付近ではU字状のドメインが形成される。また，ドメインの形状は，$D \geq 1.7\,L_0$ では溝の深さには依存しない。一方，化学吸着型では，ブロックAの

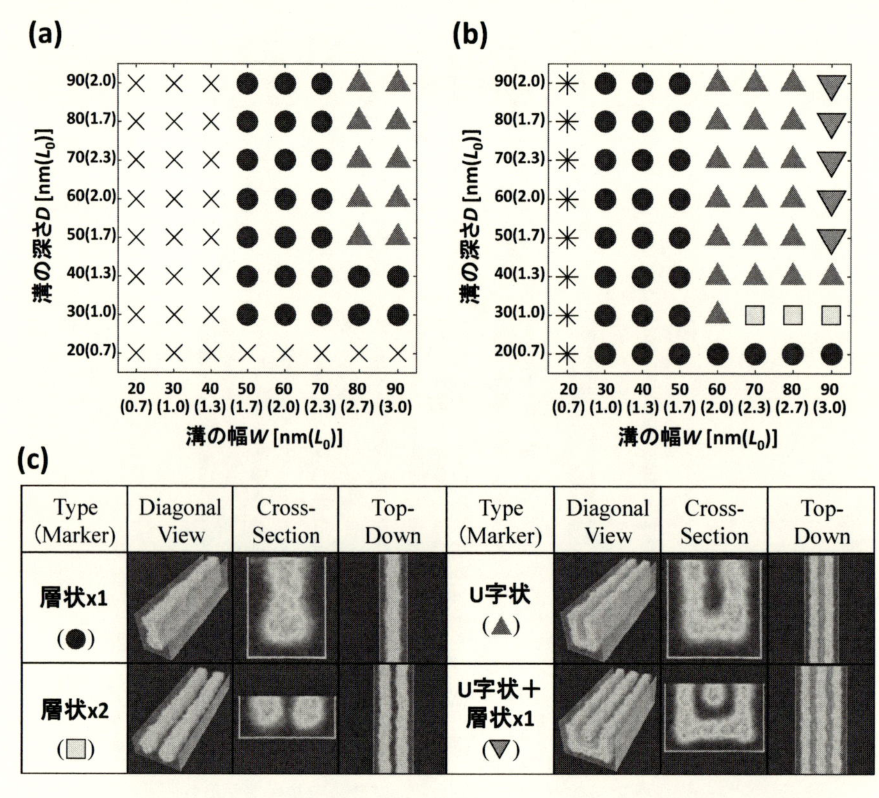

図 10　溝内で形成される対称性ジブロックコポリマーのミクロ相分離構造の相図。文献 24 の Fig.10 を一部修正して引用。Copyright 2016. Japan Society of Applied Physics.

(a) は物理吸着型，(b) は化学吸着型の相互作用を用いた結果を示す。ブロック A の相分離ドメインの形状を以下のように分類した。

(×) 観測されず，(＊) 小さな不安定なドメイン，(●) 一つの層状，(□) 二つの層状，(▲) U 字状，(▽) U 字状＋層状。各相分離構造の形状を (c) に示す。

セグメントが溝の壁面に非常に薄い膜を形成するため，より狭く浅い溝の中でも相分離構造が観測される。注目すべきは，物理吸着型の相互作用では形成されなかった二本のラメラ状のドメインが，$W=2.3-3.0\,L_0$ かつ $D=1.0\,L_0$ の狭い領域で観測される点である。この溝の深さでは，U 字ドメインの水平部分を形成するスペースとセグメント数が不足していたためと考えられる。

5　おわりに

最新の液浸リソグラフィに比べ，DSA は安価で簡易なプロセスで，より微細なパターニングを可能にする。ただし，DSA ではミクロ相分離に由来した複雑な欠陥構造が形成され易く，その抑制が量産化プロセスへの課題になっている。DSA で発生した欠陥は検出され難いため，欠陥の発生要因を調べたり抑制方法を検討する上で，シミュレーションは有効なツールとなりうる。本報では，DSA シミュレーションに使用されているモデル及び手法の中から，Particle-Based モデルと Field-Based モデルを組みあわせた TICG モデルと MC 法について概説した。紙幅の都合上，TICG モデルを用いた MC シミュレーションの事例には，ガイドパターン上で形成されるジブロックコポリマーのミクロ相分離構造予測についてのみ取り上げたが，他の用途でも用いられている。

- DSA プロセスの材料及びガイドパラメータを連続的に最適化する数値計算[29)]
- 透過型小角 X 線散乱（SAXS）及び微小角入射 X 線散乱（GISAXS）データから化学ガイドパターン上でのミクロ相分離構造を再構築する数値計算[30, 31)]
- DSA プロセスで発生する欠陥構造の自由エネルギー計算[32, 33)]
- 連続体力学との組み合わせによるマルチスケーリングへの拡張[34, 35)]

今後は，高 χ 材料や有機無機ハイブリッドなどの新規材料[36)]を用いた DSA プロセスにもシミュレーションを活用することで，DSA による最小ハーフピッチ 10 nm 以下のパターニングが実現されることを期待したい。

文　　献

1) "International Roadmap for Devices and Systems 2017 Ed. Lithography", IRDS eds., IEEE (2017), https://irds.ieee.org
2) M. P. Allen and D. J. Tildesley, "Computer Simulation of Liquids", Oxford University Press (1989)
3) D. Frenkel and B. Smit, "Understanding Molecular Simulation, 2nd Ed. From Algorithms to Applications", Academic Press (2001)
4) 古賀毅，"ブロック共重合体自己組織化のシミュレーション技術"（竹中幹人，長谷川博一，"ブロック共重合体の自己組織化技術の基礎と応用"，59 頁，シーエムシー出版（2013））
5) E. Helfand, *J. Chem. Phys.*, **62**, 999 (1975)
6) M. W. Matsen, *J. Phys. Condens. Matter*, **14**, R21 (2002)
7) G. Fredrickson, "The equilibrium theory of inhomogeneous polymers", Clarendon Press (2006)
8) G. Gompper and M. Schick, "Soft Matter : Vol. 1-Polymer Melts and Mixtures", Wiley-VCH (2006)
9) M. Müller and F. Schmid, "Advanced Computer Simulation Approaches for Soft Matter Sciences II, Advances in Polymer Science, Vol. 185", Springer-Verlag (2005)
10) F. A. Detcheverry *et al.*, *Soft Matter*, **5**, 4858 (2009)
11) F. A. Detcheverry *et al.*, *Phys. Rev. Lett.*, **102**, 197801 (2009)
12) D. Q. Pike *et al.*, *J. Chem. Phys.*, **131**, 084903 (2009)

13) F. A. Detcheverry *et al.*, *Faraday Discuss.*, **144**, 111 (2010)
14) M. Müller and K. C. Daoulas, *J. Chem. Phys.*, **128**, 024903 (2008)
15) B. L. Peters *et al.*, *J. Polym. Sci. B*, **53**, 430 (2015)
16) F. A. Detcheverry *et al.*, *Macromolecules*, **41**, 4989 (2008)
17) S.-M. Hur *et al.*, *ACS Macro Lett.*, **4**, 11 (2014)
18) M. Doi and S. F. Edwards, "The theory of polymer dynamics vol. 73", Oxford University Press (1988)
19) M. Rubinstein and R. H. Colby, "Polymer Physics", Oxford University Press (2003)
20) E. Helfand and Z. Wasserman, *Macromolecules*, **9**, 879 (1976)
21) P. J. Flory, *J. Chem. Phys.*, **10**, 51 (1942)
22) K. C. Daoulas *et al.*, *Soft Matter*, **2**, 573 (2006)
23) M. Müller and J. J. de Pablo, *Annu. Rev. Mater.*, **43**, 1 (2013)
24) A. Yoshida *et al.*, *Jpn. J. Appl. Phys.*, **55**, 06GE01 (2016)
25) M. J. Fasolka *et al.*, *Macromolecules*, **33**, 5702 (2000)
26) K. Yoshimoto *et al.*, *J. Micro/Nanolithogr. MEMS MOEMS*, **13**, 031305 (2014)
27) N. Laachi *et al.*, *J. Polym. Sci. B*, **53**, 317 (2015)
28) M. Muramatsu *et al.*, *Proc. SPIE*, 9049, 904921 (2014)
29) G. S. Khaira *et al.*, *ACS Macro Lett.*, **3**, 747 (2014)
30) H. S. Suh *et al.*, *J. Appl. Crystallogr.*, **49**, 823 (2016)
31) D. F. Sunday *et al.*, *ACS Nano*, **8**, 8426 (2014)
32) U. Nagpal *et al.*, *ACS Macro Lett.*, **1**, 418 (2012)
33) S.-M. Hur *et al.*, *Proc. Natl. Acad. Sci. USA*, **112**, 14144 (2015)
34) M. Müller and K. C. Daoulas, *Phys. Rev. Lett.*, **107**, 227801 (2011)
35) M. Müller and J. J. de Pablo, *Annu. Rev. Mater. Res. Lett.*, **43**, 1 (2013)
36) W. Lei *et al.*, *Langmuir*, **30**, 9797 (2014)

第5章　ブロックコポリマーが形成するミクロ相分離構造のグレイン成長

櫻井伸一*

1　緒言

ブロックコポリマーが形成するミクロ相分離構造は，組成に応じて，球，シリンダー，ジャイロイド，ラメラという多様な形態を形成する。異方的な形状であるシリンダーやラメラ構造は流動場などの外場の作用によって配向させることが可能である。一方，球構造は等方的な形状ゆえ，それ自体を配向させることはできないが，球が形成する体心立方格子（BCC）の配向は可能であり，配向させることに意義が出てくる。意識的に外場を印加する場合のみならず，境界条件の作用によって自発的な配向が誘起される。シリンダーやラメラ構造が表面や基板面に対して平行に配向するように，BCC格子もその特徴的な面（(110) 面）が表面や基板面に対して平行になるように自発的に配向する。ただし，膜厚が10 μm程度以下の薄膜でのみこのような配向が実現できることが，我々のこれまでの研究によって明らかになっている[1]。一方，文献値としては，球状ミクロ相分離構造が形成する配列の規則性が表面から2～3 μm程度内部へとつたわるという報告があり[2]，これがこれまでのチャンピオンデータであった。最近の我々の研究の成果によって，上述の球状ミクロ相分離構造BCC格子の表面誘起配向は，試料を十分長時間熱処理することによって，10 μmというはるかに長距離にまで及ぶことがわかった[3]。表面効果がはるかに長距離に及び試料内部へと伝搬する理由として，グレイン成長が関わっていると考えられる。このように，学術的に興味深い結果であるが，外場の印加を必要としない自発的な配向作用は簡便であるがゆえに機能材料開発手法としても実用的に将来性がある。そこで本稿では，垂直配向したシリンダー構造が形成するグレインの成長と，球状ドメインが形成するBCC格子の配向とグレイン成長について，我々の研究の成果を中心に，現状をまとめた。

ブロックコポリマーの構造と物性の相関を理解するためには，ブロックコポリマーが形成する階層構造を解析する必要がある。図1にシリンダー状ミクロ相分離構造の場合の階層構造の模式図を示した[4]。ミクロ相分離構造は，非相溶な異種ブロック鎖間の相分離によって形成される。図1では，ポリスチレン（PS）とポリエチレンブチレン（PEB）からなるSEBSトリブロック共重合体の場合を例にとって示している（図1c）。トリブロック共重合体の場合，ブリッジコンフォメーションとループコンフォメーションという特徴的な2つのコンフォメーションがある。前者は，ミドルブロック鎖であるPEB鎖が隣接するシリンダー構造を橋架けした状態で存在し

＊ Shinichi Sakurai　京都工芸繊維大学　繊維学系　教授

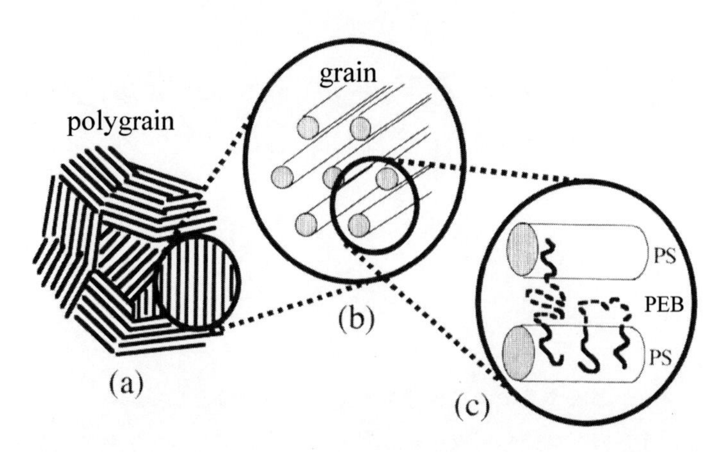

図1　平行配向したシリンダー状ミクロ相分離構造が形成する階層構造の模式図

(a) 巨視的ポリグレイン状態，(b) グレイン内部でシリンダーは六方格子上に一様に規則的に配列している。(c) 隣接するシリンダー状ミクロ相分離構造は非晶状態のブロック鎖が自己凝集することで形成されており，この図に示すようにトリブロック共重合体の場合にはブリッジコンフォメーションとループコンフォメーションの特徴的な2種類の分子鎖形態が存在している（文献4)。

ている形態であるのに対して，後者は，エンドブロック鎖が同じシリンダー構造内に存在しているのが特徴である。いずれにしても，両ブロック鎖はシリンダー構造内，あるいは，マトリックス相中でランダムコイル状態で存在している（PS，PEBとも非晶性であるため）。シリンダー構造の直径はほとんど均一で，そのサイズの分布は非常に狭いことが特徴である。さらにそれらは自発的に規則的に六方格子配列する（図1b)。ただし，六方格子状に一様に配列している領域は無限に続いている訳ではなく，一定の大きさに限定される。この領域を，すでに上述したように，グレインと呼ぶ。グレインの内部では，シリンダー構造の配向方向が一方向に限定されているのに対して，隣接するグレイン内部でのシリンダーの配向方向は全く異なっている（図1a)。ただし，隣接するグレイン内部でのシリンダー構造（より一般的には，ミクロ相分離構造が形成する格子の配向）の配向に全く相関がないかどうかは不明で今後の研究課題の一つである。また，隣接するグレインは線状で接しているのか，あるいは，境界領域（この領域内部ではミクロ相分離構造は規則配列していない）が存在しているのか，ケースバイケースである。

図2は，シリンダー構造が試料表面に対して垂直に配向した場合のポリグレイン構造の一例を示した模式図である。シリンダーが同一方向を向いていても六方格子のシリンダー軸まわりの回転の自由度が残されているので，このようなポリグレイン構造を考えることができる。ちなみに，図2中の白ぬき矢印は，最近接シリンダー構造の重心位置を結ぶ方向（6方向あるうちのひとつ）を示しており，これらの矢印の方向は，隣接するグレイン間で同一ではない。ラメラ構造の場合も同様に考えることができる。さらに，球構造の場合も同様で，前述したように，BCC格子の

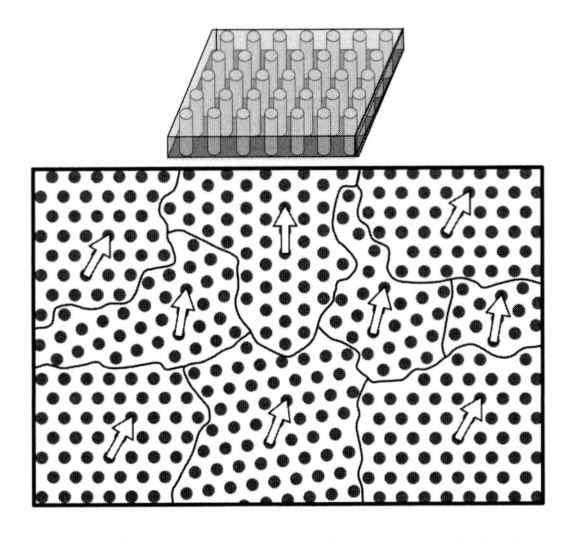

図2　垂直配向したシリンダー状ミクロ相分離構造が形成するグレインの模式図
図中の白抜き矢印は，最近接シリンダー構造の重心位置を結ぶ方向（6方向あるうちの一つ）を示しており，隣接するグレイン間でこれらの方向は異なっている（文献16)。

配向が異なる状態として，ポリグレイン構造を規定することができる。もちろん，立方晶の対称性（Ia$\bar{3}$d）を有するジャイロイド構造[5]の場合も同様である。ただし，後述するようにグレインの内部には，点状の欠陥や，場合によっては線状の欠陥も存在することが許されていることに注意する必要がある。

いずれにせよ，図1aや図2に描かれているような状態が，実際のブロックコポリマー材料中に形成されていると考えられるので，このようなポリグレイン状態がブロックコポリマー材料の物性に直接影響を及ぼすと考えられる。それゆえ，グレイン構造の詳細な解析が物性を制御する上で非常に重要である。そこで本稿ではまず最初に，グレインサイズを定量的に評価する手法についてまとめる。その後，具体的な2種類のミクロ相分離構造（垂直配向シリンダーとBCC球）についてのグレイン成長を，試料表面における成長と，試料の内部における成長（さらには，試料の内部（厚み方向）への成長）を独立に議論し，グレイン成長の特徴を明らかにする。また，ブロックコポリマーにホモポリマーを添加した系についても研究がなされているので，この場合のグレイン構造の特徴とホモポリマー添加による影響についても述べる。

2　グレインの解析方法

シリンダー構造が形成するグレインは，偏光顕微鏡で観察することができる[6]。これは，シリンダー構造が持つ形態複屈折[7~9]に起因する。また，その性質を利用すると偏光解消光散乱測定によって構造解析を行うことも可能である[10]。一方，球構造の場合には形態複屈折がないし，ジャイロイド構造の場合は立方晶内で平均化されるため試料全体としての複屈折はほとんどゼロになり，これらの系に対して，偏光顕微鏡法や偏光解消光散乱法は適用できない。一般には，グレインの構造解析は，透過型電子顕微鏡（TEM）観察[11~13]，原子間力顕微鏡（AFM）観察[13]や超小角X線散乱（USAXS）[14]法などによって行われている。AFM観察では，試料表面上でのグレインを解析できるのに対して，その他の方法では試料内部でのグレインの解析ができる。したがって，試料内部と試料表面でのグレインの成長メカニズムを別々に研究することができる。本節では，TEMやAFMの観察像に基づき，それを画像処理してグレインを解析する手法について，フーリエ変換（FT）を用いた方法と，画像を直接解析する手法（メッシュ分割法）の2種類について述べる。なお，本稿で述べる画像解析はすべてImageJ[15]を用いて行なうことができるので，初心者でも簡単に実施することができる。さらに，小角X線散乱（SAXS）測定による2種類の方法，USAXS測定による解析法についても述べる。

2.1　AFMやTEM観察画像の画像解析法Ⅰ（FT法）

この手法のプロセスを段階を追って説明するために，図3に，実際の画像を例に用いて解析過程を示す[16]。図3aは垂直配向したシリンダー構造（SEBS試料）のAFM像（タッピングモード観察の位相像）である。この画像のFT像（図3b）には複数個のスポットが現れている。シリンダー構造の六方格子状配列に対応して，最も強い強度のスポットは6点あるように見受けられるが，図3bの拡大図に示すように，ひとつのスポットは，より小さい2つのスポットからなっていることがわかる。そこで，これらの12点のスポットのみを残し，それ以外のFT像には論理マスクをかけて（図3c）逆フーリエ変換を行なった。得られた画像を図3dに示す。グレースケールで表示されている画像では，グレインを明確に示すことが困難であるので，この画像を2値化（図3e）してグレインを特定することができる。ここで，2値化によって像全体が極端に暗くなりすぎたり，逆に明るくなりすぎたりしないように2値化レベルを決めた。厳密にはこれは単一のグレインとは言えない（6点スポットが2セットあるFT像の逆フーリエ変換であるため）が，それらのミスマッチは非常に小さく，同一のグレインと見なすことが許される。そこで，このグレインの面積を定量的に測定するために，図3fに示したように，ImageJのコマンドを使って，個々の黒い領域を膨張させ，グレイン全体が塗りつぶされるまで膨張操作を続ける。その後，黒い領域の面積を求め，グレイン面積を定量評価することができる。グレインサイズとしては，グレインの形に依存して異なる値が算出されるため，以下では，等価円の直径をグレインサイズとした。すなわち，グレイン面積と同じ面積をもつ円の直径を求め，これをグレインサイズとみなした。

図4には，FT像に多数のスポットが出現する場合の例（図4aは球構造を形成するSEBS試料のAFMタッピングモード観察の結果得られた位相像）を示した。この場合，図4bのFT像は図3bとは異なり，一組の6点スポットを適切に選び出すことが困難である。そこでまず，一

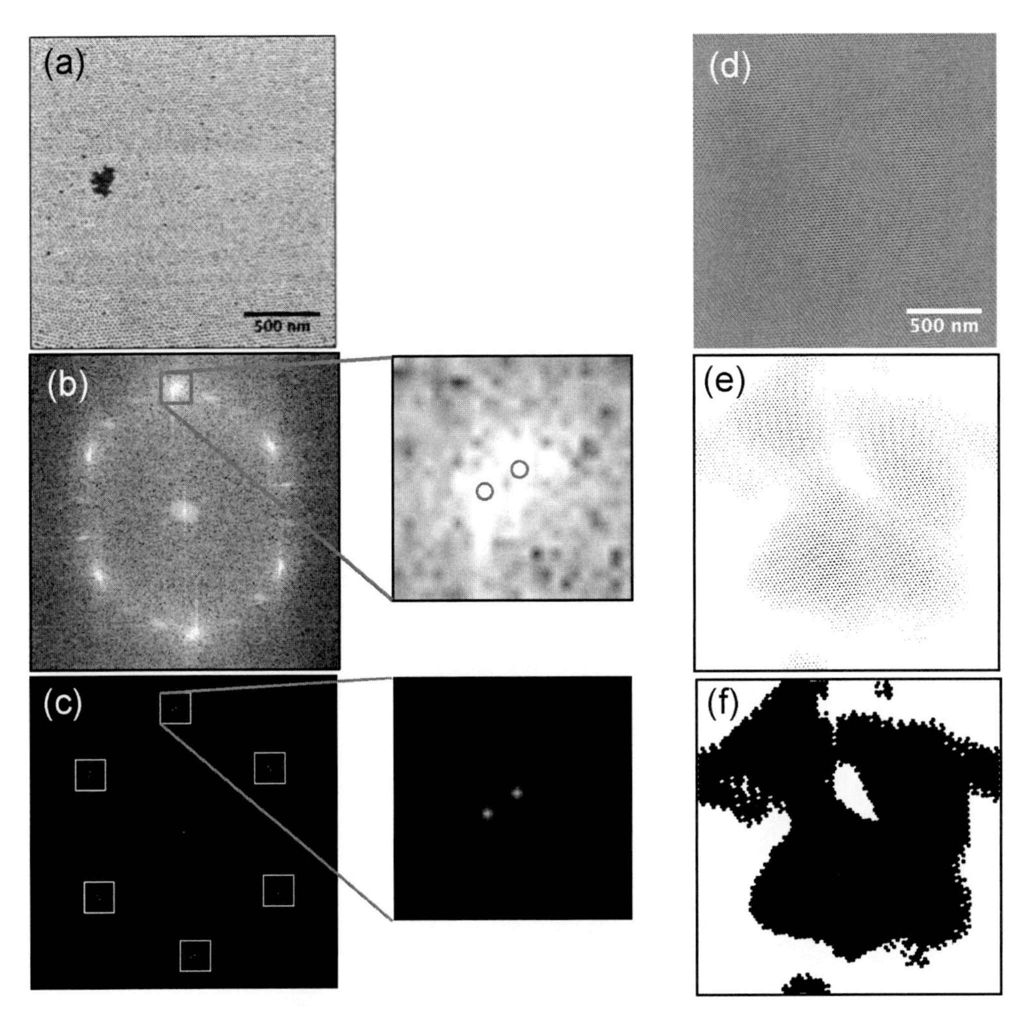

図３　垂直配向したシリンダー状ミクロ相分離構造が形成するグレインの特定のための画像解析法 I（フーリエ変換法）
具体的プロセスを説明することを目的に AFM 観察画像（a）を例に用いた（文献 16)。

組のスポットのペアを選び，これ以外の部分に論理マスクを適用して逆 FT 像を得る（図 4c（1）は赤丸で囲ったペアのスポットの逆 FT 像)。その後，あと２組のペアを適切に選び出して同様に論理マスク処理後の逆 FT 像を作成し，これら３つの逆 FT 像を比較する（図 4c の（1)～(3))。この例に示すように，これら３つの逆 FT 像が同一のグレインを特定している場合，これらの６点のスポットは同一のグレイン構造を反映していることが明確であるので，最終的にこれら６点全てに論理マスク処理を施して，逆 FT 像を作成する。その結果，図 4d に示した像としてグレインが特定される。特定されたグレインを現画像にかさねて表示したものが図 4e と 4f で

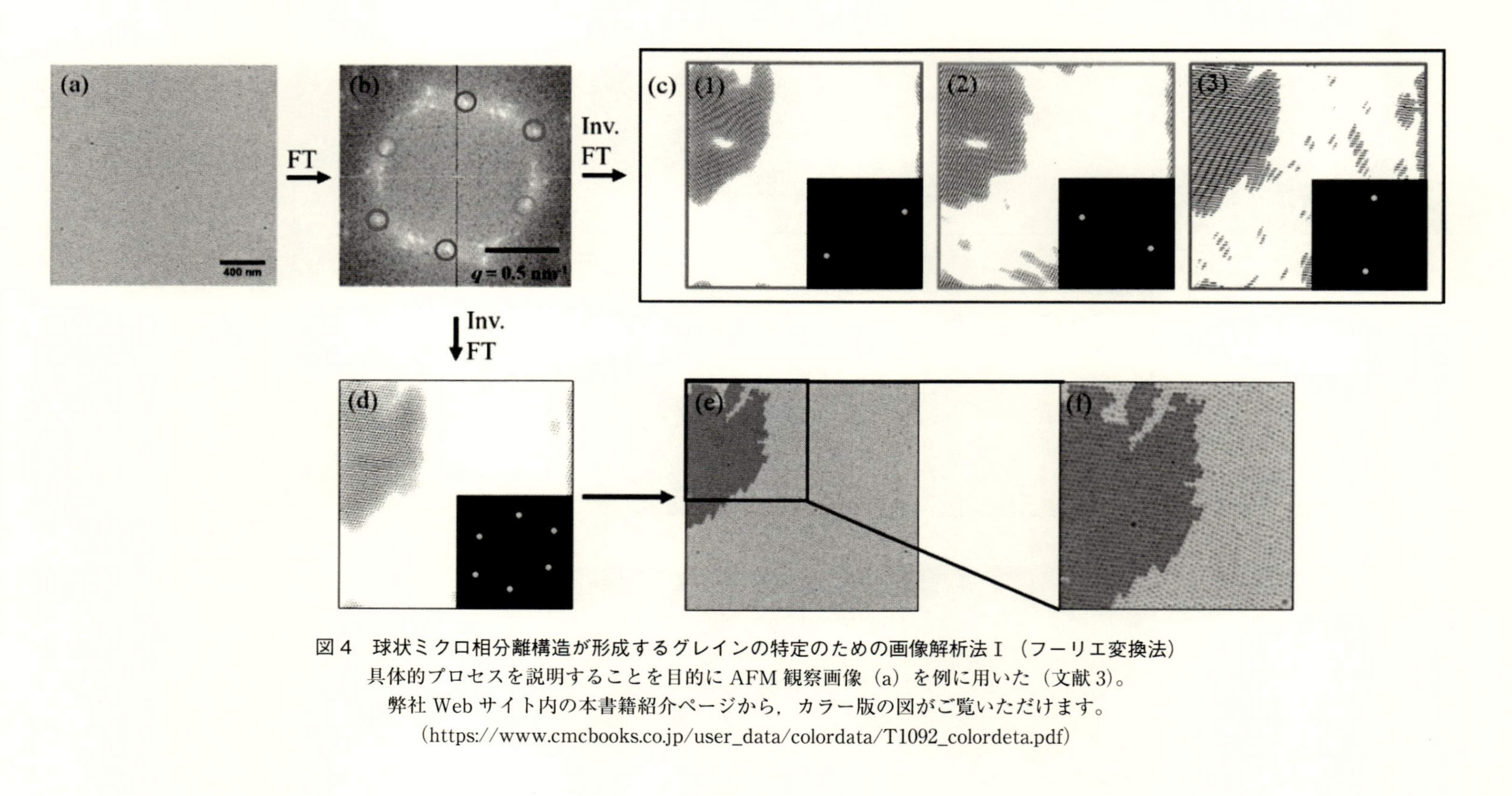

図4　球状ミクロ相分離構造が形成するグレインの特定のための画像解析法 I（フーリエ変換法）
具体的プロセスを説明することを目的に AFM 観察画像（a）を例に用いた（文献3）。
弊社 Web サイト内の本書籍紹介ページから，カラー版の図がご覧いただけます。
（https://www.cmcbooks.co.jp/user_data/colordata/T1092_colordeta.pdf）

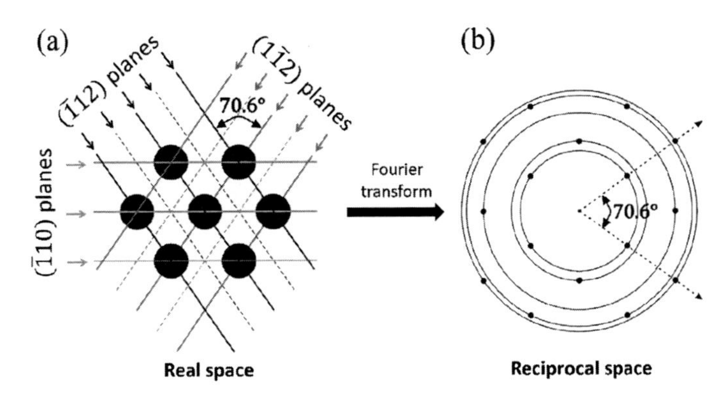

図5　球状ミクロ相分離構造が形成するBCC格子の(110)面上での球の配列を示す模式図(a)とこれをフーリエ変換した際に現れるパターンの模式図(b)(文献3)

ある(図4fは4eの拡大図)。これを見ると，問題なくグレインが特定できていることが確認されるが，もし間違っていると判定された場合には，最初から一連の操作をやり直す。また，もし，図4cの(1)～(3)の像が異なるグレインを示している場合には，FT像から一組の2点スポットを選び直し，3枚の逆FT像が一致したグレインを示すまで，この操作を繰り返す。なお，球構造の場合は，表面にBCC格子の(110)面の配列(図5a)が現れること[17]が一般的で，これに対応するFTパターンは，図5bに示すような歪んだ6点パターンを呈することに注意が必要である。

2.2　AFMやTEM観察画像の画像解析法Ⅱ(メッシュ分割法)[3,18]

この手法は図6bに示すような，FT像に何もスポットが現れず，楕円形状のブロードなピークが現れる場合に，FT法に替わる方法として有効である。ちなみに図6aの像は，球構造を形成しているSEBS試料のAFMタッピングモード観察の結果得られた位相像である。ただし，球構造のBCC配列の規則性は低く，グレインは小さい。図6cは，楕円形状のピークだけを残すように論理マスク処理をして得られた逆FT像である。この手法はFT法を用いない直接画像解析法である，と位置づけているが，ここでのFT・逆FT処理は，現画像からグレイン特定に関係のないノイズを消すための，いわば下処理である。このようにして得られた図6cに対して，ImageJが有している機能の「Ultimate Points」操作を行なうと，黒い領域の重心の位置をドット表示させることができる(図6d)。さらに「Watershed」操作を施すと，ドット間を緩やかな曲線(直線とは言い難いのが難点である)で結び，メッシュパターンを作成することができる(図6e)。図6fは原画像とメッシュ像を重ね合わせた画像である。重ね合わせることで，メッシュパターンが全ての球状ミクロ相分離構造の重心位置を結んでいることが確認できる。そこでこのメッシュパターンを利用して，グレインの特定を行なう。具体的にはグレイン自体ではなくグレ

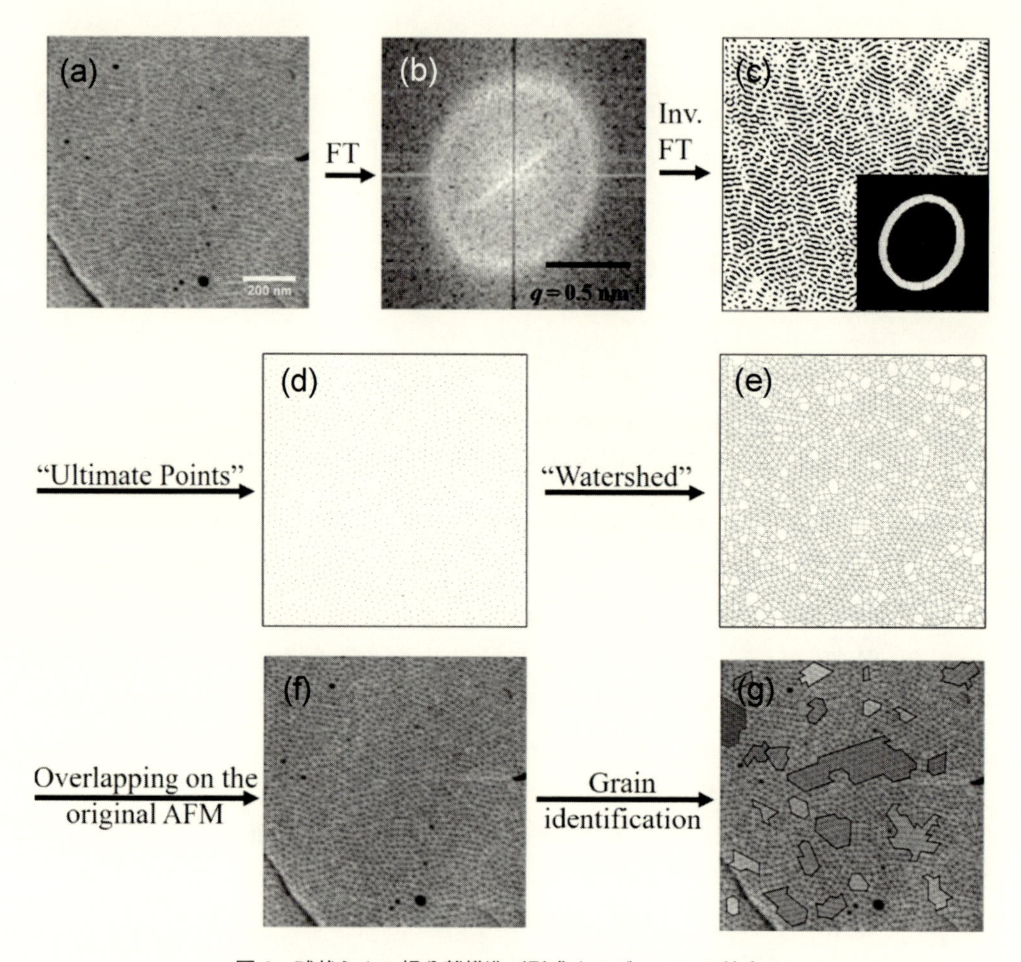

図6　球状ミクロ相分離構造が形成するグレインの特定のための画像解析法Ⅱ（メッシュ分割法）
具体的プロセスを説明することを目的にAFM観察画像(a) を例に用いた（文献3)。

イン境界を特定した。すなわち，BCC格子 (110) 面上の配列を形づくっている3組の平行線（直線である必要はない）の連続性が失われている部分を欠陥（点状欠陥）として特定する。このような点状欠陥が連続して存在している場合，これをグレイン境界と見なした。この方法で特定したグレインを図6gに疑似カラーで塗り分けて示した。このように，グレインは小さく，また，孤立して存在していることが同定できた。なお，このような方法で特定したグレインの内部には，点状欠陥が存在し得る，ということに注意する必要がある。

上記FT法と同様，画像解析によるグレインサイズの評価において，観察画像に含まれるグレインが大きくなればなるほど，グレインが完全なかたちで観察視野内に入っておらず，グレインの一部しか観察されていない，という状況に陥ってしまう。そのため，グレインサイズを過小評価してしまう。加えて，観察視野内には限られた個数のグレインしか存在していないため，平均をとる意味がない。そこで，我々は，観察視野内に存在している最大のグレインのサイズを評価し，同じ実験条件で得られた多数の観察結果（画像）について得られた結果を平均して，上記の任意性を極力低減させるように努めた。

2.3　SAXS法Ⅰ（Hosemannのパラクリスタル解析[19]に準じた方法[4]）

SAXS法によるグレインサイズの定量評価は，Hosemannのパラクリスタル解析[19]に準じた方法である。Hosemannのパラクリスタル解析では，広角X線回折の回折線幅を用いるが，これには装置固有の影響が含まれているので，標準試料の測定による装置定数の決定が必須である。これに対して，点収束型のシンクロトロンX線ビームを用いたSAXS法では，このような補正は不要と考えられてきた。しかしながら，得られる結果は，実際のグレインサイズよりもずっと小さい値であり，ビームラインの光学系固有の影響は無視できないことがわかった。したがって，標準試料が必要となるが，鶏の腱から採取した乾燥コラーゲンを装置定数の決定のための標準試料として有効であることが示された[4]。

本稿では，垂直配向したシリンダー状ミクロ相分離構造を有する試料の内部のグレインサイズを決定する方法を具体例として図7に示した。図7aの挿入図は，2次元SAXSパターンであり，

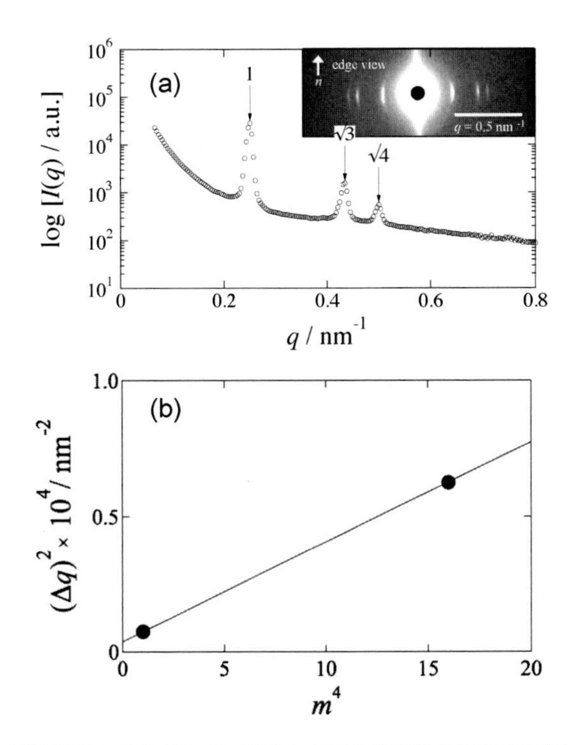

図7　垂直配向したシリンダー状ミクロ相分離構造が形成するグレインのサイズD_Gを評価するためのSAXS測定結果（a）とそれに基づくHosemannプロット（b）

（a）の挿入図として2次元SAXSパターンを示してある（文献4）。

垂直配向したシリンダーが存在している膜状試料の側面からX線ビームを入射させて測定した像である。ここで，nは膜状試料の法線方向を示す法線ベクトルである。シリンダーが垂直配向しているため，六方格子からの散乱がスポット状に赤道方向に一列に出現している。そこで，赤道方向に扇形平均して1次元SAXSプロフィールを得た（図7a)。横軸は散乱ベクトルの大きさq（$=(4\pi/\lambda)$ sin（$\theta/2$)；λはX線の波長，θは散乱角）で縦軸は散乱強度I（q）である（対数表示)。このように，qの相対値が$1:\sqrt{3}:2$で表せるような位置にピークが明確に出現している。そこで，1：2の位置に出現している2つのピークに着目して解析を進める。Hosemannによると，広角X線回折における回折線幅Δqは，微結晶の大きさ（D_G）とパラクリスタル的乱れ因子（$g=\Delta d/<d>$；ここで$<d>$は回折線を与える結晶面の平均の面間隔で，Δdは面間隔の分布の指標（標準偏差）である）によって変化し，それらの間の関係は次式で表すことができる。

$$(\Delta q)^2=\left(\frac{2\pi}{D_G}\right)^2+\left(\frac{2\pi^3g^2}{<d>}\right)m^4 \tag{1}$$

ここで，mは回折ピークの次数である。すなわち，乱れた結晶ほど，あるいは結晶領域が小さい程，回折ピークは太くなることを示している。これらの影響は，回折ピークが複数出現していなければ定量的に分離することができない。本稿では，この式をSAXS結果に応用し，D_Gを求めこれをグレインサイズと見なす。図7bにこのプロット（Hosemann Plot）を示した。回折ピークが2つしか観察されていないので，最低限，直線は引けるものの，得られた数値の妥当性はさほど高くないことが懸念される。とにかく，切片の値からこの場合のグレインサイズ$D_G=3.23\,\mu m$と評価された。なお，この図の縦軸にプロットした値はコラーゲン標準試料を用いてビームライン光学系固有の影響による回折ピークの幅の増大分を補正した後の値であることに注意されたい[4)]。また，評価されたD_Gは，回折ピークを与える格子面が連続する方向でサイズを測定した場合に得られるグレインの大きさである。

2.4　SAXS法Ⅱ（スポット・バックグラウンド強度分離法）

前述したように，球状ミクロ相分離構造を形成するSEBSトリブロック共重合体試料の薄膜（膜厚1〜10 μm程度）を作製し，これを熱処理すると，薄膜の表面（あるいは基板面）に対して平行にBCCの（110）面が自発的に配向する[1)]。図8b（edge測定）がそれを直接的に示す結果であるが，結晶ライクな回折スポットが多数，出現している。なお，ここで用いた基板は，X線が透過することのできるような，厚みが30 μm程度のカプトンフィルムである（図8a, b中の模式図のオレンジの部分)。カプトンフィルムを用いることによって，入射X線ビームと基板（カプトンフィルム）の平行性が完全でなくても，edge像は測定できる。基板がもしSiウェハであれば，平行性が完全でなければ，Siウェハによって2次元SAXSパターンが遮られて明確なedge像は得られない。要するに，基板としてカプトンフィルムを用いれば，非常に簡便にedge測定が可能であるという大きなメリットがある。なお，図8bでは，基板による入射X線

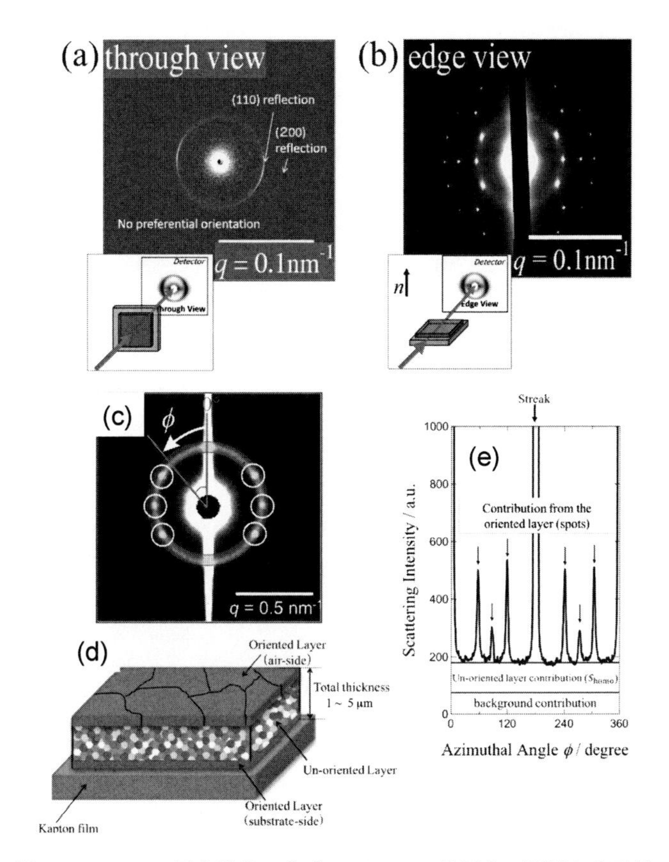

図8　2d-SAXS 測定結果に基づいて，BCC 格子上に配列した球状ドメインからなるグレインのサイズ（配向層の厚み）を解析するための解説図

(a) 等方的なリング状の散乱パターンを与えるスルー像，(b) BCC (110) 面が試料表面に対して平行に配向していることを示すスポット状エッジ像，(c) リング状散乱とスポット状散乱が重畳して現れたパターン，(d) 厚みが1～10 μm 程度の試料のグレインの状態（大きさと BCC 格子の配向状態）を表す模式図。赤色は BCC (110) 面が試料表面に対して平行に配向している状態を示している。その他の色は，それ以外の方向に配向していることを示している。(e) 図 (c) に示したパターンのピーク強度の方位角（ϕ）依存性を示したプロット。スポット状の散乱に対応した方位角にピ ークが現れている（文献3）。

弊社 Web サイト内の本書籍紹介ページから，カラー版の図がご覧いただけます。
(https://www.cmcbooks.co.jp/user_data/colordata/T1092_colordeta.pdf)

ビームの全反射によって強いストリークが観測されるため，これをカットすることを目的に縦長の細長いストッパーを用いていることに由来し，ビームストッパーの影が edge 像に現れている。

なお，図8a（through測定）に示すように，X線ビームを試料の法線方向から入射させた場合には，各回折ピークはDebye-Scherrerリングとして観察されているので，これらの回折面の配向状態としてはランダムであることがわかる。我々は，このような表面誘起配向が試料の最表面からどの程度，試料の内側にまで及んでいるか，すなわち，配向層の厚みはどの程度か定量的に評価したいと考え，その評価法を開拓した。配向層がまだ十分に試料内部にまで浸潤していないような試料を例に用いて，その手法について解説する。このような試料を用いて，図8bと同様な条件でedge測定したところ，図8cに示すように，明確なスポット（白ぬきの○印で示したもの）とともに，方位角依存性を持たない等方的なリング状の散乱ピークが共存しているようなedge像が観察された。なぜこのようなリング状の散乱ピークが共存するか，その理由については，図8dの模式図を用いて説明する。この模式図では，試料の自由表面側，ならびに，基板表面側にそれぞれほぼ等しい厚みで配向層が存在していることが仮定されている。その実験的な証拠は文献1に報告されている。一方，まだこのような配向層が試料の内部に浸潤していないため，試料の内部にはあらゆる方向に配向したBCC格子を含む小さなグレインが無数に存在していることを表している。つまり，色の違う小さな円形状の領域が，それらのグレインを示している。ここで赤色は，表面に存在している配向層と同様に，そのグレイン内部でBCCの（110）面が表面に平行に配向していることを意味している。このような状態の試料の側面からX線ビームを入射させた場合，入射ビームの断面（直径が0.1～0.5 mm程度）が，試料のトータルの厚みよりも十分大きいため，上下2層の配向層からはスポット状のピークが，そして，中間層からはランダムな配向状態を反映して，リング状のピークが生じ，これらが共存することになる。このような3層モデルを仮定し，実際の寄与（散乱強度の積分値）を分離すると各層の体積比（これは各層の厚みの比に等しい）が評価できる。詳細は省略するが，図8eに示した散乱ピーク（{110}面反射）強度の方位角ϕ依存性（ϕの定義は図8cに表示）には，スポット状の散乱ピークの出現方位角に対応して，6つのピークとして観察されている。実際，方位角$\phi=60, 120, 240, 300°$に出現しているピークは，2d-SAXSパターンの赤道方向以外の方向に出現しているスポットに対応しており，それらは等しい強度として測定されている。これに対して，赤道方向に出現しているスポットは図8eでは方位角$\phi=90, 270°$に出現しているピークに対応し，これらのピーク強度は前者に比べて半分程度である。つまり，非赤道方向に現れているスポットは2組の反射スポットが同じ位置に重なって出現したものであることを示唆している。さらに，上下方向に出現している強いストリークによってその存在が隠されてしまっているが，この位置にも1組の反射スポットが現れる。つまり，スポットの総数としては，上記の重なりを含めて12個になり，これらは全てのBCC{110}面の反射（(110)，$(\bar{1}\bar{1}0)$，$(1\bar{1}0)$，$(\bar{1}10)$，(101)，$(\bar{1}0\bar{1})$，$(10\bar{1})$，$(\bar{1}01)$，(011)，$(0\bar{1}\bar{1})$，$(01\bar{1})$，$(0\bar{1}1)$）である。BCCの（110）面が基板面に平行に配向している場合，それぞれの反射スポットが出現する位置（方位角）は，各面と（110）面の法線方向（[110]方向）との交差角であるので，スポットの出現方位角が全て説明でき，このことは翻って，（110）面が基板面に対して平行に配向していることを裏付けるものである。一方，それら以外の方位角の散乱強度はゼロ（厳密には，バックグラウンドのレベル）ではなく，有限の値であることが図 8e から明らかである。この強度レベル（バックグラウンドの強度レベルを減じたもの）が，中間無配向層からの散乱である。前述したように，各ピークの面積の総和から，ストリークによって隠されてしまっている上下２つのスポット（(110)，$(\bar{1}\bar{1}0)$ 面反射）の寄与を補正し，それ以外の等方的な散乱ピーク強度（図 8e では方位角依存性を持たない一定値）の積分値を求めて按分することによって，トータルの試料厚みに占める２つの配向層の厚みの和の寄与が計算される。以下では，上下２層の配向層の厚みが等しいと仮定して，各配向層の厚みを評価した。なお，配向層の厚みは，表面に存在しているグレインの深さ方向の大きさとみなすことができるので，後述のグレイン成長の議論の際の考察に重要な情報を与える。

2.5　USAXS 法

Myers らは，μm スケールの大きさのグレイン（ラメラ状ミクロ相分離構造を形成するようなポリスチレンとポリブタジエンからなるジブロック共重合体試料が形成するグレイン）から生じる形態散乱ピークを捉えるために，USAXS 測定を行なった[14]。その結果，図９に示すように，ラメラ状ミクロ相分離構造の規則配列周期に対応するピークが出現している q 領域よりも遥かに小角側に明確にピークを観測することに成功している。横軸の q の値に対する単位が欠落しているが，結果から類推するとオングストロームの逆数であると思われる。そうすると，ラメラ構造の周期 d は 17 nm 程度になる。一方，小角側に現れているピーク位置 q（～0.001 A^{-1}）から，グレインサイズ D_G＝0.4 μm 程度と評価している。著者らはグレインの形状を球形状であると仮

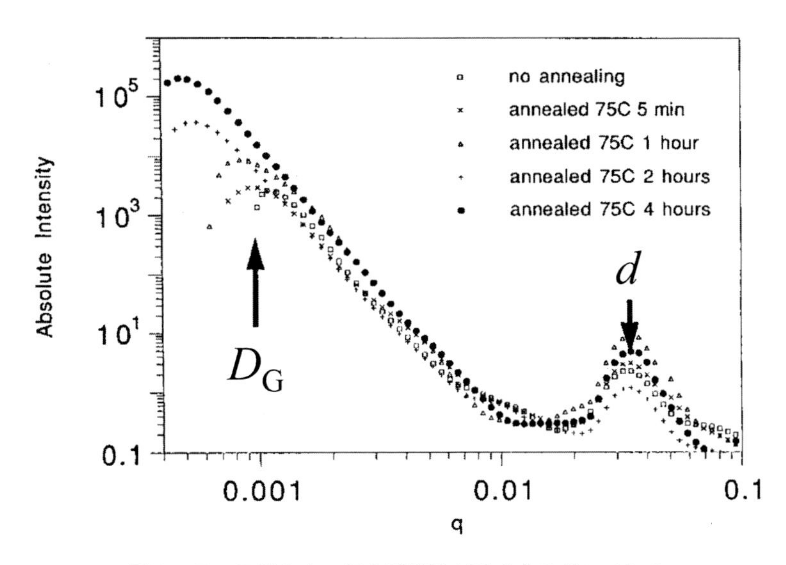

図９　ラメラ状ミクロ相分離構造が形成するグレインのサイズ D_G を評価するための USAXS 測定結果
d はラメラ構造の繰り返し周期（文献 14）。

定して，球状粒子の粒子散乱関数のピーク位置（q^*）と球の半径（R）の関係式を用いて球の半径を求め，それを2倍している。この方法では，グレインの形状を球状に仮定してしまっているところに問題がある。さらには，グレインの大きさが揃っていないと，図9に見られるようなピークとして観測されないので，どのような試料に対しても適用できるわけではなく，その普遍性が疑わしい。

3　ラメラ状ミクロ相分離構造のグレイン成長

上記のMeyrsらのUSAXSの結果を図10にまとめて示した。横軸は熱処理時間（熱処理温度75℃）で縦軸はグレインサイズである。ただし，原著論文で用いられている関係式（$q^*R=4.0$）は正確ではなく，現在は$q^*R=5.765$の関係が一般に知られている[20]ため，この式を用いて計算しなおした値を図10にプロットしてある。この図には，3種類の低分子量SBジブロック共重合体（PS/PBの分子量が9400/9000（90% 1,4-rich PB），14800/14100（90% 1,4-rich PB），9900/9700（90% 1,2-rich PB））を溶液キャスト法によって作製した試料を種々の時間熱処理を行なって得られた試料の結果をプロットしてある。なお，原著論文にはこのような図は存在していなかったため，本稿の目的のためにこのプロットを新たに作製したものであることに注意されたい。

3つの試料の結果の差異を無視して，全体の傾向を概観すると，熱処理時間が短い場合（1時間以下）ほとんどグレインは成長していないことがわかる。これに対して，熱処理時間1時間以上では3種類の試料全て，ばらつきはあるものの同一の傾向を示しており，図10の両対数プロットが直線になっている。すなわち，グレインサイズD_Gと熱処理時間tの間には

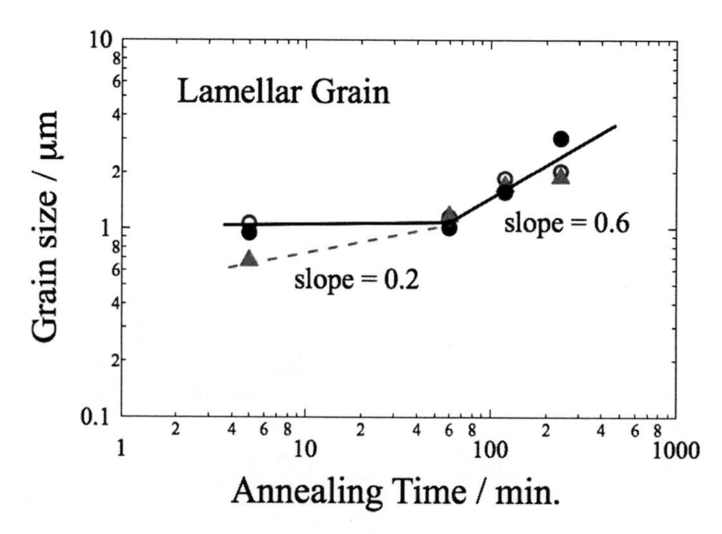

図10　Myers（文献14）らのUSAXS法によって解析された結果をグラフ化したもの
ラメラ状ミクロ相分離構造の場合の結果。

$$D_G \sim t^{\alpha} \tag{2}$$

というべき乗則が存在し，その成長指数αが0.6程度である。このようなべき乗則は，ポリマーブレンドの相分離過程で見られ，$\alpha = 1/3$あるいは$\alpha = 1$が良く知られている[21, 22]。Ostwald ripening 過程（蒸発凝縮過程あるいはLifshitz-Slyozof過程とも呼ばれる）にともなうメカニズムが$\alpha = 1/3$を与えるのに対して，$\alpha = 1$は流体力学的効果が加わった際に得られることが知られている[23]。また，ドロップレットのランダムな運動にともなって衝突・合体を繰り返しながらドメインが成長する場合も$\alpha = 1/3$を与えるのに対して，温度勾配を与えて対流を誘起させた場合のドメインの合体が$\alpha = 1$を与えるという報告もある[24]。グレインの成長についても同様のべき乗則の議論を適用できるかどうかの吟味は，今後の課題であるが，それを前提に議論を進める。なお，Huらがラメラ状ミクロ相分離構造の場合に$\alpha = 0.07 \sim 0.13$という非常に小さい値を報告している[12]が，恐らく，図10における短時間側の非常に遅い成長に対応しているのではないかと思われる。実際，高分子量のブロック共重合体試料の場合には，図10の結果よりはるかに時間が長時間側にシフトすると考えられるため，Huらは，グレインの成長を観測することができなかったものと考えられる。一方，図10の$\alpha = 0.6$という値から推測されるグレイン成長のメカニズムとしては，ある程度の流体力学的効果の影響を受けたメカニズムであることが推定される。これは，ラメラ状のミクロ相分離構造が平板形状であるがゆえに，グレイン境界においてラメラ構造が不連続でなくても別のグレインとみなされてしまう，という特徴が反映されているのかもしれない。つまり，平行に配列した多数のラメラ構造がそれらの平板の褶曲を協同的に是正してよりフラットな平板になることによって，グレインが成長したと見なされるために，褶曲の是正が方向性を持ち，流体力学的効果としてグレインの成長を加速させる効果になっているものと推定される。ここで重要なことは，褶曲したラメラはフラットな平板状ラメラよりも自由エネルギーが増加しているので，褶曲は解消されフラットなラメラになるのが安定である，ということである。

4　垂直配向したシリンダー構造のグレイン成長

シリンダー状ミクロ相分離構造についても同様に，グレイン成長に関するべき乗則が確認されており，薄膜中でシリンダーが平行に配向した場合のグレイン成長について$\alpha = 0.25$[25]，垂直に配向した場合は$\alpha = 0.28$[26, 27]という値が報告されている。本稿では，実際の試料を用いた計測によって得られた成果を紹介する前に，計算機シミュレーションによってなされたグレインの成長メカニズムの研究について紹介する。ここでは，PFC（phase field crystal）モデルを用いて行なった垂直配向シリンダーの形成過程の計算機シミュレーションの結果に対して，グレインサイズを評価しグレインの成長過程を検討した結果について紹介する。PFCの基本方程式は

$$\frac{\partial \psi}{\partial t} = \nabla^2 \left[-\varepsilon \psi + (\nabla^2 + k_0^2)^2 \psi + s\psi^2 + \psi^3 \right] + \eta$$

$$= \nabla^2 \frac{\delta F}{\delta \psi} + \eta, \tag{3}$$

である。ここでψは時間に依存する汎関数（試料内の任意の原点からの距離rの関数）で秩序変数と呼ばれる。また，ε, s, k_0は現象論的パラメータで，任意の定数である。この式は，保存系の相転移のシミュレーションで一般に用いられる方程式である。また，ηは次式で示されるような，大きさの平均値がゼロであるようなガウス型の白色ノイズである。

$$\langle \eta(\mathbf{r}, t) \rangle = 0, \langle \eta(\mathbf{r}, t)\, \eta(\mathbf{r}', t') \rangle = -2\zeta \nabla^2 \delta(\mathbf{r}-\mathbf{r}')\, \delta(t-t') \tag{4}$$

(3)式は，いわゆるTDGL方程式の一種であり，ポテンシャルとして保存形の相転移のシミュレーションに使われる典型例である次式を用いている。

$$F = \int dr \left\{ -\frac{1}{2}\varepsilon \psi^2 + \frac{1}{2}[(\nabla^2 + k_0^2)^2 \psi]^2 + \frac{s}{3}\psi^3 + \frac{1}{4}\psi^4 \right\} \tag{5}$$

このモデルを用いて，無秩序状態から垂直配向シリンダーがどのように形成されるかについてシミュレーションし，その後期過程でグレインの成長も明確に捉えられている[28,29]。グレイン境界の解消やシリンダーの配列規則性（六方格子）の欠陥の解消などが起こり，グレインが成長する。我々はその結果をさらに解析し，べき乗則が成り立つことを見出し，その成長指数αを評価した。その結果，αはノイズηが大きくなるにつれて増大するものの，およそ$0.16 < \alpha < 0.33$の範囲内に納まっていることがわかった[30,31]。成長指数αがOstwald ripening過程（あるいはランダムに運動している液滴同士の衝突・合体による粗大化過程）で得られるべき指数と一致している（$\alpha = 1/3$）[21,22]ことは，単なる偶然の一致かもしれないが，グレインの成長メカニズムを考察する際に示唆的である（ランダムなグレイン成長プロセスが示唆される）。

そこで，我々は実際にSEBS試料を用いて垂直配向シリンダー[8,32]の場合のグレイン成長の実験を行い，計算機シミュレーションの結果と比較・議論した。得られた結果を図11に示す。ここで，表面におけるグレインの解析はAFM観察によって，また，試料内部のグレインの解析は，TEM法と2d-SAXS測定（Hosemannの解析）によって行なった。ただし，議論しているグレインの成長方向はどちらも，試料表面に平行な方向のグレイン成長であることに注意されたい。なお，試料内部で垂直配向しているシリンダー構造は，試料表面付近でも垂直配向した状態で存在しており，決して試料表面に平行に配向する訳ではないことがわかった（図12a）。もちろん，試料の最表面は表面自由エネルギーの低い成分であるPEBによって完全に覆われている（図12d）ことがXPS（X線光電子分光）測定によって確認されている[17]。これは，前述のラメラの場合と異なり，未熱処理状態でシリンダーは存在せず，非平衡の球状ドメインが存在している。これを熱処理すると，球同士が合体し，垂直配向シリンダーへと変化する。したがって，熱処理時間ゼロにおいては，いかなるシリンダー，そしてそのグレインも存在していない。その意味で，

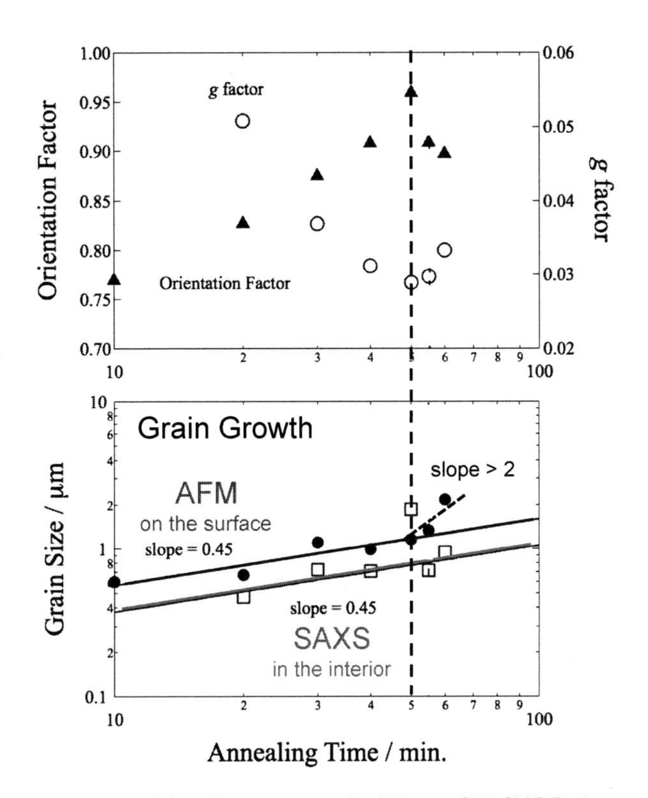

図11　垂直配向したシリンダー状ミクロ相分離構造が形成するグレインのサイズと熱処理時間の両対数プロット（下図）。シリンダーの垂直配向度とパラクリスタル的乱れ因子（g因子）の熱処理時間にともなう変化（上図）（文献16）

上述の計算機シミュレーションの結果と直接比較し得る状況であるということができる。

さて，図11の結果を見ると，試料表面でも試料内部でもグレインの大きさはほぼ同じであることがわかった。また，べき乗則も確認でき，成長指数はα＝0.45であることがわかった。この値は，上述の計算機シミュレーションで得られた値（0.33）より若干大きい値であった。これらの値の違いは，シミュレーションで考慮に入っていない流体力学的効果が実験結果には存在していることを暗示しているかもしれないし，逆に，実験結果の信頼性が高くないことに由来しているかも知れない。評価方法が違うために，自信を持って結論することはできないが，表面上のグレインの方が試料内部でのグレインよりも大きいことが示唆される。恐らく，AFMの画像解析法では，結果を過小評価しているものと考えられるので，SAXS法によって評価された試料内部でのグレインよりも，表面上でのグレインの方が大きいということは確実であろう。さらに，50分（図11中の破線）よりも長時間側では，表面上のグレインが急激に大きくなっている傾向が示唆される。この破線は，図11の配向係数とg因子が変化しなくなる時間に対応している。つまり，非平衡な球状ドメインが合体してできた垂直配向シリンダーは，初期の状態ではまだまだ

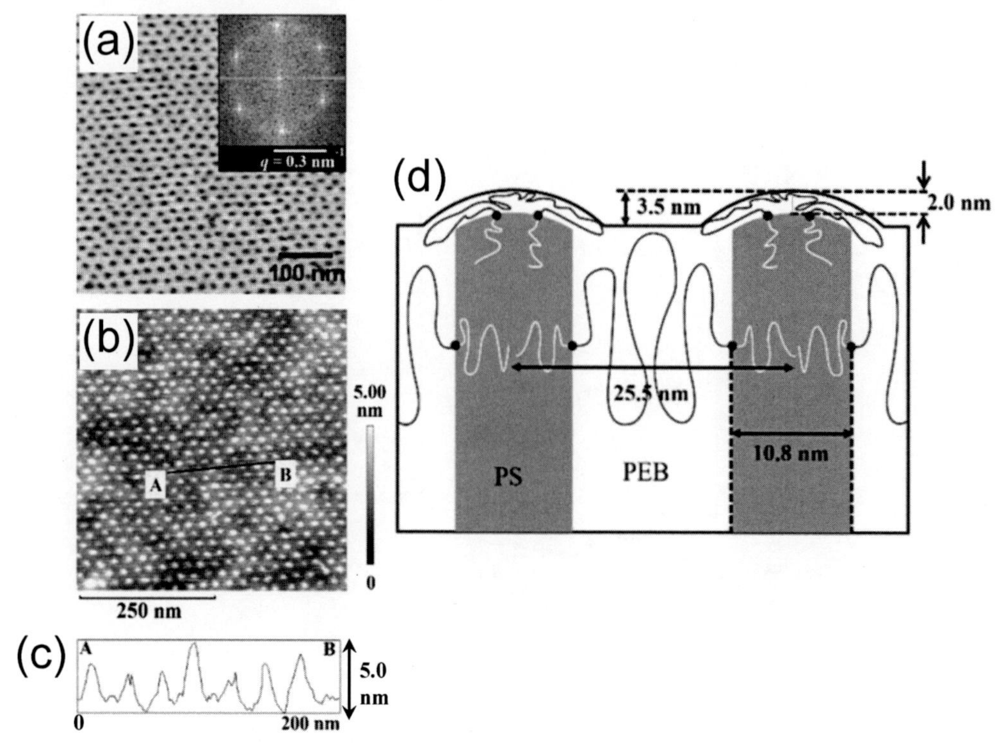

図12　垂直配向したシリンダー状ミクロ相分離構造の表面を AFM 観察した結果
(a) 位相像，(b) 凹凸像，(c) 直線 AB 間の断面形状。(d) は側面方向から見た模式図（文献 17)。

垂直配向度は高くなく，また，グレイン内部での六方格子の配列の規則性も高くない。垂直配向度や g 因子が 50 分経過時にはかなり高まり，もうそれ以上にはならないレベルに到達したことを表している。このタイミングで，試料の表面のグレインはかなり大きな値の成長指数（$\alpha>2$）で増大を開始しているように見受けられる。つまり，試料内部での垂直配向化と六方格子上の規則配列が終了した時点から，表面のグレイン成長のモードが激変しているように見受けられ興味深い。もちろん，1 より大きな成長指数を説明するメカニズム（理論）は存在していないので，新たな理論の枠組みが必要であるように思われる。今後の課題である。なぜ試料表面のグレインの方が試料内部のグレインよりも大きいのか，その理由についても不明であるが，表面近傍では分子鎖が運動しやすいため，熱処理初期の段階から試料表面のグレインの方が成長しやすく，グレインが巨大になれたのではないかと推測される。

5　球状ドメインが形成する BCC 格子の自発配向とそれにともなうグレイン成長

球状ドメインが形成するグレインの成長についてもべき乗則が確認されており，$\alpha=0.20$～

0.25 程度の値が計算機シミュレーションならびに TEM と AFM の実験結果として報告されている[33, 34]。ただし，これらはいずれも超薄膜（球状ドメインが1個しか入らない程度の厚みの試料）についての結果であり，そのようなモノレイヤー中では，球状ドメインは正六角形の格子上に配列している。一方，前述（図5）したように，十分ぶ厚い試料の表面では，球状ドメインはBCC（110）面上の配列（歪んだ六角形の格子上の配列）を示すので，試料表面上でのグレイン成長は薄膜中でのグレイン成長と異なることが予想される。さらには，表面近傍（1〜10 μm 程度）では，表面に対して平行に BCC（110）面が配向し，その配向が試料内部に伝わっていく。このような状況を考慮して，BCC 配列した球状ドメインが形成するグレインの成長を論じるためには，試料表面での成長過程と表面から内部へと膜厚方向に成長する過程を別々に解析する必要がある。そこで，最初，球の配列が無秩序であるような SEBS 試料を用いて，これを熱処理することによって，自発的に BCC（110）面の配向が進行するあいだに，グレインがどのように成長するか，検討した。図 13 に成長の模式図を示す。熱処理前の試料には無秩序に配置した球状ドメインが存在しており，これを熱処理すると，表面上でグレインが発生する。ここで示した疑似カラーは，図 8d と同様の概念を示している。特に，表面では，（110）面が表面に平行に配向していることが共通（それゆえ同じ赤色で示してある）であっても，同一のグレインではないので（図2に示したのと同様に，（110）面上の特定の方向が様々な方向を向いている），ポリグレイン状態として複数のグレインが境界（図では黒い曲線で描かれている）を接して共存している。

さて，実際に，試料の表面の AFM 観察と 2d-SAXS パターン（edge 測定；評価法 2.4）の時間変化の測定を行ない，グレインサイズの評価を行なった結果を図 14 に示した。熱処理時間の経過とともに，グレインが表面上で成長すること，ならびに，試料内部への方向にも成長することが確認できた。試料内部の方向にも成長することによって，結果的に BCC（110）面の配向が試料内部にかなり長距離（10 μm 程度という驚くべき長距離）に至るまで浸透することができたと考えられる。表面上でのグレイン成長については，図 10 に示したラメラ構造の場合と良く似た成長を示している。すなわち，ある一定の時間まで（図 14 では 30 分程度まで。図 14 中に示した左側の破線）はグレインはほとんど成長せず，その後，成長指数 $\alpha=0.7$ でグレインが成長した。初期の段階でグレインが成長しない理由の説明として，次のようなことが考えられる。大

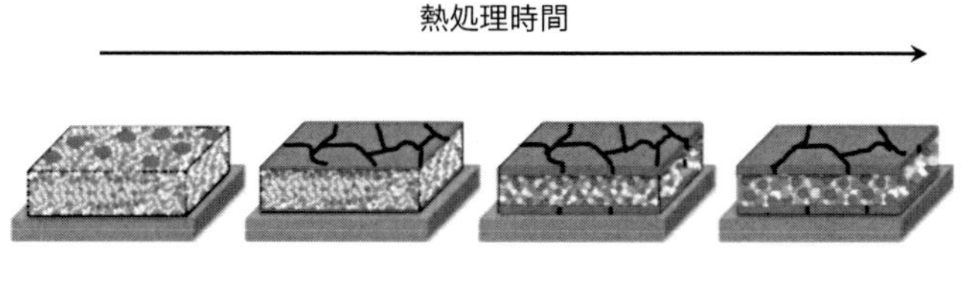

：配向方向が異なるグレイン
：(110)面が基板に対して平行に配向したグレイン

図 13　BCC 格子上に配列した球状ドメインからなるグレインの熱処理時間の増大にともなう成長をあらわした模式図

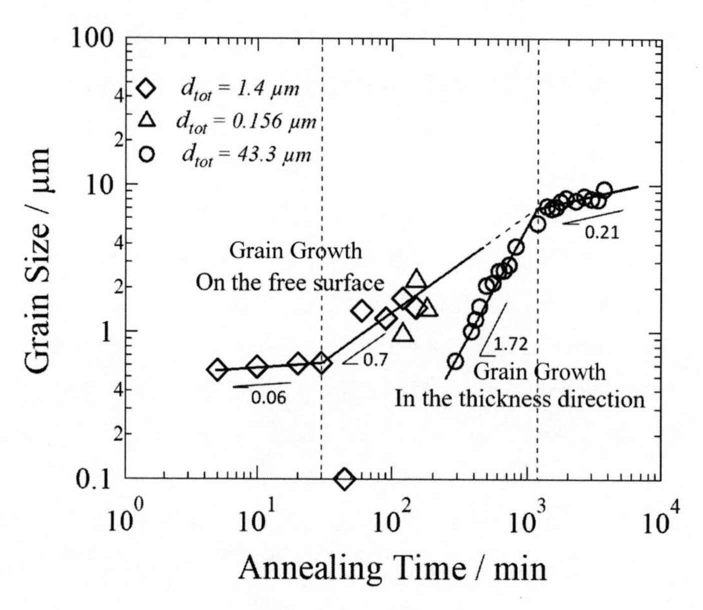

図14　BCC格子上に配列した球状ドメインからなるグレインのサイズと熱処理時間の両対数プロット（文献3）
d_{tot} は実験に用いた試料の膜厚である。

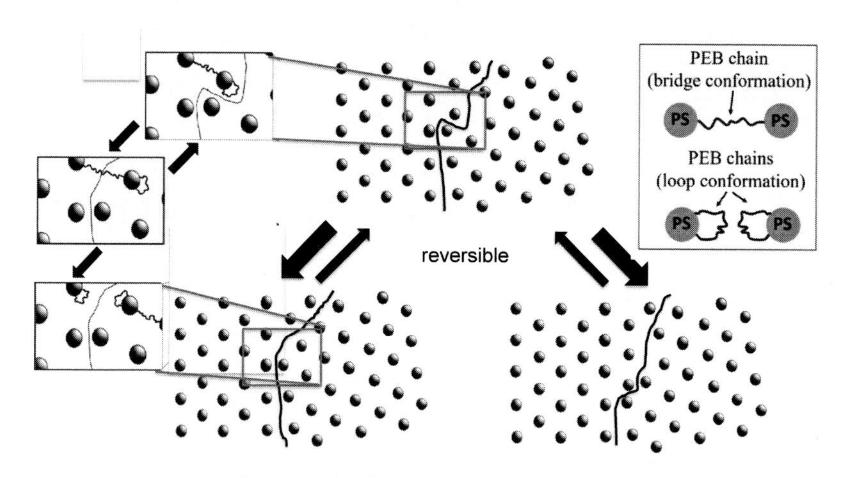

図15　球状ドメインからなるグレインの成長を説明する模式図の一例（文献3）
非常に遅い成長の場合。球状ドメイン一個一個が配置を変えることによってグレインが成長する。

きいグレインと小さいグレインが境界で接している場合には，大きいグレインが小さいグレインを駆逐することによって成長すると考えられるが，初期段階では無数の小さなグレインがひしめき合って共存しているような状況であるため，隣接するグレインの大きさにさほど差がなく，したがって，グレインの境界が，例えば図15に模式図で示すように，左側に移動するか右側に移動するかがなかなか決まらず，グレインはなかなか成長しない。この状況は，結晶成長における誘導期の状況に似ている。その後は，成長指数がある程度の流体力学的効果をともなったようなメカニズムで成長することが，実験結果（$\alpha=0.7$）から推測される。図15は，上述のような非常に遅いグレイン成長を説明するだけでなく，隣接するグレインの大きさが異なる場合のランダムプロセスによるグレイン成長（$\alpha=1/3$）の具体的なモデルの一つでもある。最初，グレインの境界が図15に示すように，局所的に曲率が大きくなっている部分があると，この部分で自由エネルギーが増加しているので，曲率を減らす方向に境界が変化する。ただし，球状ドメインの配置を変えるだけでは，もとの位置に戻ってしまう。なぜなら，隣接する球状ドメインの間にはブリッジコンフォメーションが存在しているからであり，変形を受けたブリッジコンフォメーションは，復元力を発現するためである。つまり，ブリッジコンフォメーションからループコンフォメーションに変化しないかぎり，グレイン境界が真に変化したとは言えない。これにはある程度時間を要することに加え，球状ドメインの位置を個々に変えていく必要があるため，図15に示したプロセスは非常に遅い。そこで，グレインが速く成長するメカニズムを考察するためには，別のモデルを提案する必要がある。図16に，その一例として，小さいグレインの回転をともなうメカニズムを示す。図15で説明したように，グレイン境界ではブリッジコンフォメーションはほとんど存在していないと考えられるため，グレイン境界でグレインは比較的滑りやすいと考えられる。したがって，BCC格子がマッチングするように小さいグレインが回転することで，グレインは迅速に成長することが可能となる。このようなグレイン成長は，一種の流体力学的効果をともなった成長とみなすことができ，成長指数が$\alpha=1$となる場合の具体的グレイン成長のメカニズムの一例である。図14で得られた$\alpha=0.7$は，図15と16のようなメカニズムが共存したような成長メカニズムであると推定される。

一方，試料厚み方向のグレイン成長は，図14に示すように，その成長指数は$\alpha=1.72$という

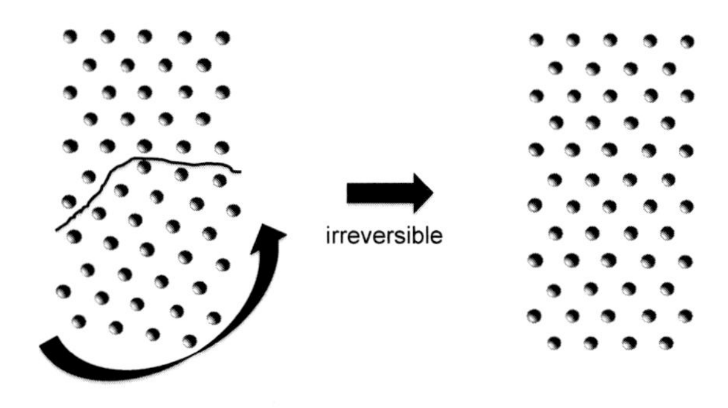

図16　球状ドメインからなるグレインの成長を説明する模式図の一例（文献3）

速い成長の場合。グレインの回転による成長で，これも一種の流体力学的効果と考えられる。

非常に大きい値であり，垂直配向シリンダー構造の表面上でのグレインの成長（図 11 の 50 分以上の領域）と同様に，これまでの理論では説明できず，新しい理論の枠組みが必要である。1100 分（図 14 の右側の破線の位置）以上の熱処理時間では，その成長は急激に衰え，$\alpha<1/3$ となった。このようにグレイン成長が衰えた理由としては，図 13 に示すように，中間無配向層内でも十分にグレインが成長を遂げ，上下の配向層がこのようなグレインを吸収することが非常に困難になるためである。実際，非常に長時間の熱処理（2.6 日間）によって，edge 測定の 2d-SAXS パターンの Debye-Scherrer リング（図 8c）が，スポット状に変化することが報告されている[3]。これは，中間無配向層内でグレインが巨大化していることを示す結果である。

画像解析法の抱える問題のためデータ点がばらついており，図 14 の試料表面上でのグレインの成長指数の値の評価誤差は大きく，そもそもべき乗則が成り立っていると積極的に結論するのも容易ではない。しかしながら，図 14 に示した結果の傾向を総合すると，1100 分（右側の破線）に至るまでの過程では，表面に平行な方向の方がグレインは大きい（図 11 の結果と同様)。このことは，垂直配向したシリンダーの場合と同様，グレインは表面で成長しやすいという傾向を示している。また，1100 分で表面に平行な方向と膜厚方向のグレインの大きさが一致している。すなわち，最初，グレインは平板状であったものが，最終的には球形状になることを示唆している。1100 分以降でグレイン成長が衰えているという実験事実から，球形状に発展したグレインは成長が遅い，といいたいところであるが，このことを確認するためには，今後のさらなる研究が必要である。

6　ブロックコポリマー／ホモポリマー混合系のグレインの特徴

我々は，垂直配向シリンダーを形成するブロックコポリマー試料にホモポリマーを混合して，シリンダーの直径を大きくする試みを行なった。その際，AFM 観察を行ない，その結果に基づきグレインを特定した。そのグレインの特徴について，簡単に解説する[18]。

用いた試料は，親水性のポリエチレンオキシド（PEO）とポリメタクリレートの側鎖にメソゲン基を有している疎水性のポリメタクリレートアゾベンゼン（PMA（Az））からなるジブロック共重合体である。PEO 成分がシリンダー構造を形成し，マトリックスを形成する PMA（Az）成分に含まれる液晶成分の働きによってシリンダーが垂直配向する[35]。この試料に，PEO ホモポリマー(9 量体) を混合した。その結果，垂直配向したシリンダー状ドメインの配列の規則性は，ホモポリマーの添加率が大きいほど悪くなっていくとともに，グレインも小さくなり，孤立化していく傾向にあることがわかった。また，ホモポリマーを添加しない系では，隣接するグレインは境界線で接して存在していたのに対して，ホモポリマーを 50 wt%添加した系では，グレインは他のグレインと接することなく，単独で孤立して存在するようになることがわかった。ちなみに，孤立したグレインを取り囲む領域では，シリンダーが六方格子配列せず，乱れた配列であった。なお，ホモポリマーを 30 wt%添加した系ではまだ隣接したグレインは境界線で接していたものの，個々のグレインは小さくなった。ホモポリマーを添加することによって，シリンダーの半径を増大することはできたので，目標は達成できたものの，それにともなってグレインサイズの低下やグレインの孤立化を招いたため，このようなトレードオフの関係を改善する手法の開発が課題となった。

7　まとめと今後の展望

本稿では，グレインの特定の手法についてまとめ，種々の形態のミクロ相分離構造の場合のグレイン成長について解説した。グレイン評価法には一長一短があり，それぞれの手法を今後さらに精密化することが望まれる。すなわち，表面上の AFM 観察は局所的で試料全体の平均情報を与えないし，試料内部方向のグレインサイズの 2d-SAXS 測定による定量化も種々の近似の上に成り立っているものである（グレインサイズを直接測定した訳ではない）。また，最大の問題は，試料表面におけるグレインサイズと試料内部のグレインサイズを同時に測定できていないことである。今後，同時に解析することのできる手法が開発されれば，グレイン成長の議論は飛躍的に発展するものと期待される。

USAXS 法による，グレインの形態散乱の測定は興味深いが，USAXS 測定が行える装置やシンクロトロン施設が限られているため，汎用性に乏しいという問題がある。それに替わる方法として，低エネルギーX 線を使用する方法が有望である。USAXS 測定で論じたような極小 q 領域は，波長の長い X 線（すなわち，エネルギーの低い X 線）を用いることによって，非常に長いカメラ長（試料から検出器までの距離）のビームラインを必要とせず，従来の SAXS ビームラインに設置されている装置のカメラ長で測定が可能となる。さらに，低エネルギーの X 線を用いると，X 線の試料に対する侵入深さの精密なコントロールが容易に行えるようになる[36,37]。これを利用して，試料厚さ方向でのグレインサイズの変化を求めることが可能となることが期待され，微小角入射 X 線小角散乱測定によるグレイン成長の研究の可能性が大いに広がる。

一方，本稿で述べたように，垂直配向シリンダーで $\alpha = 2.0$ 以上の，また，球状ミクロ相分離構造の場合のグレイン成長指数も $\alpha = 1.72$ という非常に大きい値が得られている。このような $\alpha > 1.0$ の成長指数は，従来の理論の枠組みでは説明できないので，このような値を与えるようなグレイン成長のメカニズムを考察することができていない。新しい理論の枠組みの提案が切望される。

文　献

1)　本田このみ，佐々木園，櫻井伸一，ブロック共重合体薄膜中での球状ミクロドメイン体心

立方格子の自発配向，高分子論文集，第74巻，75-84ページ（2017）
2) H. Yokoyama, T. E. Mates, E. J. Kramer, Structure of Asymmetric Diblock Copolymers in Thin Films, *Macromolecules*, **33**, 1888-1898 (2000)
3) R. A. H. Bayomi, K. Honda, I. Wataoka, H. Takagi, N. Shimizu, N. Igarashi, S. Sasaki, S. Sakurai, *Polymer Journal, in press* (2018), doi.org/10.1038/s41428-018-0094-y
4) H. Ohnogi, S. Sasaki, S. Sakurai, Evaluation of Grain Size by Small-Angle X-Ray Scattering for a Block Copolymer Film in Which Cylindrical Microdomains Are Perpendicularly Oriented, *Macromol. Symp.*, **366**, 35-41 (2016)
5) S. Sakurai, D. Isobe, S. Okamoto, T. Yao, S. Nomura, *Phys. Rev. E*, **63**, 061803 (2001)
6) K. Kimishima, T. Koga, T. Hashimoto, Order-Order Phase Transition between Spherical and Cylindrical Microdomain Structures of Block Copolymer. I. Mechanism of the Transition, *Macromolecules*, **33**, 968-977 (2000)
7) M. J. Folkes, A. Keller, *Polymer*, **12**, 222 (1971)
8) S. Sakurai, H. Bando, H. Yoshida, R. Fukuoka, M. Mouri, K. Yamamoto, S. Okamoto, Spontaneous Perpendicular Orientation of Cylindrical Microdomains in a Block Copolymer Thick Film, *Macromolecules* **42**, 2115-2121 (2009)
9) K. Shimizu, H. Saito, *J. Polym. Sci. B：Polym. Phys.*, **47**, 715 (2009)
10) M. Y. Chang, F. M. Abuzaina, W. G. Kim, J. P. Gupton, B. A. Garetz, M. C. Newstein, N. P. Balsara, L. Yang, S. P. Gido, R. E. Cohen, Y. Boontongkong and A. Bellare, *Macromolecules*, **35**, 4437 (2002)
11) F. L. Beyer, S. P. Gido, C. Buschl, H. Iatrou, D. Uhrig, J. W. Mays, M. Y. Chang, B. A. Garetz, N. P. Balsara, N. B. Tan and N. Hadjichristidis, *Macromolecules*, **33**, 2039 (2000)
12) X. Hu, Y. Zhu, S. P. Gido, T. P. Russell, H. Iatrou, N. Hadjichristidis, F. M. Abuzaina and B. A. Garetz, *Faraday Discuss.*, **128**, 103-112 (2005)
13) C. Harrison, D. H. Adamson, Z. D. Cheng, J. M. Sebastian, S. Sethuraman, D. A. Huse, R. A. Register and P. M. Chaikin, *Science*, **290**, 1558 (2000)
14) R. T. Myers, R. E. Cohen, A. Bellare, *Macromolecules*, **32**, 2706 (1999)
15) Rasband, W. ImageJ, U. S. National Institutes of Health, Bethesda, Maryland, USA, https://imagej.nih.gov/ij/
16) S. Sakurai, T. Harada, H. Ohnogi, T. Isshiki, S. Sasaki, Characterization of the surface morphology and grain growth near the surface of a block copolymer thin film with cylindrical microdomains oriented perpendicular to the surface., *Polym. J.*, **49**, 655-63 (2017)
17) R. A. H. Bayomi, T. Aoki, T. Shimojima, H. Takagi, N. Shimizu, N. Igarashi, S. Sasaki, S. Sakurai, *Polymer*, **147**, 202-212 (2018)
18) 吹田，中尾，浅岡，佐々木，櫻井，垂直配向シリンダーを形成する液晶性ジブロック共重合体にホモポリマーをブレンドした場合のグレイン構造の変化，材料，印刷中（2018）
19) R. Hosemann, K. Lemm, W. Wilke, *Molecular Crystals*, **1**, 333 (1967)
20) H. Tanaka, H. Hasegawa, T. Hashimoto, *Macromolecules*, **24**, 240 (1991)
21) J. D. Gunton, M. San Miguel and P.S. Sahni, The Dynamics of First Order Phase

Transitions, Phase Transition and Critical Phenomena, ed. by C. Dom, J. L. Letowitz, vol. 8, p. 267, Academic Press, London (1983)
22) K. Kawasaki, T. Ohta, *Physica*, **118**A, 175 (1983) ; T. Ohta, *Progress in Theortical Physics, Suppl.*, **79**, 141 (1984)
23) E. D. Siggia, Late stages of spinodal decomposition in binary mixtures., *Phys. Rev. A.*, **20**, 595-605 (1979)
24) T. Nambu, Y. Yamauchi, T. Kushiro, S. Sakurai, *Faraday Discuss.*, **128**, 285-298 (2005)
25) C. Harrison, D. H. Adamson, Z. D. Cheng, J. M. Sebastian, S. Sethuraman, D. A. Huse, R. A. Register and P. M. Chaikin, *Science*, **290**, 1558-1560 (2000)
26) S. Ji, C. Liu, W. Liao, AL. Fenske, GSW. Craig, PF. Nealey, Domain orientation and grain coarsening in cylinder-forming poly (styrene-b-methyl methacrylate) films., *Macromolecules*, **44**, 4291-300 (2011)
27) CT. Black, KW. Guarini, Structural evolution of cylindricalphase diblock copolymerthin films., *J. Polym. Sci.*, **42**, 1970-5 (2004)
28) H. Ohnogi, Y. Shiwa, Nucleation, growth, and coarsening of crystalline domains in order-order transitions between lamellar and hexagonal phases, *Phys. Rev. E*, **84**, 011611 (2011)
29) H. Ohnogi, Y. Shiwa, Effect of noise on ordering of hexagonal grains in a phase-field-crystal model, *Phys. Rev. E*, **84**, 051603 (2011)
30) 大野木博，博士論文，京都工芸繊維大学 (2017)
31) 大野木，櫻井，高分子論文集，投稿中 (2018)
32) S. Sakurai, Progress in control of microdomain orientation in block copolymers-Efficiencies of various external fields, *Polymer*, **49**, 2781-2796 (2008)
33) C. Harrison, DE. Angelescu, M. Trawick, Z. Cheng, DA. Huse, PM. Chaikin, DA. Vega, JM. Sebastian, RA. Register, DH. Adamson, Pattern coarsening in a 2D hexagonal system., *Europhys. Lett.*, **67**, 800-6 (2004)
34) DA. Vega, CK. Harrison, DE. Angelescu, ML. Trawick, DA. Huse, PM. Chaikin, RA. Register, Ordering mechanisms in two dimensional sphere-forming block copolymers., *Phys. Rev. E*, **71**, 061803 (2005)
35) S. Asaoka, T. Uekusa, H. Tokimori, M. Komura, T. Iyoda, T. Yamada and H. Yoshida, *Macromolecules*, **44**, 7645-7658 (2011)
36) H. Okuda, K. Takeshita, S. Ochiai, S. Sakurai and Y. Kitajima, *J. Appl. Crystallogr.*, **44**, 380-384 (2011)
37) I. Saito, T. Miyazaki, K. Yamamoto, Depth-resolved structure analysis of cylindrical microdomain in block copolymer thin film by grazing-incidence small-angle X-ray scattering utilizing low-energy X-rays, *Macromolecules*, **48**, 8190-8196 (2015)

第 2 編

ブロック共重合体の設計

第6章　TERPによるブロック共重合体の合成

山子　茂*

1　はじめに

ブロック共重合体は，リビング重合を用いて異種モノマーを順次重合することで合成される。1990年代初頭にリビングラジカル重合（IUPACはreversible deactivation radical polymerizationと呼ぶことを推奨している）が開発されるまでは，その合成はリビングアニオン・カチオン重合にほぼ限られていた。しかしこれらのイオン性重合は，重合可能なモノマーの種類が限られると共に，極性官能基や不純物に対する耐性が低い。このため，熱可塑性エラストマーであるスチレン-ブタジエン-スチレントリブロックのように，工業的に生産されているブロック共重合体もあるが，合成できるブロック共重合体の種類は大きく限られていた。これがリビングラジカル重合法の台頭により，大きく変わってきている[1~3]。本稿では，リビングラジカル重合について簡単に紹介した後，有機テルル化合物を用いたラジカル重合法（TERP：Organotellurium-mediated radical polymerization）と[4,5]，その類縁技術である有機アンチモン化合物を用いた，ブロック共重合体の合成について紹介する。特に本稿では，どのようなブロック共重合体が合成できるのか，という合成的視点で紹介する。

2　リビングラジカル重合法とTERP法

リビングラジカル重合法は，モノマー汎用性や官能基耐性に優れるラジカル重合法にリビング性を付与する方法である[1~3]。休止種と呼ばれるラジカル前駆体*P*-X（*P*＝ポリマー，X＝キャッピンググループあるいは原子）から可逆的に*P*ラジカルが生成し，これがモノマーと反応してポリマー鎖を伸長した後，不活性化を受けて休止種へと変換される（図1a)。この平衡により*P*ラジカルの濃度が減少するため，停止反応が起こる確率が低下する。さらに，不活性化が速やかに起こることで，すべての高分子鎖が同じ速度で伸長できるため，分子量の制御と狭い分散度を持つポリマーの合成が可能になる。これまでNMP（nitroxide-mediated radical polymerization)，ATRP（atom transfer radical polymerization)，RAFT（reversible addition-fragmentation-chain transfer polymerization）等が代表的な方法として知られているが（図1b)，TERP，CRP（cobalt-mediated radical polymerization）を始めとする新しい方法の開発も続いている。休止種として用いる化学種と活性化／不活性化機構の違いにより，それぞれの方法の合成的有用性が

---

*　Shigeru Yamago　京都大学　化学研究所　教授

違ってくる。休止種となる化合物の化学的安定性や活性化によるラジカル生成の問題から，リビング系では従来のラジカル重合に比ベモノマー汎用性や官能基耐性が減少してしまう。このため，従来のラジカル重合の長所を残したまま，リビング性を付与する方法が「モノ作り技術」として優れた方法である。

TERP は有機テルル化合物を休止種として用いるリビングラジカル重合法である（図 2a)。スチレン，(メタ）アクリレート等の共役モノマーと共に，*N*-ビニルアミド，酢酸ビニルなどの非

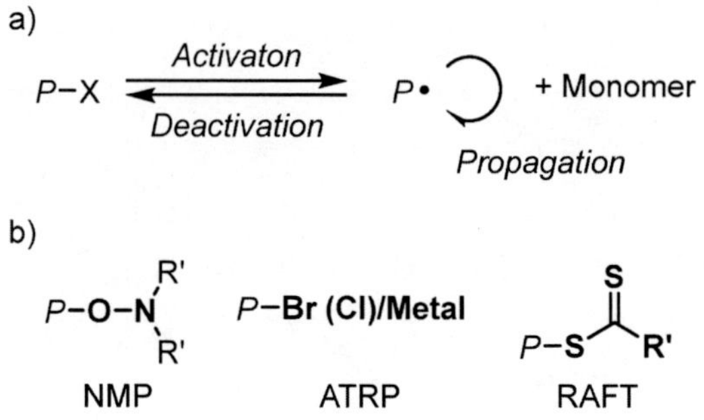

図 1　a）リビングラジカル重合法の一般的な機構と，
b）代表的な休止種の構造

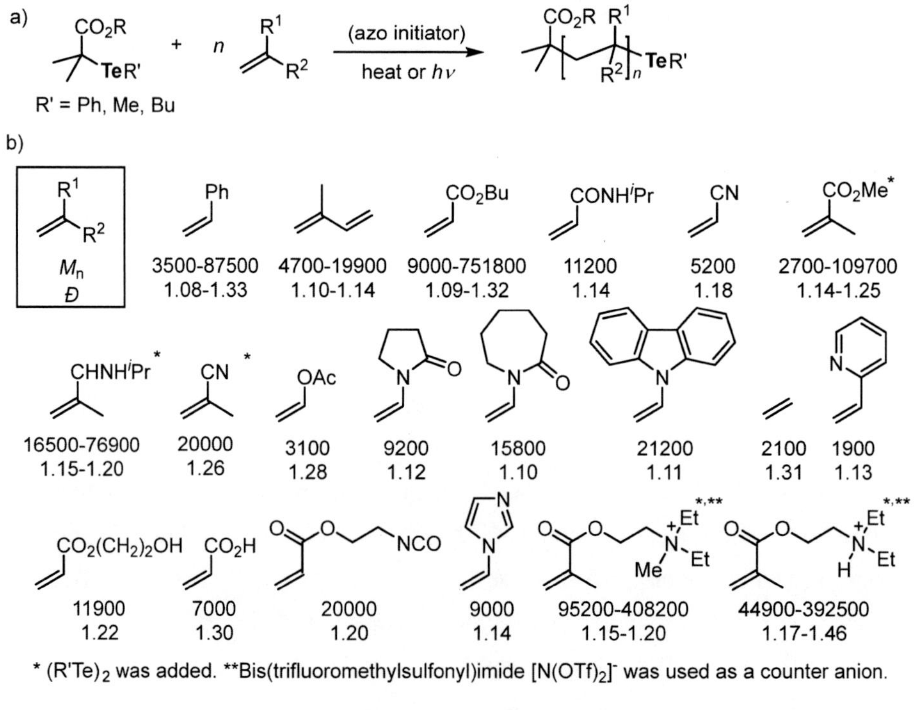

* $(R'Te)_2$ was added. **Bis(trifluoromethylsulfonyl)imide $[N(OTf)_2]^-$ was used as a counter anion.

図 2　a）TERP 法を用いた重合反応と，b）重合に用いられたモノマーの構造と
重合により得られた重合体の数平均分子量（M_n）と分散度（$Đ$）

共役モノマーを同じ重合制御剤を用いて重合できる点が最大の特徴である（図2b）[5~8]。さらに，水酸基，カルボン酸，アミン等の極性官能基に対しても強い耐性を持つ利点もあり[9,10]，他のリビングラジカル重合法と比べてモノ作り技術としての優位性を持つ。これらの特長はブロック共重合体の合成においても活きてくる。なお，メタクリル酸エステル，アミド等の重合においては，分散度の制御の向上のためにジテルリドを加えて重合する。

3　ブロック共重合合成の基礎

ブロック共重合体を合成する場合には，モノマーを加える順序が一般に重要であり，これがブロック共重合体合成の自由度を大きく減らしている。例えば，アニオン重合では生成するアニオンが安定になる順に重合を行う必要がある。スチレン（St）とメタクリル酸メチル（MMA）を用いる場合，Stを先に，続いてMMAの順であり，その逆ではうまくいかない。一方，リビングラジカル重合法でも，重合末端ラジカルが安定になる順に行うことが良い場合が多いが，多くの例外がある。例えば，NMPを用いてスチレンとアクリル酸ブチル（BA）を共重合する場合，BAを先に重合することで望みのジブロック共重合体が得られる[11,12]。重合末端ラジカルの安定性から考えると，PSt末端ラジカルの方がPBA末端より安定であるが，Stを先に重合するとうまく望みの共重合体が得られない。これは，重合の進行には休止種からの活性化が必要であり，その容易さは重合末端ラジカルの安定性と強い相関があるのが一因であると考えられるが，詳細は不明である。

4　TERP法を用いたブロック共重合体の合成

4.1　共役モノマーのみを用いるブロック共重合体の合成

TERP法を用いたブロック共重合体合成の最大の特徴は，モノマーを加える順序の自由度が高い点である。その一例を図3aに示した[13]。これは，St，MMA，*t*-ブチルアクリラート（^{t}BA）のモノマーから二つのモノマーを選び，すべての組み合わせについてジブロック共重合体を合成した結果である。その結果，モノマー添加の順に依らず，いずれのジブロック共重合体も制御して合成できた。これは他のリビングラジカル重合法に無い，TERPの大きな特徴である。この特徴を生かすことで，St, MMA, ^{t}BAからなるABC-トリブロック共重合体も合成できた（図3b）。なお，前述のようにMMAの重合にはジテルリドを添加したが，これはアクリラートの重合を阻害する。このため，上記の結果においてPMMAマクロ開始剤を用いた場合は，マクロ開始剤を単離してジテルリドを除去した後に行った結果である。

官能基を持つモノマーを用いることもできる（図4）。2-ビニルピリジンとStの共重合においても，上記の結果と同様に，モノマーを加える順を選ぶことなく，対応するジブロック共重合体が合成できた[14]。また，酸性プロトンを持つイオン液体であるメタクリルモノマーとの重合も可

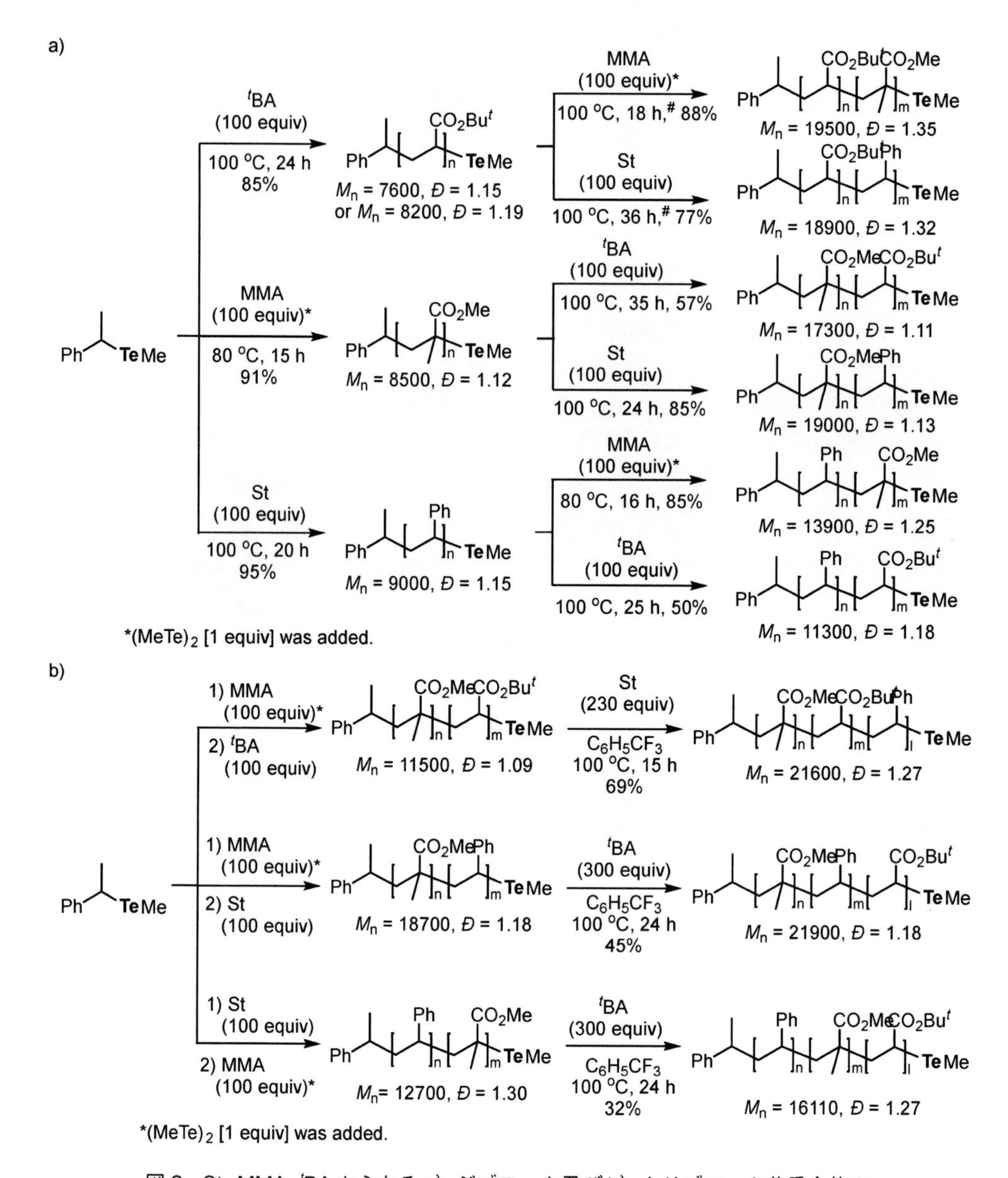

図3　St, MMA, ^{t}BA からなる a) ジブロック及び b) トリブロック共重合体の
コンビナトリアル合成

能であり，St との共重合で得られた両親媒性ブロック共重合体は次世代のバッテリーデバイス等への応用が期待される[9]。

上記の重合例はいずれもバルク，あるいは有機溶媒を用いた均一系での重合結果であるが，最近，単純エマルジョン重合を用いた非均一系でのブロック共重合体の合成にも成功した（図5）[15]。界面活性剤として非イオン性の Brij98 を用い，水溶性有機テルル重合制御剤を用いて MMA の重合を行った後，*t*-ブチルメタクリレート（tBuMA）を加えることで，望みのジブロッ

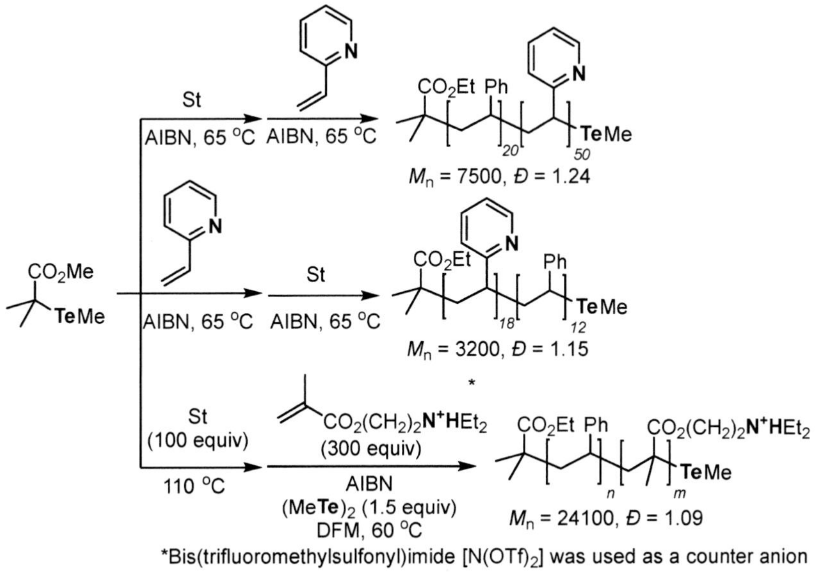

St
AIBN, 65 °C
AIBN, 65 °C
CO2Et Ph
TeMe
20
50
Mn = 7500, Đ = 1.24
CO2Me
TeMe
AIBN, 65 °C
St
AIBN, 65 °C
CO2Et
Ph
TeMe
18
12
Mn = 3200, Đ = 1.15
St
(100 equiv)
110 °C
CO2(CH2)2N+HEt2
(300 equiv)
AIBN
(MeTe)2 (1.5 equiv)
DFM, 60 °C
CO2Et Ph
CO2(CH2)2N+HEt2
TeMe
n
m
Mn = 24100, Đ = 1.09
*Bis(trifluoromethylsulfonyl)imide [N(OTf)2] was used as a counter anion

図4　極性基を持つモノマーを用いたブロック共重合体の合成

a)
NaO
TeMe
MMA (100 equiv)
(MeTe)2 (1.0 equiv)
Brij 98
(10 wt% to MMA)
hv, 65 °C, 6 h
Conv. = 99%
CO2Me
TeMe
Mn = 11800, Đ = 1.27
d = 58 nm, PDI = 0.063
tBuMA (300 equiv)
(MeTe)2 (1.0 equiv)
hv, 65 °C, 9 h
Conv. = 99%
CO2Me CO2tBu
TeMe
Mn = 39400, Đ = 1.37
d = 98 nm, PDI = 0.034
b)
PMMA
PMMA-b-PtBMA
Briji 98
Time (min)
c)
PMMA
PMMA-b-PtBMA
Number distribution (%)
lg D
d)
PMMA
100 nm
PMMA-b-PtBMA
100 nm

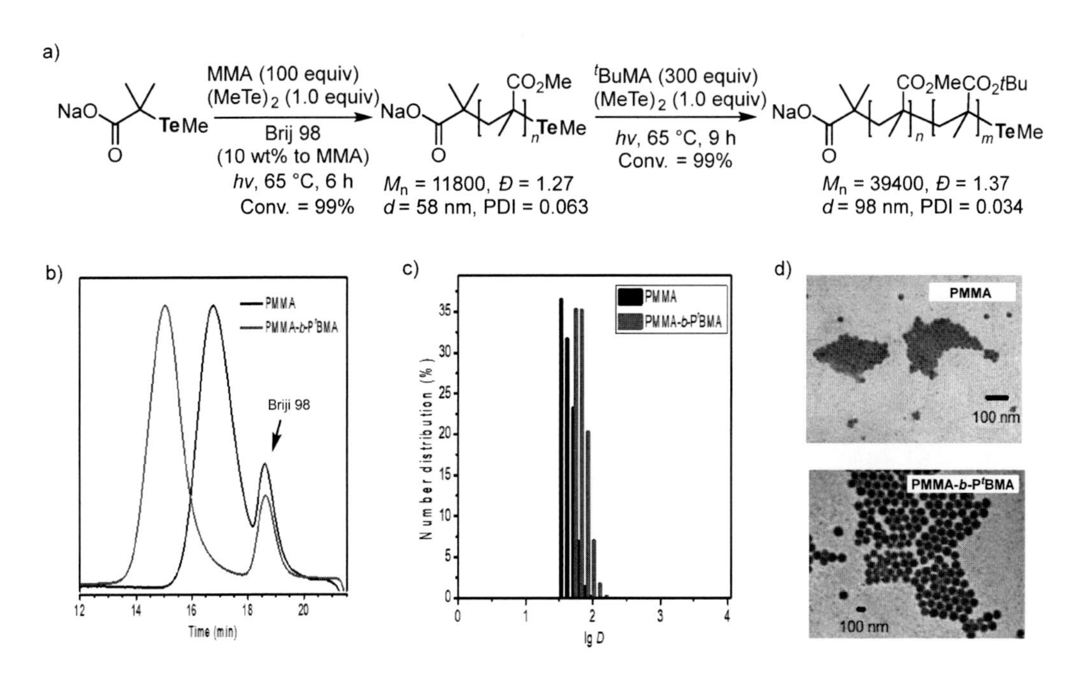

図5　単純エマルジョン重合による PMMA-*b*-P*t*BMA の合成
a) 反応式，b) SEC トレース，c) DLS による粒径分布と，d) TEM による微粒子観測結果

ク共重合体が合成できた。分子量と分布とが制御されているのみならず，DLS や TEM 測定から，粒子径の制御も行われていることが分かった。アゾ化合物を加える熱重合のみならず，弱い

強度の可視光を用いた光重合においても重合が進行する点も興味深い[16]。

均一系重合では，マクロ開始剤の溶解に苦労する場合が多い。溶媒量を増やすと，モノマー濃度の低下により重合時間が長くなり，デッドポリマーの生成が増えてしまう。過剰のモノマーを加えて重合を途中で止める方法もあるが，一般的ではない。それに対し，エマルジョン重合ではマクロ開始剤を溶解する必要がないため，この問題を回避できる。ブロック共重合体の実用的合成法として優れていると考えられる。

4.2　共役モノマーと非共役モノマーからなるブロック共重合体の合成

共役モノマーと非共役モノマーからなるブロック共重合体の合成は，重合末端ラジカルの安定性，反応性が大きく異なることから，難易度が極めて高い。例えば，*N*-ビニルアミドの代表的モノマーである*N*-ビニルピロリドン（NVP）の重合体は，生体適合性の高い水溶性ポリマーであることから，そのブロック共重合体の合成は興味深い。NVP は非共役モノマーであるが，有機アンチモン，ビスマスを用いる重合法や TERP を用いることで，共役モノマーとのブロック共重合体が合成されている[17~19]。St と MMA との共重合においては，モノマーの加える順に多少影響を受け，St との共重合では St を先に，MMA との共重合では NVP を先に重合した方が，より制御された共重合体が得られた（図 6a）。一方，*N*-イソプロピルアクリルアミド（NIPAM）と NVP とのブロック共重合体も TERP を用いることで制御して合成できた（図 6b）[20,21]。PNIPAM は水溶液中で下限臨界溶液温度（LCST）を持つ一方，PNVP は金属ナノ粒子やフラーレン C_{60} と高い相互作用を持つ。このため，得られたブロック共重合体は水中で熱感応性ミセルとして働くと共に，金ナノ粒子や C_{60} を水にミセルとして可溶化する。さらにこのミセルも熱感応性を持ち，加熱により可逆的に会合した（図 6c）。

第 2 節で酢酸ビニル（VAc）の制御重合が行えることを示したが（図 2），制御できるのは低分子量体のポリマーに限られる。これは，VAc の重合では頭-頭付加に由来する休止種が生成し，それが実質的にデッドポリマーとして働くためである[22]。これは，TERP に限らず他のリビングラジカル重合系にも共通する問題である。唯一，この問題を回避して高分子量体の PVAc を合成できるのは，コバルト化合物を休止種として用いる CRP のみである[23]。その一方，CRP は共役モノマーやアミンなどの配位性官能基を持つモノマーの制御に難を持つ。そこで，CRP と TERP の「良いとこ取り」をすることを考え，CRP で合成した PVAc マクロ開始剤を TERP マクロ開始剤へと変換する方法を開発した。引き続き BA，NIPAM，2-(ジメチルアミノ）エチルアクリラート（ADAME），イソプレン（Ip）といった共役モノマーや，ビニルイミダゾール（NVIm）のように配位性モノマーを重合することで，対応するブロック共重合体が合成できた（図 7）[24]。

ビニルエーテルや α-オレフィン等の非共役モノマーはラジカル条件下でホモ重合は起こさないが，（メタ）アクリラートを加えるとランダム共重合を起こす性質を持つ。TERP はこの共重合を制御するのにも適しており，この共重合体をセグメントとするブロック共重合体の合成も可

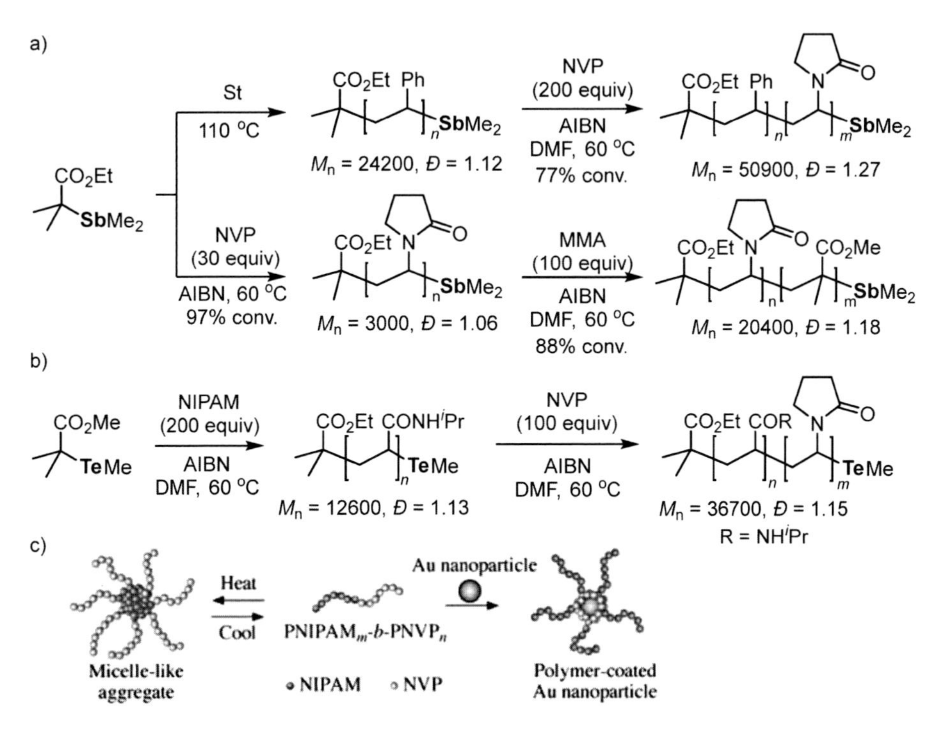

図6　a）有機アンチモン化合物を用いたNVPと共役モノマーとの共重合と，b）TERPを用いたNIPAMとNVPのブロック共重合体合成とc）その性質

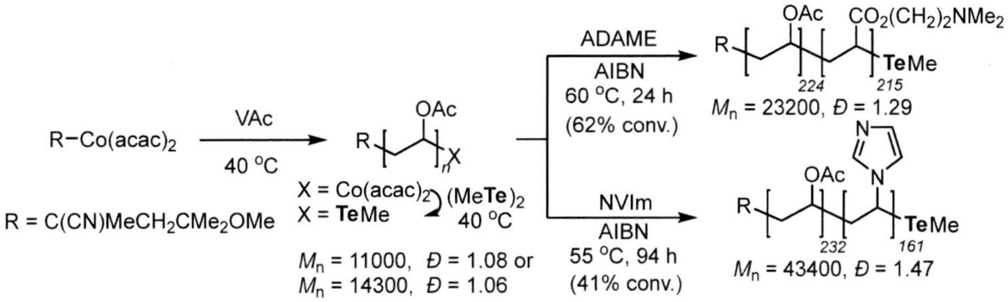

R−Co(acac)$_2$ —VAc, 40 °C→
R = C(CN)MeCH$_2$CMe$_2$OMe
X = Co(acac)$_2$ (MeTe)$_2$ 40 °C
X = TeMe
M_n = 11000, Đ = 1.08 or
M_n = 14300, Đ = 1.06
ADAME
AIBN
60 °C, 24 h
(62% conv.)
M_n = 23200, Đ = 1.29
NVIm
AIBN
55 °C, 94 h
(41% conv.)
M_n = 43400, Đ = 1.47

図7　Co-Te交換反応を用いるPVAcマクロ開始剤を用いたブロック共重合体合成法

能である。例えば，ブチルアクリラート（BA）のホモ重合により得られるPBAをマクロ開始剤とし，BAとイソブチルビニルエーテル（IBVE）との共重合を行うことで，対応するジブロック共重合体が得られた。IBVEの当量をBAに比べて過剰に用いることで交互共重合性が増すことから，ブロック中におけるIBVEのモル分率（MF）は0.44であった（図8a）[25,26]。一方，IBVA過剰の条件でBAを重合すると，BAが消費した時点で重合は停止し，交互共重合性の高い共重合体（MF＝0.49）が得られる。ここに^{t}BAを加えて加熱すると，残存しているIBVEが

^{t}BA とランダム共重合を起こすことで，対応するブロック共重合体が合成できた（図 8b）。

ビニルエーテルを過剰に用いてアクリラートとランダム共重合を行うと，交互共重合性が高まるのみならず，生成重合体の重合末端をビニルエーテル由来の構造に制御できる。これはカチオン重合にも適した構造であることから，BF_3・OEt_2 等のルイス酸を加えると，残存している IBVE がリビングカチオン重合を起こして，対応するブロック共重合体が得られる。トリフルオロエチルアクリレート（TFEA）と IBVE を用いた例を図 8c に示した。

ポリ（メタ）アクリレートマクロ開始剤に過剰のビニルエーテルを加えて，ラジカル重合条件に付すと，一分子のビニルエーテルが挿入したマクロ開始剤が得られる。この構造は図 8c と同様に，カチオン重合に適した休止種であることから，ルイス酸を加えるとカチオン重合が進行し，ポリ（メタ）アクリレートとポリビニルエーテルからなるブロック共重合体が得られた（図

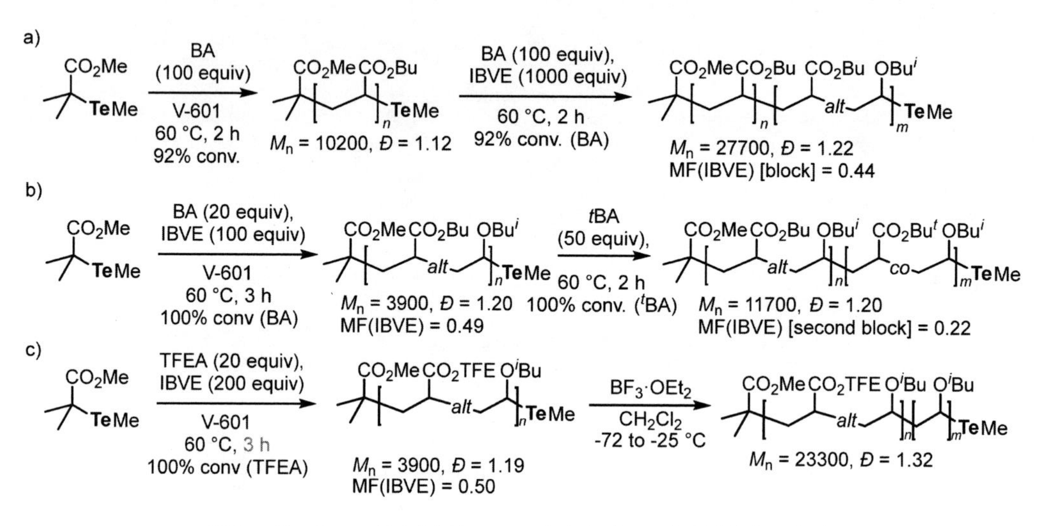

図８　ビニルエーテルを鍵モノマーとするブロック共重合体の合成

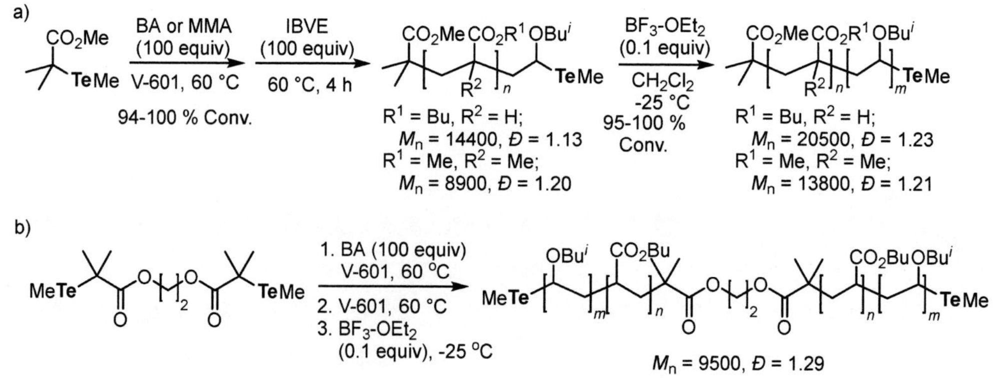

図９　選択的なポリ（メタ）アクリレートの変換反応を利用した，ラジカル-カチオン重合による a）AB-ジブロック，および b）ABA-トリブロック共重合体の合成

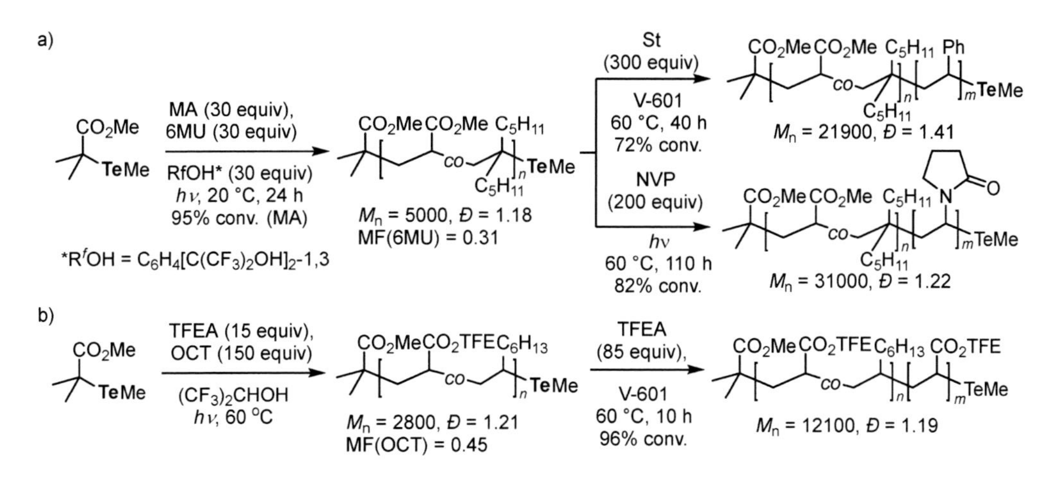

図10　a) 6MU, b) OCTとアクリレートのランダム共重合体をマクロ開始剤として用いたブロック共重合体の合成

9a)[27]。二官能性テルル化合物から始めると，ABA-トリブロック共重合体の合成も可能である（図9b)。

α-オレフィンを共重合モノマーとして用いた場合，上垣内らの報告に従い[28]，フルオロアルコールを添加することでα-オレフィンの挿入率が上がる。この条件でメチルアクリラート（MA）と6-メチレンウンデカン（6MU）とのランダム共重合体を合成し，これをマクロ開始剤として用いてStやNVPとのブロック共重合体が合成できた（図10a)[29]。α-オレフィンとして1-オクテン（OCT）を用い，TFEAとのランダム共重合体においても，重合末端を十分に活性化でき，ブロック共重合体の合成が行えた（図10b)[30]。

4.3　ラジカルカップリングを用いたブロック共重合体の合成

有機テルル化合物は容易に紫外-可視光で活性化され，炭素ラジカルを生成する。LED等の弱い可視光を用いると，生成するラジカル濃度を低く保つことができることから，リビング重合に適している[31]。一方，水銀ランプ等の高強度の光を照射すると，ラジカル濃度が上がるためにラジカル同士の反応が進行する。ジエン類の重合末端ラジカルの停止機構が結合反応であることを利用することで，対称構造を持つポリマーを得ることができる。例えば，PStやPMMAマクロ開始剤を用いてイソプレン（Ip）と熱重合を行った後に光照射を行うと，9割程度の高いカップリング効率で対応するABA-トリブロック共重合体が得られた（図11a)[32]。一方，ジエン共存下で有機テルルマクロ開始剤に光照射を行うと，ジエンの挿入を伴いながら選択的なカップリング反応が進行した。また，この時，高選択的に二分子のジエンを挿入することから，官能基を持つジエンを用いることで，ポリマー鎖の中央に官能基を導入できる。例えば2,4-ペンタジエン-1-オールを用いると，二つの水酸基を選択的に導入できる。この水酸基を用いてラクチドの開環重合を行うことで，ミクロアーム構造を持つブロック共重合体の合成も行えた（図11b)[33]。

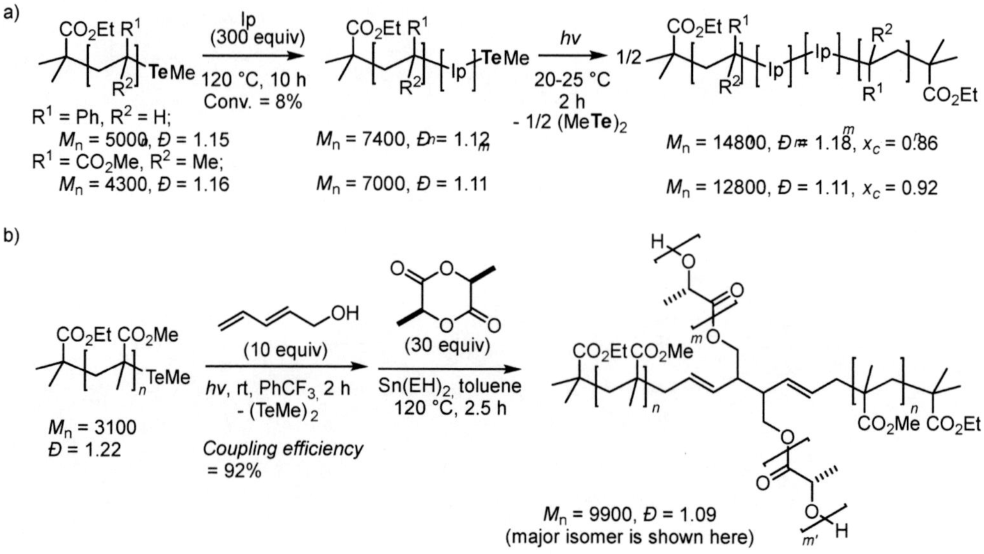

a)
CO_2Et R^1 TeMe R^2
Ip (300 equiv)
120 °C, 10 h
Conv. = 8%
CO_2Et R^1 R^2 Ip TeMe
$h\nu$
20-25 °C
2 h
- 1/2 (MeTe)$_2$
1/2 CO_2Et R^1 R^2 Ip Ip R^2 R^1 CO_2Et
R^1 = Ph, R^2 = H;
M_n = 5000, $Đ$ = 1.15
R^1 = CO_2Me, R^2 = Me;
M_n = 4300, $Đ$ = 1.16
M_n = 7400, $Đ$ = 1.12
M_n = 7000, $Đ$ = 1.11
M_n = 14800, $Đ$ = 1.18, x_c = 0.86
M_n = 12800, $Đ$ = 1.11, x_c = 0.92

b)
CO_2Et CO_2Me TeMe
M_n = 3100
$Đ$ = 1.22
OH (10 equiv)
$h\nu$, rt, $PhCF_3$, 2 h
- (TeMe)$_2$
Coupling efficiency = 92%
(30 equiv)
$Sn(EH)_2$, toluene
120 °C, 2.5 h
CO_2Et CO_2Me H O O m n CO_2Me CO_2Et O O m' H
M_n = 9900, $Đ$ = 1.09
(major isomer is shown here)

図11　ジエンの光カップリングを用いたブロック共重合体合成

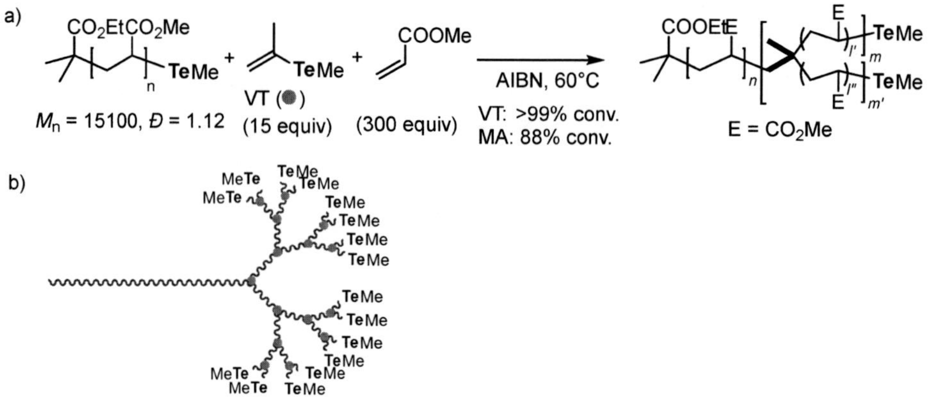

a)
CO_2Et CO_2Me TeMe n
M_n = 15100, $Đ$ = 1.12
+ TeMe VT (●) (15 equiv)
+ COOMe (300 equiv)
AIBN, 60°C
VT: >99% conv.
MA: 88% conv.
COOEt E TeMe TeMe l' l'' m m' n
E = CO_2Me

b)
MeTe TeMe

図12　a）線状-多分岐ブロック共重合体の合成と，b）生成物の概略構造

4.4　多分岐構造を持つブロック共重合体の合成

分岐構造を持つ高分子は線状高分子に比べて流体力学半径が小さい，固有粘度が低い，末端置換基の数が多い等の特徴的な物性を持つことから[34,35]，分岐構造を持つブロック共重合体の合成は興味深い。筆者らは最近，2-メチルテラニルプロペンなどのビニルテルリド（VT）とアクリラートとのTERPを用いた共重合により，デンドリマー構造を持つ多分岐高分子の制御合成法の開発に成功した[36]。さらに，ポリアクリラートマクロ開始剤を用いて共重合を行うと，オタマジャクシ構造を持つ線状-多分岐ブロック共重合体の合成に成功した（図12）。ブロック共重合体の新しい可能性を広げる結果であると考えている。

5　終わりに

TERPを用いることで，様々なモノマー，官能基の組み合わせを持つ多くの新しいブロック共重合体が合成できた。また，線状のみならず規則正しい分岐構造を持つポリマーをセグメントとして持つブロック共重合体の合成も可能となってきている。これらの成果はブロック共重合体を用いた材料創製に新しい可能性をもたらす成果であると考えている。一方，合成されたブロック共重合体の分子量は比較的低分子量のものに限られている。高分子量体の合成も可能な技術を確立することで，TERP法によるブロック共重合合成が高分子材料創製にさらに魅力的な方法になると考えており，現在検討を続けている。

文　献

1) G. Moad & D. H. Solomon, “The Chemistry of Radical Polymerization”, Elsevier (2006)
2) K. Matyjaszewski & M. Moeller, “Polymer Science：A Comprehensive Reference”, Elsevier (2012)
3) C. Chatgilialoglu & A. Studer, “Encyclopedia of Radicals in Chemistry, Biology & Materials”, John Wiley & Sons Ltd (2012)
4) S. Yamago, *et al.*, *J. Am. Chem. Soc.*, **124**, 2874 (2002)
5) S. Yamago, *Chem. Rev.*, **109**, 5051 (2009)
6) S. Yamago *et al.*, *J. Am. Chem. Soc.*, **131**, 2100 (2009)
7) W. Fan *et al.*, *Chem. Eur. J.*, **22**, 17006 (2016)
8) Y. Nakamura *et al.*, *Angew. Chem. Int. Ed.*, 57, 305 (2018)
9) Y. Nakamura, *et al.*, *Macromol. Rapid Commun.*, 35, 642 (2014)
10) Y. Nakamura, **et al.**, “Controlled Radical Polymerization：Mechanisms”, 1187, Chap. 16, p283, K. Matyjaszewski *et al.*, *Eds, American Chemical Society* (2015)
11) D. Benoit *et al.*, *J. Am. Chem. Soc.*, 121, 3904 (1999)
12) C. A. Knoop & A. Studer, *J. Am. Chem. Soc.*, 125, 16327 (2003)
13) S. Yamago *et al.*, *J. Am. Chem. Soc.*, 124, 13666 (2002)
14) S. Kumar *et al.*, *Macromol. Rapid Commun.*, 32, 1576 (2011)
15) W. Fan *et al.*, *Angew. Chem. Int. Ed.*, *57*, *962* (2018)
16) S. Yamago & Y. Nakamura, *Polymer*, 54, 981 (2013)
17) S. Yamago *et al.*, *J. Am. Chem. Soc.*, 126, 13908 (2004)
18) B. Ray *et al.*, *Macromolecules*, **39**, 5259 (2006)
19) S. Yamago *et al.*, *Angew. Chem. Int. Ed.*, **46**, 1304 (2007)
20) S. Yusa *et al.*, *Macromolecules*, **40**, 5907 (2007)
21) S. Yusa *et al.*, *J. Polym. Sci. Part A*：*Polym. Chem.*, **49**, 2761 (2011)

22) Y. Kwak *et al., Macromolecules,* **39**, 4671 (2006)
23) M. Hurtgen *et al., Polym. Rev.,* **51**, 188 (2011)
24) A. Kermagoret *et al., ACS Macro Lett.,* **3**, 114 (2014)
25) E. Mishima & S. Yamago, *Macromol. Rapid Commun.,* **32**, 893 (2011)
26) E. Mishima & S. Yamago, *J. Polym. Sci. Part A：Polym. Chem.,* **50**, 2254 (2012)
27) E. Mishima *et al., Chem. Asian J.,* **6**, 445 (2011)
28) K. Koumura *et al., Macromolecules,* **42**, 2497 (2009)
29) E. Mishima *et al., Macromolecules,* **45**, 2989 (2012)
30) E. Mishima *et al., Macromolecules,* **45**, 8998 (2012)
31) Y. Nakamura & S. Yamago, *Beilsterin J. Org. Chem.,* **9**, 1607 (2013)
32) Y. Nakamura *et al., J. Am. Chem. Soc.,***134**, 5536 (2012)
33) Y. Nakamura T. *et al., Macromolecules,* 47, 582 (2014)
34) D. A. Tomalia, *et al.,* "Dendrimers, Dendrons, and Dendritic Polymers", Cambridge University press (2012)
35) D. Yan, *et al.,* "Hyperbranched Polymers：Synthesis, Properties, and Applications", John Wiley & Sons (2011)
36) Y. Lu, *et al., Nat. Commun.* **8**, 1863 (2017)

第7章　ランダム共重合体を基盤とするミセル構築とナノ構造体の創出

寺島崇矢*

1　はじめに

親水性部位と疎水性部位からなる両親媒性共重合体は，水中で疎水性部が自己集合し，ミセルやベシクルなどのナノ会合体を形成する[1~5]。このような会合体は，化合物を内包するカプセル化材料などとして様々な分野に応用されているが，これらの材料開発の場では，狙いとするサイズや物性，機能を併せ持つ会合体を構築することが課題となる。そのためには，前駆体となる両親媒性共重合体の設計が重要で，特に，「親水性基と疎水性基の構造設計」とこれらのモノマーユニットを高分子鎖中にどのように配置・配列させるかという「一次構造の制御」が鍵となる。一般に，高分子ミセルの設計には，親水性鎖と疎水性鎖が連結したブロック共重合体がよく利用され，この場合，疎水性鎖が多数集合したコアを持つミセルが得られる（図1b）。一方，親水性側鎖と疎水性側鎖を持つランダム共重合体は，水中で疎水性側鎖が自己集合し，主鎖が折り畳まれたミセルを形成する（図1a）。その結果，ランダム共重合体のミセルは，サイズが10 nm程度に小さくなる傾向にあり，ブロック共重合体のミセルとはサイズレンジや特性が異なる会合体と

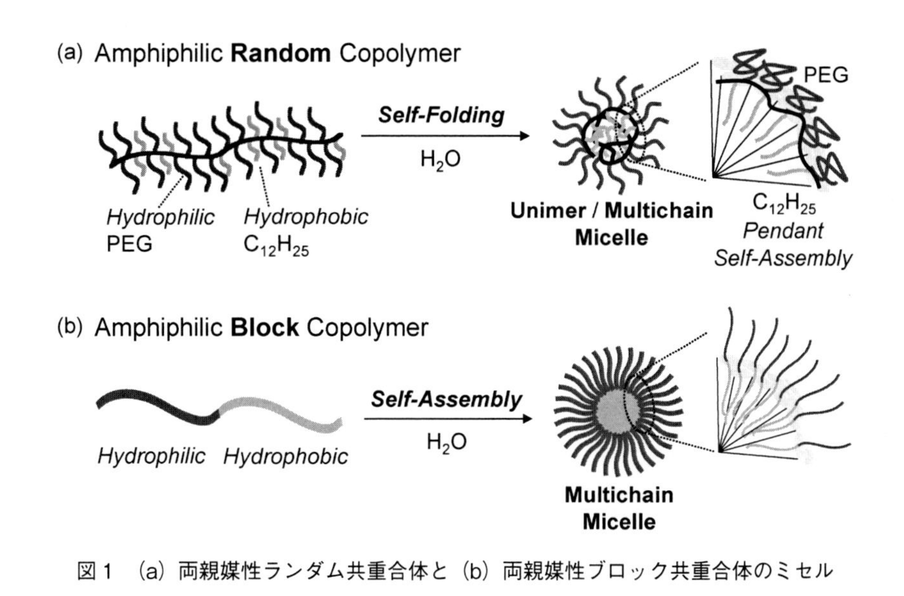

図1　(a) 両親媒性ランダム共重合体と (b) 両親媒性ブロック共重合体のミセル

* Takaya Terashima　京都大学　大学院工学研究科　高分子化学専攻　准教授

して興味が持たれる。特に最近では，ランダム共重合体の一次構造（鎖長，組成，側鎖構造など）を制御すると，ミセルのサイズや会合数を狙い通りに制御できることも明らかとなっている[6~11]。そこで本稿では，両親媒性ランダム共重合体を基盤としたミセルやナノ構造体の構築について概説する。

2 イオン性官能基を持つランダム共重合体のミセル

両親媒性ランダム共重合体を用いてミセルを構築する場合，側鎖の設計が重要となる。一般に，親水性基としてスルホン酸ナトリウム塩などのイオン性官能基やポリエチレングリコール（PEG）鎖などの非イオン性機能基が用いられ，疎水基にはドデシル基などの長鎖アルキル基が利用される。(図2)。

これまでに，イオン性官能基と疎水基で修飾した様々な両親媒性高分子電解質がミセルの前駆体として設計されている（図3）[12~25]。分子設計のポイントを以下に示す。

- 親水性基：スルホン酸ナトリウム塩，カルボン酸ナトリウム塩，4級アンモニウム塩
- 疎水性基：ドデシル基（$C_{12}H_{25}$）に代表される長鎖アルキル基
- 主鎖骨格：アクリルアミドやメタクリルアミドなどのランダム共重合体

図3に示すランダム共重合体は，いずれもフリーラジカル共重合で合成されている。これらの共重合体は，水中で主鎖が折り畳まれ，一分子で会合したユニマーミセルや複数の分子が集合したミセルを形成する。ミセルの構造やサイズ，会合挙動は，光散乱やX線散乱，核磁気共鳴法（NMR），ナフタレン（Np）やピレン（Py）の蛍光ラベル化（蛍光エネルギー移動）などを利用して，評価されている。

例えば，スルホン酸ナトリウム塩とドデシル基を持つランダム共重合体（P1, 図3）[12~15]は，ドデシル基ユニットの組成が0から50%まで増加するにつれて，水中での流体力学的半径（R_h）

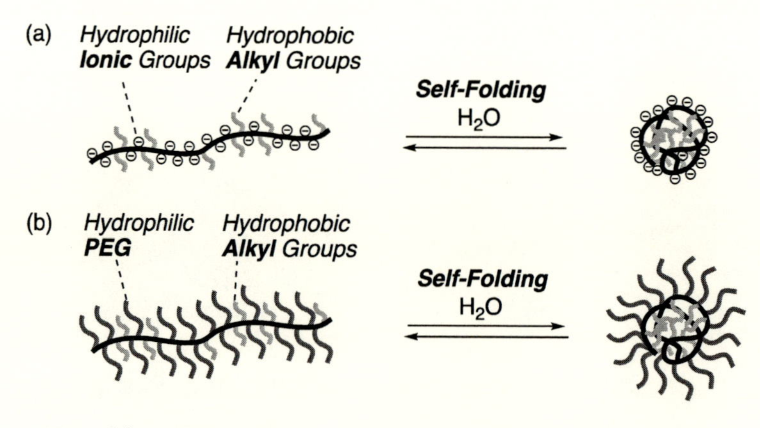

図2 (a) イオン性官能基や (b) ポリエチレングリコール (PEG) 鎖を持つ両親媒性ランダム共重合体のミセル形成

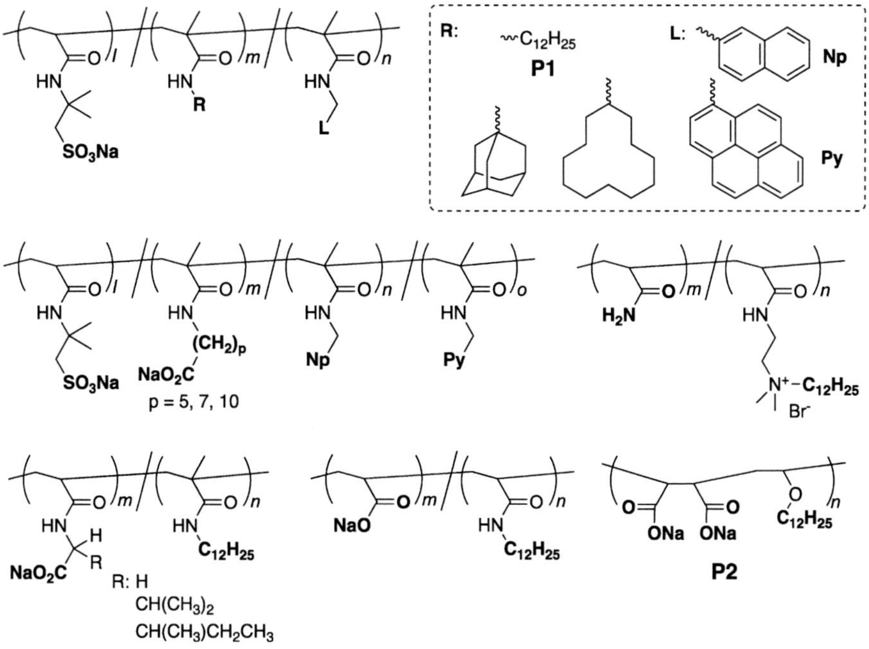

図３　水中でミセルを形成するイオン性両親媒性ランダム・交互共重合体

が 8 nm から 5 nm へと徐々に小さくなり，さらにドデシル基ユニットの組成が 60% へと増加すると，R_h が 5 nm から 14 nm へと急激に増加する[15)]。これは，ドデシル基ユニットを 50% まで増加すると，疎水性効果によりコンパクトなユニマーミセルを形成し，50% 以上に増加すると，多分子会合により大きなミセルへと変化することを示している。このように，ランダム共重合体の場合，疎水性基の割合すなわち「組成」がミセルサイズを決定する重要なファクターとなる。

また，ランダム共重合体とは異なり，組成分布や連鎖配列にばらつきのない両親媒性交互共重合体（P2，図 3）を用いたミセル形成についても報告されている[22~25)]。この交互共重合体は，ある特定の重合度以下の場合，重合度に依存せず均一なサイズの単核ミセルを形成し，その臨界重合度（鎖長）を超えると，単核ミセルが複数連結したネックレスミセルを形成する[23)]。最近では，後述の通り，親水性 PEG 鎖を持つ両親媒性ランダム共重合体も，重合度に依存せず均一なサイズのミセルを形成することが明らかとなっている。

3　PEG 鎖を持つランダム共重合体のミセルとナノ構造構築

親水性 PEG 鎖と疎水性アルキル基や機能基を側鎖に持つランダム共重合体は，水中や有機溶媒中で一次構造に依存して精密に自己組織化し，ミセルやベシクルなどのナノ構造体を形成する（図 4）[26~44)]。また，結晶性側鎖を導入すると，ランダム共重合体では通常困難とされる固体状での微細なミクロ相分離構造を形成できることも明らかになりつつある[34)]。このように，PEG 鎖

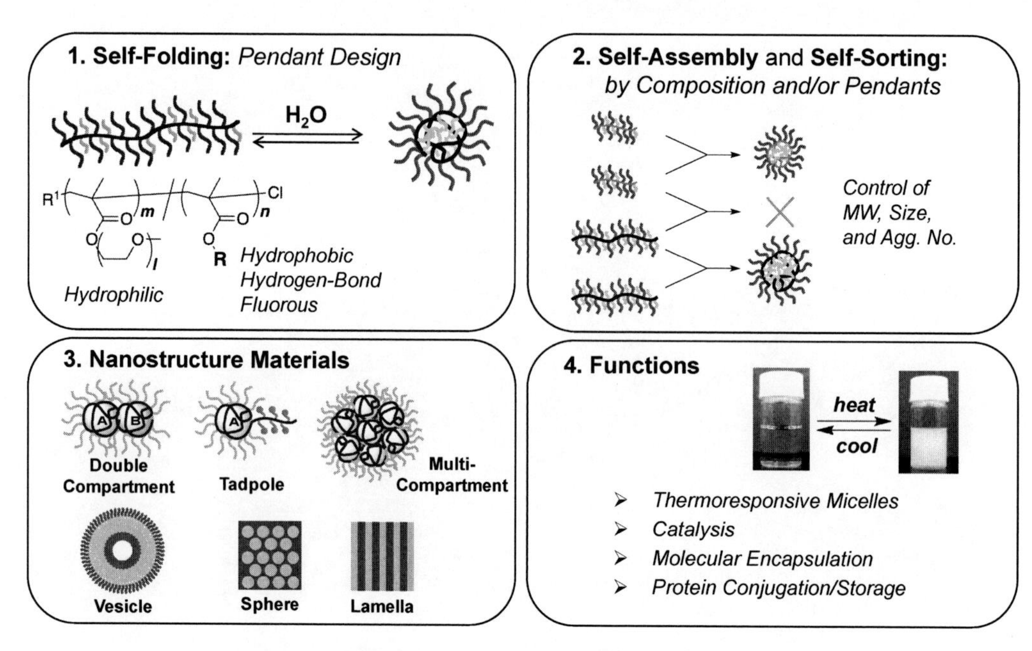

図4　PEG 鎖をもつ両親媒性ランダム共重合体の精密自己組織化とナノ構造体の構築

を持つランダム共重合体は，溶液中や固体状で微細なナノ構造を精密に構築できる特徴を持つ。

3.1　ポリマーの合成

PEG 鎖を持つ両親媒性ランダム共重合体は，PEG 鎖を持つモノマーとアルキル基を持つモノマーをリビングラジカル共重合[45,46]すると合成でき，分子量（鎖長：重合度）や組成（疎水性）を自在に制御できる。例えば，ルテニウム触媒（$Ru(Ind)Cl(PPh_3)_2$/n-Bu_3N）と塩素型開始剤を用いて PEG メタクリレート（PEGMA）とアルキルメタクリレート（RMA）を共重合すると，分子量が制御され，分子量分布の狭い PEGMA/RMA ランダム共重合体が収率よく得られる（図 5a, M_w/M_n～1.2）[26～31]。PEGMA と RMA は，モノマー反応性がどちらもほぼ 1 に近いため，仕込み比によらず終始同一の速度で消費され，いずれの共重合組成においても連鎖配列に偏りのない完全なランダム共重合体を与える。以下に，本系で合成できるランダム共重合体のスコープを示す。

- RMA アルキル基：炭素数 1 から 18 まで（例）ブチル基，ドデシル基，オクタデシル基
- PEGMA のオキシエチレンユニット数：4.5, 8.5
- 重合度（DP）：30～600；RMA 組成：0～100 mol%

また，開始剤や触媒系を選択すると，メタクリレート型のみならず，アクリレート型[32]やメタクリレート / アクリレート型[32]，アクリルアミド型[33]の共重合体を合成できる（図 5b）。アクリレート型やアクリルアミド型の場合，メタクリレート型と同様に，連鎖配列に偏りのないランダム共重合体が得られる。一方，PEGMA とドデシルアクリレート（DA）のメタクリレート /

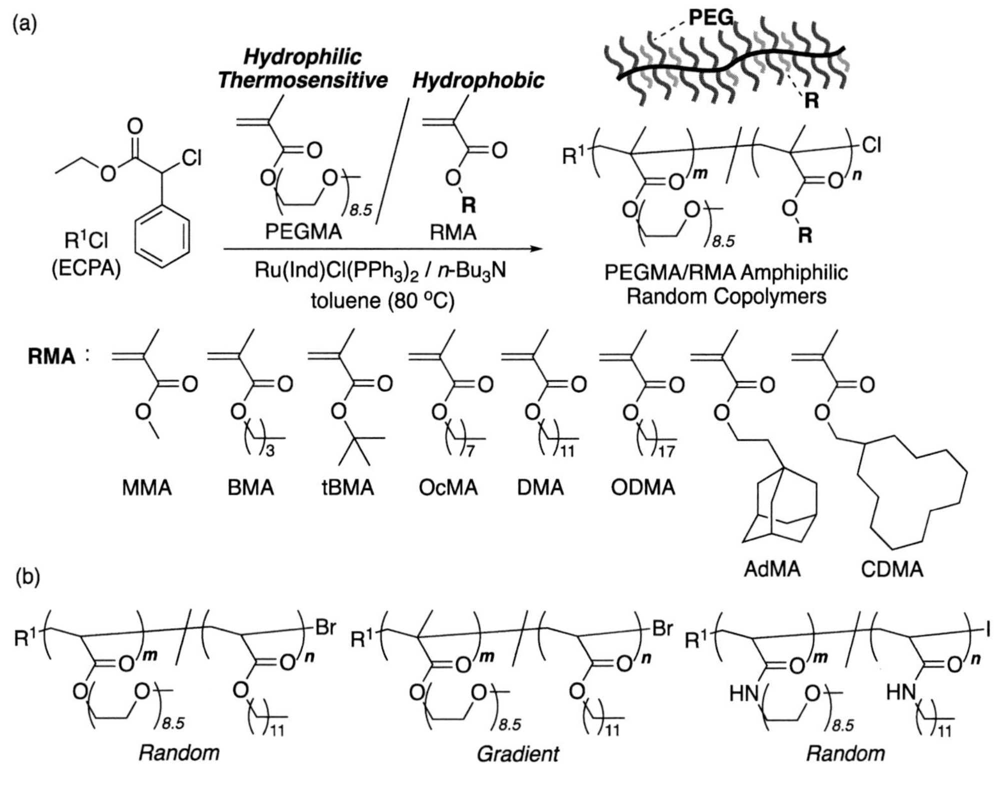

図5　リビングラジカル重合によるPEG鎖をもつ両親媒性ランダム共重合体の合成
(a) 疎水性側鎖と (b) 主鎖骨格の設計

アクリレート型共重合体の場合，モノマー反応性の違いにより，共重合の際にPEGMAがDAよりも優先して消費される[32]。このため，生成ポリマーは，開始末端近傍に親水性PEGMAの割合が多く，成長末端にかけて次第に疎水性DAの割合が増加するグラジエント共重合体となる。このように，モノマーの選択により，主鎖骨格や側鎖構造，連鎖配列の異なる様々な両親媒性共重合体を創出できる。

3.2　精密自己組織化によるミセル形成

上記のランダム共重合体は，側鎖構造と組成を設計し，親水性と疎水性のバランスを調節すると，水に容易に溶解しつつ，疎水性部位が自己集合し，ミセル会合体を形成する[26~34]。例えば，親水性PEG鎖（オキシエチレンユニット数：8.5）と疎水性ドデシル基（$C_{12}H_{25}$）を持つメタクリレート型ランダム共重合体（PEGMA/DMAランダム共重合体）の場合，ドデシルメタクリレート（DMA）の組成を20～50 mol%に調節すると，水に容易に溶解しつつサイズの揃ったミセルを形成する[26,27,29~31]。この共重合体の場合，水への溶解性は組成（疎水性部位の割合）で決定され，ポリマー鎖長（重合度）にはほとんど依存しない。

そこで，組成（DMA：20～50 mol%）と鎖長（DP：50～600）の異なるPEGMA/DMAランダム共重合体を用い，水中でのミセル形成について系統的に調べた[29]。水中でのミセル形成は，多角度光散乱検出器（MALLS）を組み合わせたサイズ排除クロマトグラフィー（SEC-MALLS）や動的光散乱（DLS），小角X線散乱（SAXS）により評価した。興味深いことに，この共重合体は一分子折り畳みによるユニマーミセル形成に最適な鎖長（DP_{th}）を持ち，そのDP_{th}以下の共重合体は，いずれも分子間会合により多分子で集合したミセルを形成する（図6）。このDP_{th}は，分子内会合と分子間会合を決定するしきい値となり，疎水性DMAの増加により大きくなる傾向を示した。

さらに，このランダム共重合体は，DP_{th}以下の鎖長の場合，ミセルのサイズが鎖長には依存せず，「組成」のみにより決定される特徴を持つ。図7aにDMAを40 mol%含むランダム共重合体（リビングラジカル重合で合成：DP＝44～424，フリーラジカル重合で合成：FRP）を有機溶媒（*N,N*-ジメチルホルムアミド：DMF）中と水中でSEC測定した結果を示す[29]。ここでは，DMF中と水中でのポリマーサイズを相対的に評価するため，いずれの溶媒中でもポリエチレンオキシド（PEO）による検量線を利用し，屈折率検出器によりポリマーの分子量を評価した。

DMF中では，DPの増加に伴いSEC曲線が高分子量側にシフトし，ポリマーのサイズが増加していることがわかる。一方，水中では，DPが44から190の共重合体は，いずれも同一のピー

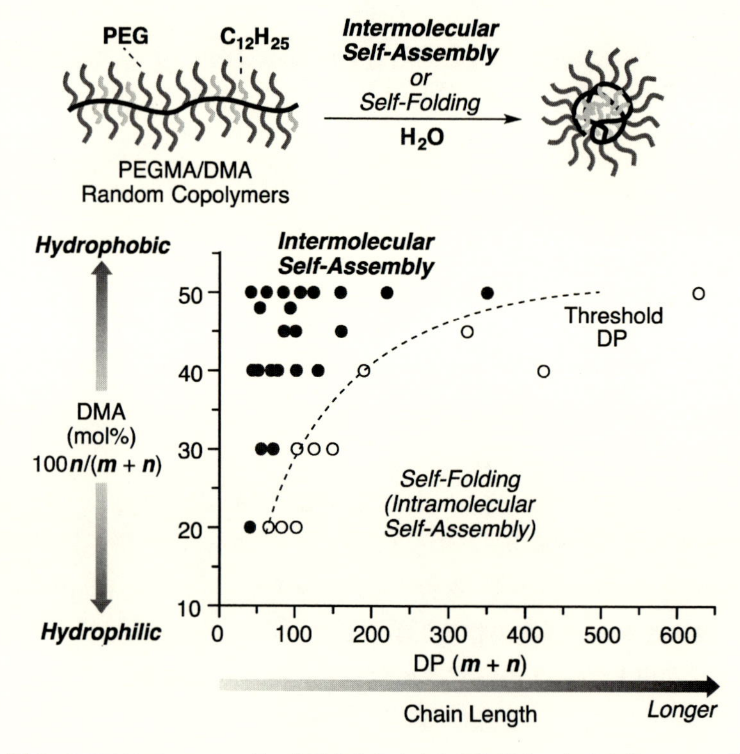

図6　PEGMA/DMAランダム共重合体の水中自己組織化：組成と鎖長の影響[29]

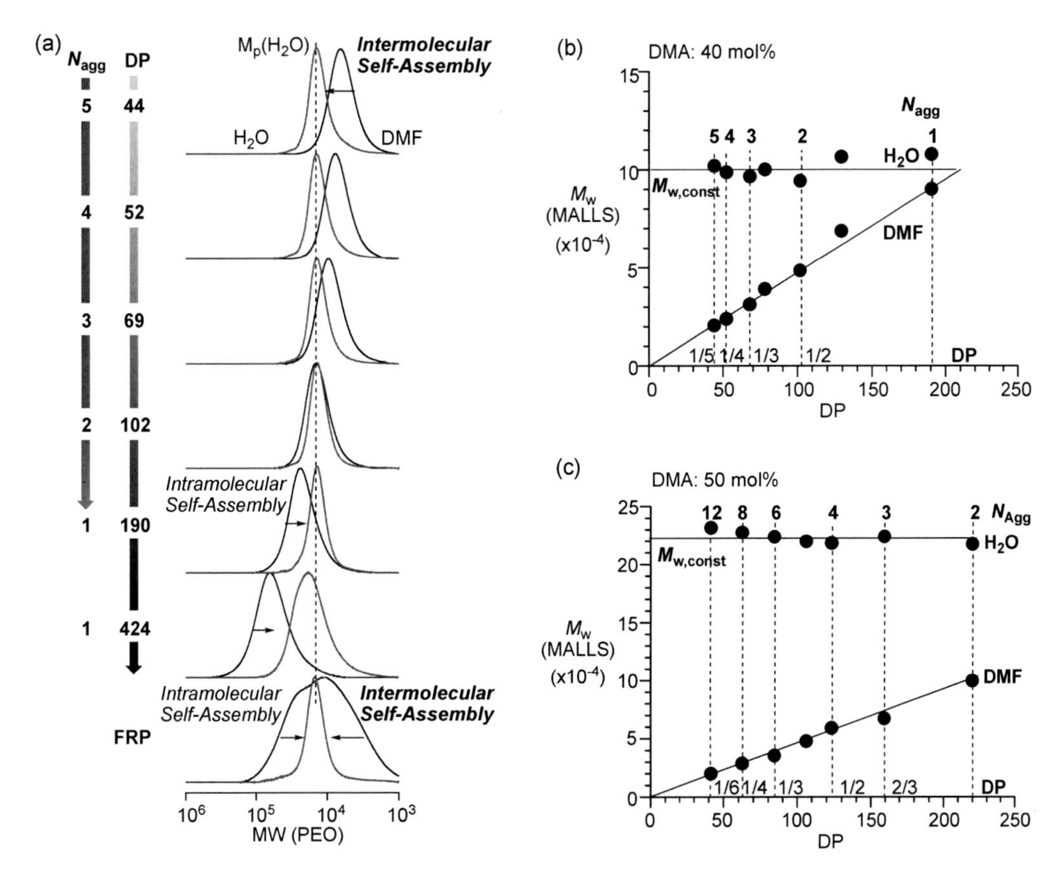

図7　PEGMA/DMA（40 or 50 mol%）ランダム共重合体の水中自己組織化[29)]
(a) DMAを40 mol%含むポリマーのサイズ排除クロマトグラフィー（水中と*N,N'*-ジメチルホルムアミド（DMF）中），(b, c) ポリマーの分子量（M_w：光散乱より）と重合度（DP）の関係

クトップ分子量（Mp）を持つSEC曲線を示し，分子量分布は狭くなった（M_w/M_n～1.1）。このことから，DPが44から190の共重合体は，水中では鎖長に依存せず，見かけ上同じサイズの構造を形成していることがわかった。

この現象をさらに詳細に解析するため，MALLS検出器により，DMF中と水中での絶対重量平均分子量（$M_{w,DMF}$, M_{w,H_2O}）を決定した（図7b）[29)]。DMF中では，DPに比例して$M_{w,DMF}$が増加し，$M_{w,DMF}$はいずれも^{1}H NMRから求めた数平均分子量（$M_{n,NMR}$）とSECの分子量分布（M_w/M_n）から得られる重量平均分子量の計算値（$M_{w,calcd}=M_{n,NMR}\times M_w/M_n$）によく一致した。このことから，これらの共重合体はDMF中では一分子で孤立して溶解していることがわかる。一方，水中では，DPに依存せず，いずれの共重合体（DP＝44～190）もほぼ100,000のM_{w,H_2O}を有した。

そこで，DMF中と水中でのM_wを比較して，水中での会合数（$N_{agg}=M_{w,H_2O}/M_{w,DMF}$）を求めた。DPが190のポリマーは，DMF中と水中とでほぼ同一のM_wを示し（N_{agg}＝～1），水中では

DMF 中と比べ小さな M_p を示すことから，一分子で折り畳まれたコンパクトなユニマーミセルを形成していることがわかった。一方，DP が 190 より小さいポリマーも，水中では同一の M_{w,H_2O} を持つことから，これらのポリマーは複数のポリマー鎖で会合し，かつ同一サイズのミセルを形成することがわかる。これらの評価より，DMA を 40 mol% 含む共重合体の場合，DP_{th} がおよそ 200 と見積もられ，その結果，ランダム共重合体の DP を 100, 66, 50, 40 と制御すると，ミセルの会合数も 2, 3, 4, 5 と精密に制御できることが明らかとなった[29)]。さらに，DMA 組成を 50 mol% にすると，ミセルのサイズが増加し，M_{w,H_2O} が 220,000 程度で一定となる（図 7c）。PEGMA/DMA ランダム共重合体の場合，DMA 組成が 20～50 mol% の範疇で，組成に依存した一定サイズのミセルを形成し，そのサイズは DMA 組成の増加とともに大きくなる。

通常，ミセル会合体は，SEC のような希薄なフロー条件下では構造を安定に維持することが困難であるものの，本ランダム共重合体の場合，臨界ミセル濃度が 1×10^{-3} mg/mL 程度と低く，安定に構造を維持できるため，SEC-MALLS によるミセルの解析が可能となっている[26～33)]。さらに，ミセルの構造は，DLS や SAXS，NMR からも評価されている。PEGMA/DMA ランダム共重合体は，疎水性ドデシル基が集積化したコアを持つ球状ミセルを形成し，DMA を 40 mol% 含む共重合体（DP＝102）の場合，直径 10 nm 程度の極めて小さなミセルを与える（M_{w,H_2O}＝94,000，R_h＝4.7 nm，回転半径：R_g＝3.2 nm）[29)]。これらの解析から，親水性 PEG 鎖が疎水性部位を効率的に覆うことがミセル構造の安定化に寄与していることもわかっている。

組成によりミセルのサイズが決定されるという特徴から，単にサイズの均一なミセルを得るためには，もはやランダム共重合体の分子量制御は不要となる[29, 30, 32, 33)]。フリーラジカル重合（FRP）で合成した分子量分布の広い PEGMA/DMA ランダム共重合体（M_w/M_n：～2）も，水中では分子量分布が狭く，均一なミセルを形成し，そのサイズは，リビングラジカル重合で合成した共重合体（DP＝44～190）のミセルと同じになる（図 7a）[29)]。このように，本ランダム共重合体は，通常用いられる両親媒性ブロック共重合体とは異なり，リビング重合を用いずとも均一なミセル会合体を構築できる特徴を持つ。

また，PEGMA/DMA ランダム共重合体は，組成の異なる共重合体との共存下でも，組成選択的に自己組織化するセルフソーティング挙動を示し，その結果，サイズや組成の異なるミセル会合体を同時に共存させることができる[29, 30, 32)]。例えば，DMA 組成が 30 mol% と 50 mol% の共重合体（P3 と P4）のミセルは，同一の水溶液に混合しても，ミセルが融合することなく独立して存在する（図 8a, b：それぞれのミセルのピークトップ分子量に対応する二峰性の SEC 曲線）[29)]。さらに，これらの共重合体は，バルク状で混合した後に水に溶解させても，同一のポリマー同士で選択的に会合する（図 8c）。従って，この共重合体は，水に溶解する際に動的に自己と同じポリマーを認識して会合することが明らかとなった。このようなセルフソーティングは，構造が明確なタンパク質や超分子材料[47～50)]によって報告されているものの，ランダム共重合体のような合成高分子による発現は珍しい。

これら一連のミセル化挙動を以下に要約する。

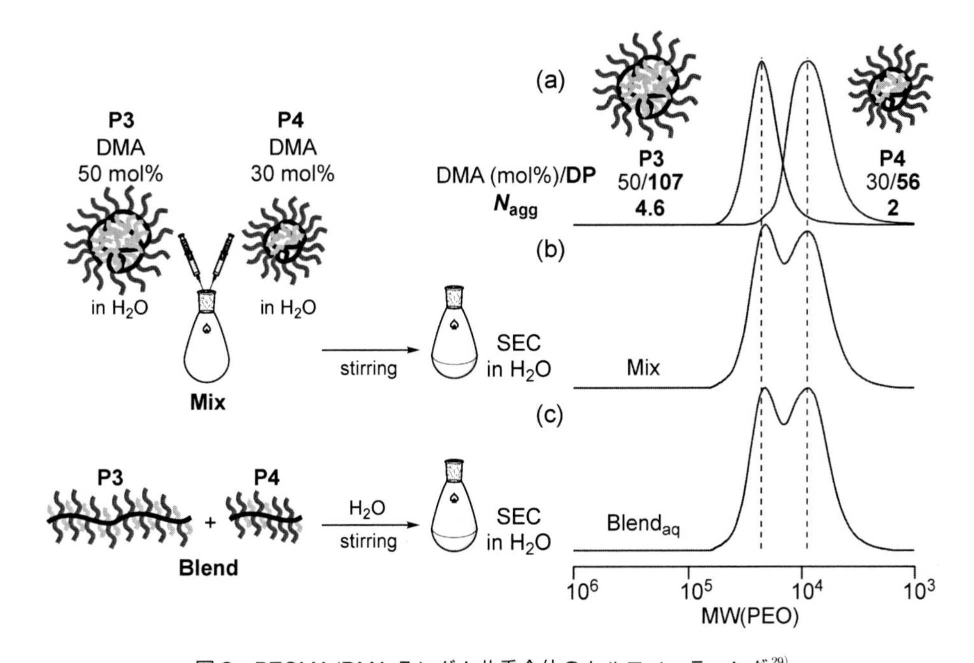

図8　PEGMA/DMA ランダム共重合体のセルフソーティング[29)]

(a) 組成の異なるランダム共重合体のミセル（P3：50 mol% DMA, N_{agg}＝4.6, P4：30 mol% DMA；N_{agg}＝2）水溶液，(b) P3 ミセルと P4 ミセルを混合した水溶液，(c) 固体状の P3 と P4 をブレンドして作成した水溶液のサイズ排除クロマトグラフィー

① 本共重合体は，分子内会合と分子間会合の間に明確な臨界鎖長をもち，その臨界鎖長は疎水性 DMA の組成の増加につれて増大する。

② ユニマーミセルを形成する臨界鎖長以下の場合，鎖長（分子量）や分子量分布に依存せず一定サイズ・分子量の会合体を形成し，そのサイズは組成のみに依存して決定される。

③ 本共重合体が形成する多分子会合体のサイズと分子量は，疎水性 DMA 組成の増加とともに増加する。

④ 組成と鎖長の調節により，ミセルの会合数を予測して精密に制御できる（N_{agg}＝1, 2, 3 etc.）。

⑤ 組成の異なる共重合体の共存下においても，組成選択的に自己組織化し，異なるミセル会合体を共存できる（セルフソーティング挙動）。

3.3 温度応答性ミセルのサイズ制御と精密構築

PEG 鎖とアルキル基を側鎖に持つランダム共重合体は，アルキル基の構造に応じて組成を調節し，疎水性部位の重量分率を最適化すると，組成により決定される均一なサイズのミセルを形成する[26~34)]。様々なランダム共重合体を用いた系統的なミセル化挙動の解析から，以下が明らかとなっている。

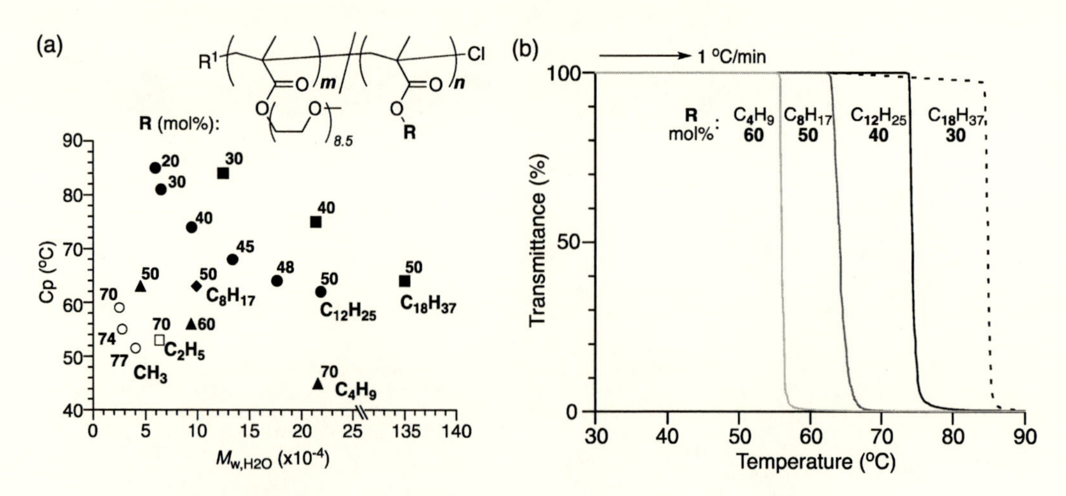

図9　両親媒性ランダム共重合体（DP：～100）による温度応答性ミセル[30]
(a) アルキル側鎖と組成によるミセルサイズと曇点の制御，(b) ミセル水溶液の LCST 型温度応答性（[polymer]＝4 mg/mL in H_2O, λ＝670 nm, heating＝1℃/min）

① 炭素数4（ブチル基）以上のアルキル基を疎水性側鎖として導入すると，効率的に分子間会合し，組成により決定される均一なサイズのミセルを形成する。

② ミセルサイズは，疎水性部位の重量分率により決定される。例えば，ブチル基（C_4H_9）を 60 mol%またはオクチル基を 50 mol%含むランダム共重合体は，ドデシル基（$C_{12}H_{25}$）を 40 mol%含むランダム共重合体とほぼ同じ疎水性部位の重量分率を持ち，結果として，水中でいずれも同じサイズ（M_{w,H_2O}：～10万）のミセルを形成する（図9a）[29,30]。

③ PEG 鎖とドデシル基の側鎖を持つランダム共重合体は，比較的柔軟な主鎖骨格の場合，組成に依存した均一なサイズのミセルを形成する：メタクリレート型[29]，アクリレート型[32]，アクリルアミド型[33]（図5b）。

④ PEG 鎖とドデシル基を持つグラジエント共重合体の場合，その疎水性ドデシル基の偏り（傾斜組成の傾き）が大きくなると，ミセルのサイズ分布が大きくなる[32]。

また，PEG 鎖を持つランダム共重合体は，いずれも水中でシャープかつ可逆的に下限臨界溶液温度（LCST）型の溶解挙動を示す（図9b）[26~36]。その曇点（Cp）は，アルキル基の種類，PEG 鎖長，組成の調節により，幅広い温度領域（30～90℃）で自在に制御できる（図9a）[30]。例えば，サイズは同じで Cp の異なるミセルや，Cp は同じでサイズの異なるミセルなど，ニーズに応じた設計が可能となっている。また，エチレンオキシドユニット数が4.5と短い PEG 鎖とブチル基を持つランダム共重合体は，Cp を 30～40℃付近で精密に制御することもできる[31]。

3.4　ナノ構造制御とミクロ相分離

3.4.1　様々な溶媒環境でのミセル構築

ランダム共重合体に PEG 鎖と水素結合性やフルオラス性の機能性側鎖を導入すると，有機溶媒中でもサイズの小さなミセルやナノ構造体を構築できる（図10）。例えば，疎水性／水素結合性ウレア基とPEG鎖を持つランダム共重合体は，クロロホルム中でもウレア基の水素結合性相互作用により一分子で折り畳まれ，コンパクトな球状構造を形成する（図10b）[35]。また，フルオラス性パーフルオロアルキル基を持つランダム共重合体は，組成を制御すると，DMF中でもパーフルオロアルキル基が集合したコアを持つ会合体を形成し，ハイドロフルオロカーボン中では，親水性PEG鎖が会合したコアを持つ逆ミセルを与える（図10c）[36]。

3.4.2　マルチコンパートメントミセルの構築

ブロック共重合体では，相溶性の異なるポリマー鎖をトリブロック化すると，それぞれのセグメントが選択的に自己組織化し，その結果，複数のナノドメイン構造を持つマルチコンパートメントミセルを形成することが知られている[51,52]。ランダム共重合体の場合，相溶性の異なる側鎖を位置選択的に導入すると，マルチコンパートメント構造を構築できる[38]。例えば，PEG鎖（C）とドデシル基（A）を持つランダム共重合体とPEG鎖（C）とベンジル基（B）を持つランダム共重合体のブロック共重合体（A/C-B/Cランダムブロック共重合体：P5-O）は，それぞれのランダム共重合体部位（A/C, B/C）をユニマーミセルに最適な鎖長と組成に制御すると，水中でドデシル基とベンジル基が独立して自己組織化する（図11）。その結果，そのミセル構造を維持して水中で分子内架橋すると，ダブルコンパートメントを持つポリマー（P5）を創出できる[38]。

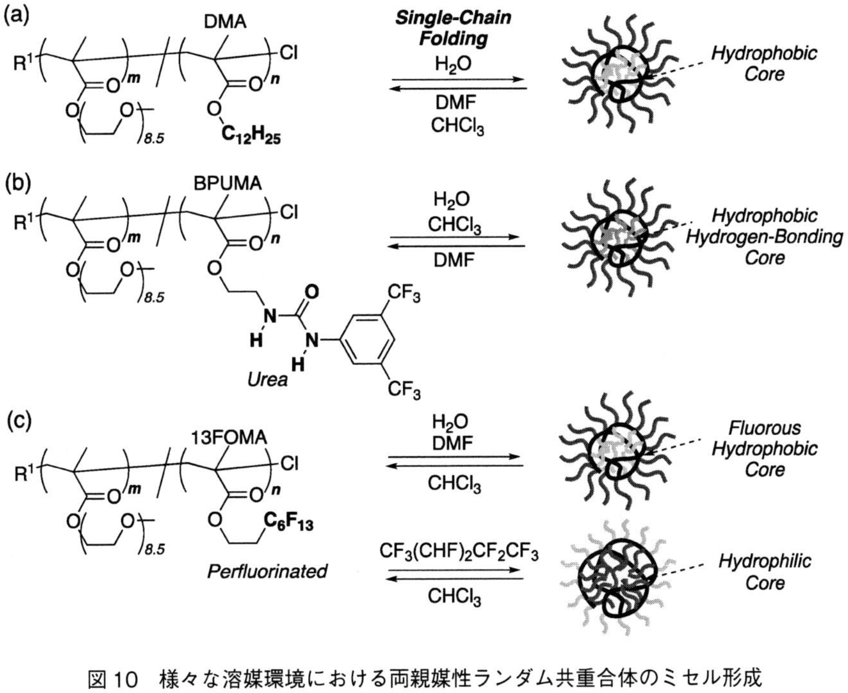

図10　様々な溶媒環境における両親媒性ランダム共重合体のミセル形成
(a) 疎水性コアミセル，(b) 疎水性／水素結合性コアミセル，(c) フルオラス性／疎水性コアミセルと親水性コアミセル

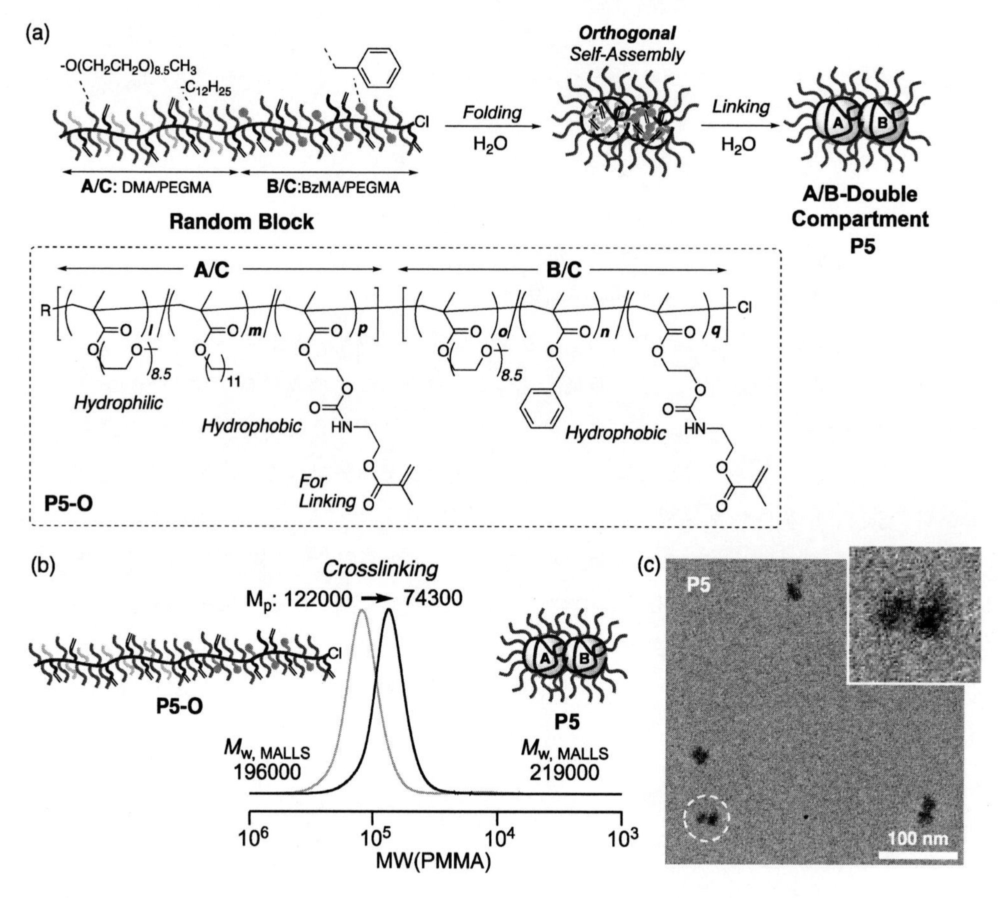

図 11　(a) 両親媒性ランダムブロック共重合体によるダブルコンパートメントポリマーの合成[38]，
(b) サイズ排除クロマトグラフィーと (c) 透過型電子顕微鏡による構造解析

また，リビングラジカル重合により合成したランダム共重合体は，重合を再開始できるハロゲン末端を有する。従って，この共重合体のユニマーミセルを分子内架橋して得た両親媒性一分子架橋ポリマーナノ粒子は，マクロ開始剤として利用できる。実際，このポリマーナノ粒子から疎水性モノマーをブロック重合すると，親水性ナノ粒子と疎水性ポリマー鎖からなる両親媒性タドポールポリマーが得られる[38]。このポリマーは，水中で多数の親水性ナノ粒子が集積化したマルチコンパートメントミセルを形成する。

3. 4. 3　微細ミクロ相分離構造とナノ構造制御

疎水性／結晶性オクタデシル基 ($C_{18}H_{37}$) と PEG 鎖を持つアクリレート型ランダム共重合体は，水中で結晶性コアのミセルやベシクル，ヘキサン中で PEG 鎖が集積化したコアを持つ逆ミセル，さらに固体状で 10 nm 以下の微細な球状またはラメラ状の相分離構造を形成する（図12）[34]。オクタデシル基ユニットの組成を 50～80 mol% 程度に設計すると，オクタデシル基と PEG 鎖が主鎖を界面にラメラ状に相分離した構造を形成する。このラメラ構造は，側鎖の相分

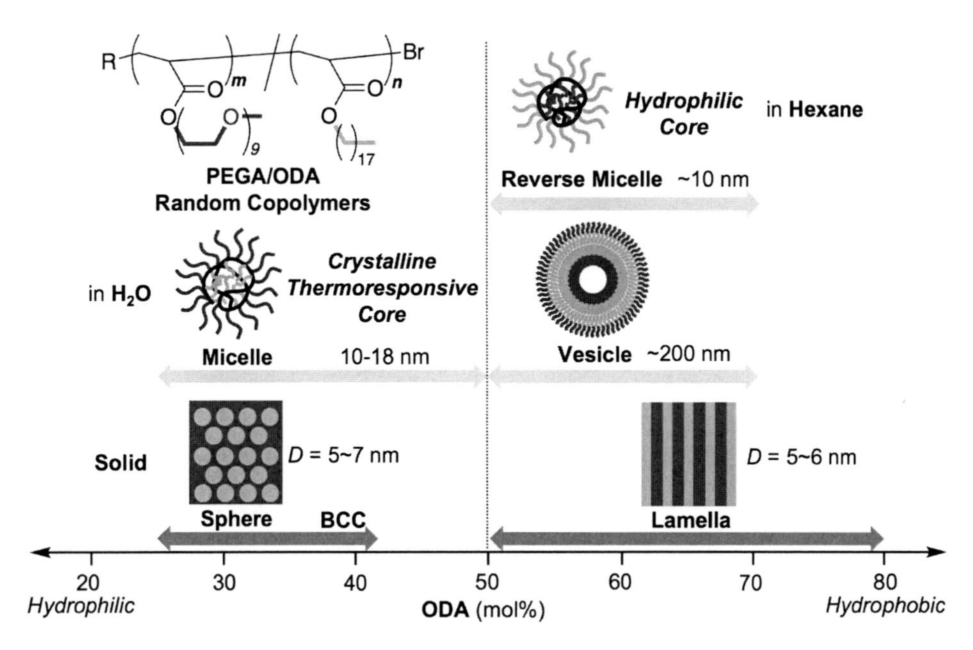

図12　疎水性／結晶性オクタデシル基を持つ両親媒性ランダム共重合体を基盤とするナノ会合体の構築とミクロ相分離[34]

離に由来するため，5～6 nm 程度の極めて微小なピッチからなる。この相分離構造のサイズは，側鎖長と組成によって決定され，重合度や分子量分布に依存しない。このため，フリーラジカル重合で簡便に合成したランダム共重合体でも同一のラメラ状相分離構造を形成する。近年，微細なナノパターニング技術の開発を見据え，ブロック共重合体やブロック分子を用いて，10 nm 以下の微細な相分離構造の構築が検討されているが[53～57]，本システムのように，容易に合成できる汎用なランダム共重合体を用いてミクロ相分離構造を構築する手法はほとんど前例がなく[58]，今後の展開が期待される。

3.5　ランダム共重合体ミセルの機能

PEG 鎖を持つランダム共重合体を基盤とする機能性ミセル会合体やポリマーナノ粒子は，高分子触媒やバイオ材料などに応用できる（図13）[6～11, 59]。これまでにルテニウム[39～41]や鉄[42, 60]，パラジウム[61]などの金属触媒や有機触媒[62]を担持したランダム共重合体を用いて，酸化還元反応やカップリング反応，リビングラジカル重合などに有効な高分子触媒／ミセル触媒が開発されている。例えば，ルテニウム触媒を担持したランダム共重合体ミセルは，水中でのケトン還元反応[39, 40]やアルコール酸化反応[41]の触媒として作用する。ビスイミノピリジン配位子により鉄触媒を担持したポリマーナノ粒子は，リビングラジカル重合の触媒として高い活性と官能基耐性を示す（図13a）[42]。また，PEG 鎖とパーフルオロアルキル基を持つランダム共重合体は，水やハイドロフルオロカーボン中で可逆的にミセル会合体を形成する[36]。この特徴を生かして，タンパク

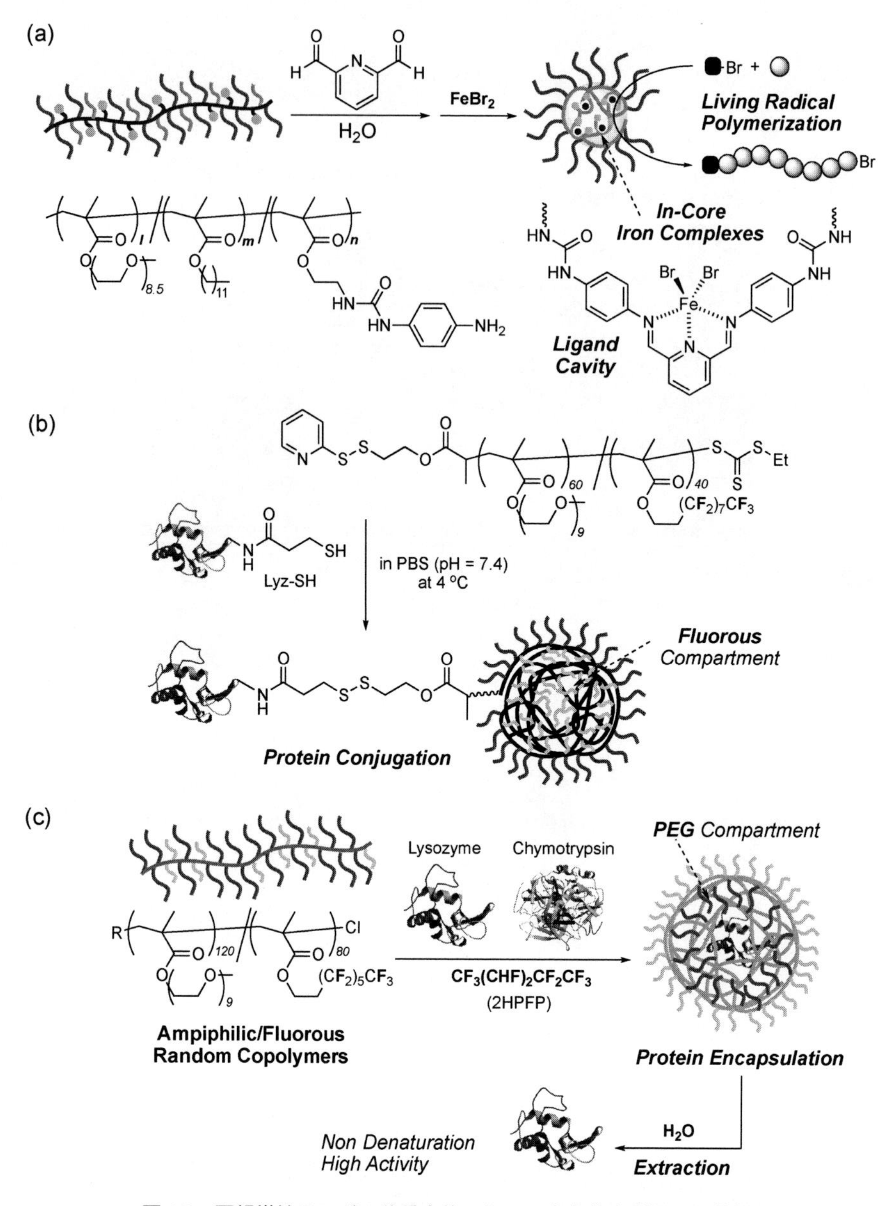

図13　両親媒性ランダム共重合体のミセル会合体を利用した機能
(a) 一分子折り畳みポリマー鉄触媒によるリビングラジカル重合[42]，(b) フルオラス性コア会合体へのタンパク質担持 (Lyz structure, PDB：2LYZ)[43]，(c) 親水性／フルオラス性ランダム共重合体を用いたタンパク質のフッ素溶媒中への保存 (protein structure, PDB：2LYZ, 1YPH)[44]

質の担持 (Protein Conjugation)[43]や，フッ素溶媒中でのタンパク質の安定化[44]に応用が検討されており，フルオラス性を生かしたバイオ材料として新たな展開が期待される。

4　おわりに

本稿では，両親媒性ランダム共重合体を用いたミセル構築とナノ構造体の創出に関して概説した。ランダム共重合体は，側鎖構造と一次構造を設計すると，水や有機溶媒中など様々な溶媒環境下で，側鎖の会合と主鎖の折り畳みを伴い精密に自己組織化し，サイズが小さく均一なミセル会合体やナノ構造体を形成する。また，結晶性側鎖をランダム共重合体に導入すると，固体状で微細なミクロ相分離構造を構築できることも明らかとなってきた。今後，両親媒性ランダム共重合体の自己組織化を利用して，従来のブロック共重合体とは異なる革新的な機能性高分子材料が創出されることを期待してやまない。

文　　献

1) D. E. Discher *et al., Science,* **297**, 967 (2002)
2) S. Jain *et al., Science,* **300**, 460 (2003)
3) A. V. Kabanov *et al., Angew. Chem. Int. Ed.,* **48**, 5418 (2009)
4) L. Li *et al., Chem. Commun.,* **50**, 13417 (2014)
5) A. Nazemi *et al., J. Am. Chem. Soc.,* **138**, 4484 (2016)
6) T. Terashima, *Polym. J.,* **46**, 664 (2014)
7) T. Terashima *et al., ACS Symp. Seri.,* **1170**, 255 (2014)
8) T. Terashima *et al., ACS Symp. Seri.,* **1285**, 143 (2018)
9) 甲田優太ほか，高分子論文集，**72**, 691 (2015)
10) 寺島崇矢ほか，高分子論文集，**74**, 265 (2017)
11) T. Terashima *et al.,* "Single-Chain Polymer Nanoparticles：Synthesis, Characterization, Simulations, and Applications" (Ed. J. A. Pomposo), p.313, Wiley-VCH (2017)
12) Y. Morishima *et al., Polym. J.,* **21**, 267 (1989)
13) Y. Morishima *et al., Macromolecules,* **28**, 2874 (1995)
14) H. Yamamoto *et al., Macromolecules,* **31**, 3588 (1998)
15) H. Yamamoto *et al., Macromolecules,* **32**, 7469 (1999)
16) S. Yusa *et al., Macromolecules,* **35**, 10182 (2002)
17) 遊佐真一，高分子論文集，**61**, 399 (2004)
18) Y. Chang *et al., Macromolecules,* **26**, 6121 (1993)
19) T. Kawata *et al., Macromolecules,* **40**, 1174 (2007)
20) Y. Tominaga *et al., J. Phys. Chem.,* **114**, 11403 (2010)
21) 藤本麻里．高分子論文集，**73**, 547 (2016)
22) 佐藤尚弘，高分子論文集，**75**, 293 (2018)
23) M. Ueda *et al., Macromolecules,* **44**, 2970 (2011)

24) K. Uramoto *et al., Polym. J.,* **48**, 863 (2016)
25) K. Morishima *et al., Langmuir,* **32**, 7875 (2016)
26) T. Terashima *et al., Macromolecules,* **47**, 589 (2014)
27) T. Sugita *et al., Macromol. Symp.,* **350**, 76 (2015)
28) T. Terashima *et al., Polym. J.,* **47**, 667 (2015)
29) Y. Hirai *et al., Macromolecules,* **49**, 5084 (2016)
30) S. Imai *et al., Macromolecules,* **51**, 398 (2018)
31) M. Shibata *et al., Macromolecules,* **51**, 3738 (2018)
32) G. Hattori *et al., Polym. Chem.,* **8**, 7248 (2017)
33) Y. Kimura *et al., Macromol. Chem. Phys.,* **218**, 1700230 (2017)
34) G. Hattori *et al., J. Am. Chem. Soc.,* **140**, 8376 (2018)
35) K. Matsumoto *et al., Macromolecules,* **49**, 7917 (2016)
36) Y. Koda *et al., Macromolecules,* **49**, 4534 (2016)
37) J. H. Ko *et al., Macromolecules,* **50**, 9222 (2017)
38) M. Matsumoto *et al., J. Am. Chem. Soc.,* **139**, 7164 (2017)
39) T. Terashima *et al., J. Am. Chem. Soc.,* **133**, 4742 (2011)
40) M. Artar *et al., J. Polym. Sci. Part A : Polym. Chem.,* **52**, 12 (2014)
41) M. Artar *et al., ACS Macro Lett.,* **4**, 1099 (2015)
42) Y. Azuma *et al., ACS Macro Lett.,* **6**, 830 (2017)
43) Y. Koda *et al., Polym. Chem.,* **6**, 240 (2015)
44) Y. Koda *et al., Polym. Chem.,* **7**, 6694 (2016)
45) M. Ouchi *et al., Chem. Rev.* **109**, 4963 (2009)
46) K. Matyjaszewski *et al., J. Am. Chem. Soc.* **136**, 6513 (2014)
47) A. Wu *et al., J. Am. Chem. Soc.,* **125**, 4831 (2003)
48) M. M. Sanfont-Sempere *et al., Chem. Rev.,* **111**, 5784 (2011)
49) A. Pal *et al., J. Am. Chem. Soc.,* **132**, 7842 (2010)
50) W. Makiguchi *et al., Nat. Commun.,* **6**, 7236 (2015)
51) J. Du *et al. Chem. Soc. Rev.,* **40**, 2402 (2011)
52) T. I. Löbling *et al. Nat. Commun.,* **7**, 12097 (2016)
53) C. Sinturel *et al. ACS Macro Lett.,* **4**, 1044 (2015)
54) J. G. Kennemur *et al. Macromolecules,* **47**, 1411 (2014)
55) G. Jwong *et al. Macromolecules,* **50**, 7148 (2017)
56) B. van Genabeek *et al. J. Am. Chem. Soc.,* **138**, 4210 (2016)
57) K. Kawamoto *et al. J. Am. Chem. Soc.,* **138**, 11501 (2016)
58) D. Neugebauer *et al. Macromolecules,* **39**, 584 (2006)
59) S. Mavila *et al. Chem. Rev.,* **116**, 878 (2016)
60) A. Sanchez-Sanchez *et al. Macromol. Rapid Commun.,* **36**, 1592 (2015)
61) J. Willenbacher *et al. Polym. Chem.,* **6**, 4358 (2015)
62) E. Huerta *et al. Angew. Chem. Int. Ed.,* **52**, 2906 (2013)

第8章　リビング重合によるブロック共重合体の合成とナノ相分離構造設計

野呂篤史*

1　はじめに

材料用途の多様化に応じて，高分子材料に対して高機能・高性能付与が求められている。複数の異種成分高分子を共有結合でつないで得られるブロック共重合体はそのような要求に応えるものとして注目されている。異種成分間で反発し合うが，それらは共有結合で強く連結されているために，10～100 nm 程度の規則的かつ周期的な構造（本章ではその構造のサイズに合わせてナノ相分離構造と呼ぶ。構造サイズが微視的であることから慣習的にはミクロ相分離構造と呼ばれてきた。[1]）を自発的に形成することが知られている[2]。1960 年代後半にその構造発現が確認されてから今日に至るまで半世紀以上にわたり研究が続けられており，その組成に応じてラメラ状，共連続，柱状，球状などとその相分離界面形状を変化させること[3,4]，平均分子量が大きくなるのに応じて構造周期 D が大きくなること[5,6]，の 2 点が特によく知られている。

このようなブロック共重合体のナノ相分離構造形成は，様々な材料に応用することができる。最もよく知られた材料の例は熱可塑性エラストマーであろう。室温においてガラス状の硬い高分子成分 A と，溶融状の柔らかい高分子成分 B を共有結合でつないで得られる ABA トリブロック共重合体は，A 成分が硬いドメインを形成し，B 成分が硬いドメインによって橋掛けされたマトリクスとなってナノ相分離するため，室温では流動せずエラストマーとして振る舞う。1950 年代後半に Szwarc によりリビングアニオン重合によるブロック共重合体合成が報告[7,8]され，その後 Shell Oil 社によりブロック共重合体エラストマーが Kraton® という商標で工業化されたことは比較的よく知られている。最近ではナノ相分離構造を形成するブロック共重合体中に非共有結合性官能基を導入することで，その力学特性を向上させられることも報告されている[9,10]。ナノ相分離構造形成は上記の熱可塑性エラストマー以外でも応用でき，たとえばナノ相分離構造を形成する ABA トリブロック共重合体を，相分離構造やドメイン間の橋掛けを維持させつつ B 成分のみの選択溶媒に浸漬させれば，物理架橋型のポリマーゲルとすることもできる[11,12]。

上記のようなポリマーゲルの例を含め，ブロック共重合体のナノ相分離構造の特定相に添加物を混ぜ込もうとする発想自体は，AB ブロック共重合体が形成するナノ相分離構造の A 相に A ホモポリマーを選択的に混ぜ込んだ研究[13]の延長と見なすこともできる。しかしブロック共重合

＊　Atsushi Noro　名古屋大学　工学部　化学生命工学科；大学院工学研究科
有機・高分子化学専攻　講師

体とホモポリマー以外の添加物からなるブレンドではホモポリマーのときのように容易には均一なナノ相分離構造を形成せず，しばしば巨視的な相分離を引き起こす。すなわちブロック共重合体／添加物からなるブレンド系においてナノ相分離構造形成を活かした応用を実現するには，ブロック共重合体中の特定成分と添加物との分子レベルでの自発的均一混合が極めて重要で，そのような分子設計を施していけば良い。

分子レベルでの自発的均一混合を実現できるかどうかを判断する指標として，混合のギブズエネルギー$\Delta_{mix}G$が挙げられる。混合条件である定温下では$\Delta_{mix}G = \Delta_{mix}H - T\Delta_{mix}S$（$\Delta_{mix}H$, $\Delta_{mix}S$はそれぞれ混合のエンタルピー，混合のエントロピー）である。物質の混合時において分子配置の場合の数は混合前よりも増加するため$\Delta_{mix}S$は通常正の値となり，$\Delta_{mix}H$が十分に小さな正の値，もしくは負の値であれば，$\Delta_{mix}G$も負となり，分子レベルでの自発的均一混合を実現できる。しかし，高分子と異種成分添加物，特に無機物との混合時では化学組成や物理的性質が大きく異なるために，成分間に大きな斥力が働き，$\Delta_{mix}H$も大きな正の値となり，ゆえに$\Delta_{mix}G$も正の値となるため，分子レベルでの自発的な均一混合を実現できない。

そこで本章ではブロック共重合体の特定成分，添加物の双方に引力相互作用が生じるような分子設計を施し，そのうえでそれぞれを混合してやることで，ブロック共重合体が形成するナノ相分離構造の特定相に分子レベルで添加物を自発的かつ均一に混ぜ込めること，特に著者が関連するグループで進めてきた研究内容について紹介する。

2 リビング重合により合成されるブロック共重合体が発現するナノ相分離構造

2.1 ブロック共重合体／金属塩からなるハイブリッド[14]

上記副題のようなハイブリッドを調製するため，ブロック共重合体として，引力的な相互作用を生じないポリスチレン（PS）と引力的な相互作用を生じうるポリ（4-ビニルピリジン）（P4VP）とを共有結合でつないだPS-P4VPを用いることにした。一方，添加物である金属塩としては塩化鉄（Ⅲ）（$FeCl_3$）を用いることとした。P4VPのピリジル基と$FeCl_3$では配位結合を生じるため，量論比以下で$FeCl_3$を混合する場合では，P4VPと$FeCl_3$間の$\Delta_{mix}H$は負となり，$\Delta_{mix}G$も負となるため，分子レベルでの自発的均一混合を実現できると考えられる。

リビングラジカル重合法の1種である可逆的付加開裂連鎖移動（RAFT）重合により，PS-P4VP（分子量37 k，PS体積分率0.79）を合成した。PS-P4VP，$FeCl_3$それぞれをクロロホルムに溶解し，それらを混合した。混合直後にはすでに沈殿を生じていた[15]が，そのまま50℃のホットプレート上で1日かけて溶媒キャストし，真空乾燥後に165℃で70時間アニールを施した。混合直後に想定されたように，均一な膜は得られなかった（図1a）。PS-P4VP溶液と$FeCl_3$溶液の混合直後に沈殿が生じたのは，PS-P4VPのピリジル基と$FeCl_3$のFe間で強い配位結合を生じ，急速に錯体・凝集体が形成されたためと考えられる。そこでPS-P4VPと$FeCl_3$間での急

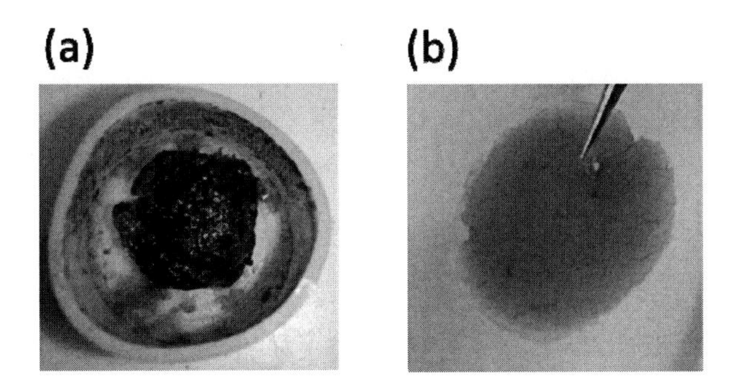

図1　(a) PS-P4VP，$FeCl_3$ それぞれをクロロホルムに溶解し，それらを混合したものを溶媒キャストし，さらにアニールを施して得られる試料，(b) PS-P4VP，$FeCl_3$ それぞれをピリジンに溶解し，それらを混合したものを溶媒キャストし，さらにアニールを施して得られる試料（膜）

速な錯体・凝集体形成を抑制するため，$FeCl_3$ と配位結合を生じる溶媒としてピリジンを用いて同様に溶液を調製し，混合した。溶媒ピリジンがP4VPのピリジル基よりも優先的に $FeCl_3$ に配位したためか，混合直後に沈殿は生じず，均一溶液のままであった。さらに溶媒キャスト，真空乾燥，アニールを施すことで均一なハイブリッド膜が得られた（図1b)。均一膜が得られたのは溶媒ピリジンが蒸発する過程において，$FeCl_3$ の配位結合する相手が徐々にP4VPのピリジル基と置き換わり，クロロホルムで混合したときで見られたような錯体・凝集体形成を生じなかったためと考えられる。

$FeCl_3$ 混合後の試料の状態を把握するために，フーリエ変換赤外吸収分光法（FT-IR）と示差走査熱量分析（DSC）を行った。対照試料として $FeCl_3$ を混ぜ込んでいないneat PS-P4VPのキャスト膜についても同様の測定を行った。FT-IRより，$FeCl_3$ ブレンド前のneat PS-P4VPではフリーなピリジン環のC-N伸縮振動に由来する吸収（1597 cm^{-1}）が見られた（図2a）が，$FeCl_3$ ブレンド後のPS-P4VP/$FeCl_3$（0.5)（0.5は混合した $FeCl_3$ のP4VPピリジル基に対するモル比）ハイブリッドでは新たに1613 cm^{-1} に吸収が見られ，ピリジル基と $FeCl_3$ 間で配位結合を生じていることが分かった。またneat PS-P4VPのDSCでは100℃付近にPSのガラス転移温度（T_g）に由来する吸熱が，150℃付近にP4VPの T_g に由来する吸熱が見られた（図2b）が，PS-P4VP/$FeCl_3$（0.5）ではPSの T_g に由来する100℃付近の吸熱は見られたものの，P4VPの T_g に由来する吸熱は200℃までの測定範囲内で見られなかった。$FeCl_3$ がP4VPに選択的かつ均一に混ざり込み，配位結合してセグメント運動を抑制したことで T_g が高温側へとシフトしたためと考えられる。

$FeCl_3$ が選択的にP4VP成分に混ざり込んでいることを直接的に明らかとするために透過型電子顕微鏡（TEM）観察も行った。TEM観察用の試料調製のために，得られた溶媒キャスト膜をエポキシ樹脂に埋め込み，ミクロトームにより数十～百nm厚みの超薄切片を作製し，これをヨウ素蒸気にさらすことでP4VPを含む相に暗いコントラストを付ける染色処理をした。図3に

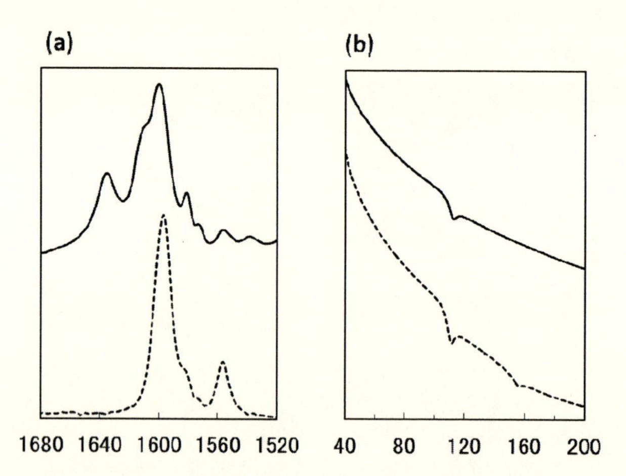

図2 (a) neat PS-P4VP(破線)と $PS\text{-}P4VP/FeCl_3$(0.5)(実線)のFT-IRスペクトル,(b) neat PS-P4VP(破線)と $PS\text{-}P4VP/FeCl_3$(0.5)(実線)のDSCサーモグラム

neat PS-P4VPと $PS\text{-}P4VP/FeCl_3$ (X) ($FeCl_3$ のP4VPピリジル基に対するモル比 $X=0.2$, 0.5, 0.7) ハイブリッドのTEM像を示す。neat PS-P4VPでは暗い相,すなわちP4VP相がスフェアとなった構造が確認された。$PS\text{-}P4VP/FeCl_3$ (X) ($X=0.2$, 0.5, 0.7) のTEM像ではそれぞれでスフェア,シリンダー,ラメラ構造が確認され,ホモポリマーを添加するときと同様に $FeCl_3$ の添加量が増えることで構造転移を生じることも分かった。このような観察像はヨウ素蒸気で染色しなくても観察されており,配位結合によりP4VP相に対して選択的に電子密度の高い $FeCl_3$ が分子レベルで均一に混ざり込んだためと考えられる。データは示さないが,$FeCl_3$ の添加量がさらに多くなる ($X>1$) と,$FeCl_3$ と配位結合できるピリジル基がなくなるため,過剰な $FeCl_3$ はP4VPに混ざり込めなくなり,巨視的な相分離も見られた。まとめると,$FeCl_3$ と配位結合するのに十分な物質量のピリジル基があるときは ($X \leqq 1$), $FeCl_3$ がP4VPのみに対して分子レベルで均一に混ざり込んで単一の界面形態のナノ相分離構造を形成することで巨視的には均一なハイブリッドとなり,さらに添加量に応じて系統的なモルフォロジー転移を示すことが分かった。

2.2 ブロック共重合体/半導体ナノ粒子からなるハイブリッド[16]

上記研究の通り,ブロック共重合体中の特定成分と添加物間での引力的な相互作用を利用することで,添加物がたとえ無機物であったとしても巨視的に均一な混合物を作製することができ,単一界面形態のナノ相分離構造を形成するハイブリッドとできることが分かった。しかしハイブリッドがナノ相分離構造を形成するだけで終わらせずに,ハイブリッドに機能発現させることが重要である。そのためには機能性の添加物を混ぜ込んでハイブリッドとすれば良い。機能性添加物の例として,量子サイズ効果に由来する電気特性や光学特性などを発現するナノ材料として半

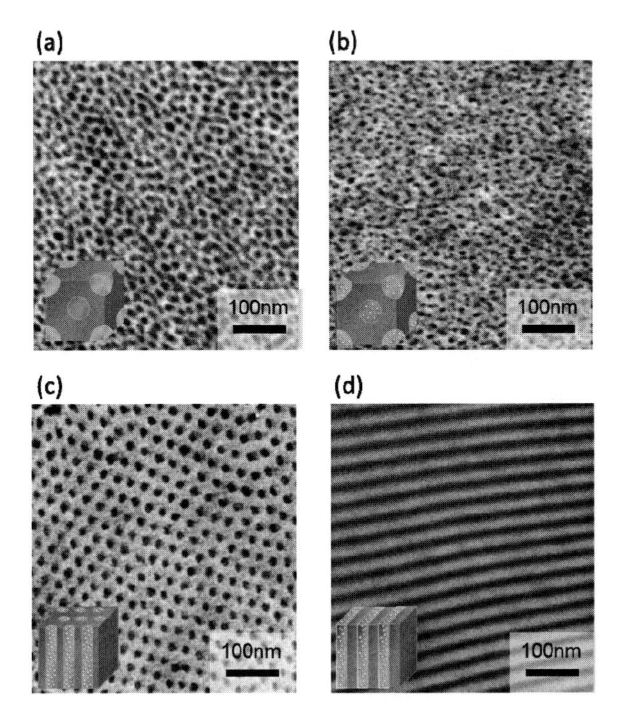

図3　neat PS-P4VP と PS-P4VP/$FeCl_3$(*X*) ハイブリッドの TEM 像とナノ構造模式図，(a) neat PS-P4VP，(b) PS-P4VP/$FeCl_3$(0.2)，(c) PS-P4VP/$FeCl_3$(0.5)，(d) PS-P4VP/$FeCl_3$(0.7)

導体ナノ粒子が挙げられる。そこで半導体ナノ粒子をブロック共重合体中の特定成分に分子レベルで均一に混ぜ込むことを試みた。

具体的に混ぜ込む半導体ナノ粒子として，カドミウムセレンからなるナノ粒子（CdSe）を用いることとした。CdSe そのものは無機物であり，ブロック共重合体を構成する有機性の高分子とはその化学組成，物理的性質が大きく異なるため，大きな反発力を生じる。つまり，ブロック共重合体とナノ粒子との $\Delta_{mix}H$ は正であり，容易には特定成分中に混ぜ込むことはできない。そこで CdSe 表面に，ブロック共重合体の特定成分と相互作用し合うような官能基を導入することで引力相互作用を生じさせるようにし，ブロック共重合体の特性成分と CdSe との $\Delta_{mix}H$ を負，$\Delta_{mix}G$ も負とすることで，CdSe を特定成分中に分子レベルで選択的かつ均一導入したハイブリッドの調製を試みた（図4）。

ブロック共重合体についてはさきほどと同様に，PS-P4VP を用いることにし，CdSe 表面は P4VP のピリジル基と水素結合を生じる水酸基で被覆することとした。得られたナノ粒子を CdSe-OH（平均粒径 6.9 nm）と記述することにする。P4VP ブロックの分子量の影響を評価するために，PS の分子量は 39 k に固定し，P4VP の分子量が 41 k，22 k，4 k と異なる PS-P4VP を合成し，P4VP の分子量に応じて PS-P4VP-*Y*（*Y*＝41 k，22 k，4 k）と記すことにする。

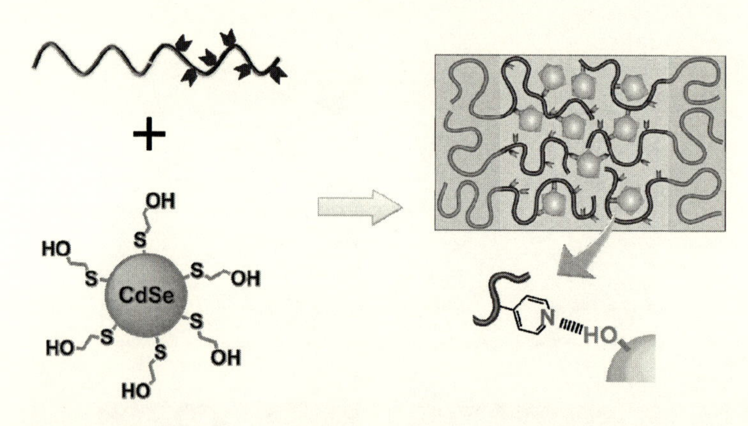

図４　官能基を有さないポリマーと官能基を有したポリマーからなるブロック共重合体と，粒子表面上に水酸基を有するCdSeナノ粒子とを混合することにより得られる，CdSeナノ粒子が特定相に選択的に導入されたナノ相分離構造の模式図，CdSeナノ粒子の水酸基とポリマー中の官能基（ピリジル基）間で水素結合を生じる

neat PS-P4VP，CdSe-OHそれぞれをジメチルホルムアミドで溶解し，様々な混合比でハイブリッドを調製した。混合しても沈殿は生じず，そのまま溶媒キャスト，真空乾燥，アニールを施すことで巨視的に均一なハイブリッド膜を得た。なお，ハイブリッドについてはPS-P4VP-Y/CdSe-OH（Z）（ZはPS-P4VPに対するCdSe-OHの重量比）と記すことにする。

CdSe-OHを混ぜ込んだハイブリッドについてFT-IR測定を行った。データは示さないが，CdSe-OHの添加量が増加するほど，フリーのピリジン環に由来する吸収（993 cm^{-1}）は小さくなり，P4VP中のピリジル基とCdSe-OHの水酸基との間で水素結合を生じたことに由来する吸収（1005 cm^{-1}）が確認され，CdSe-OHが選択的にP4VP相に混ざり込んだと考えられる。混ざり込んだことを直接的に確認するためにTEM観察を行った。図5にneat PS-P4VP-Yと各ハイブリッドのTEM観察結果を示す。neat PS-P4VPについてはヨウ素染色が施されているのでP4VP相が暗く見える。P4VPの分子量が小さくなるにつれて，すなわちP4VPの体積分率が小さくなるにつれて，ラメラ，シリンダー，スフェア，と異なる界面形状のナノ相分離構造が見られた。これはブロック共重合体でよく見られる組成依存のモルフォロジー転移である。

一方，ハイブリッドについては無染色の状態で観察したにもかかわらず，どの試料でもコントラストが見られた。水素結合によりP4VP相に選択的に電子密度の高いCdSe-OHが混ざり込んだことで，コントラストのついた像が得られたと考えられる。CdSe-OHを混ぜ込んでいない状態ではラメラ構造を形成するneat PS-P4VP-41 kに対してCdSe-OHを混ぜ込んだ場合，CdSe-OHの重量比が0.2でもラメラ構造を形成していた。データは示さないが，小角X線散乱測定でもラメラ構造に由来する整数次ピークが見られており，混合量$X \geqq 0.1$ではDがneat PS-P4VP-41 kよりも大きくなっていくことが確認された。シリンダー構造を形成するneat PS-P4VP-22 kにCdSe-OHを混ぜ込んだハイブリッドではその重量比が大きくなる（$X \geqq 0.1$）とラメラ構造を示した。混合するCdSe-OHの量が大きくなることでDが増大したり，構造転移が見ら

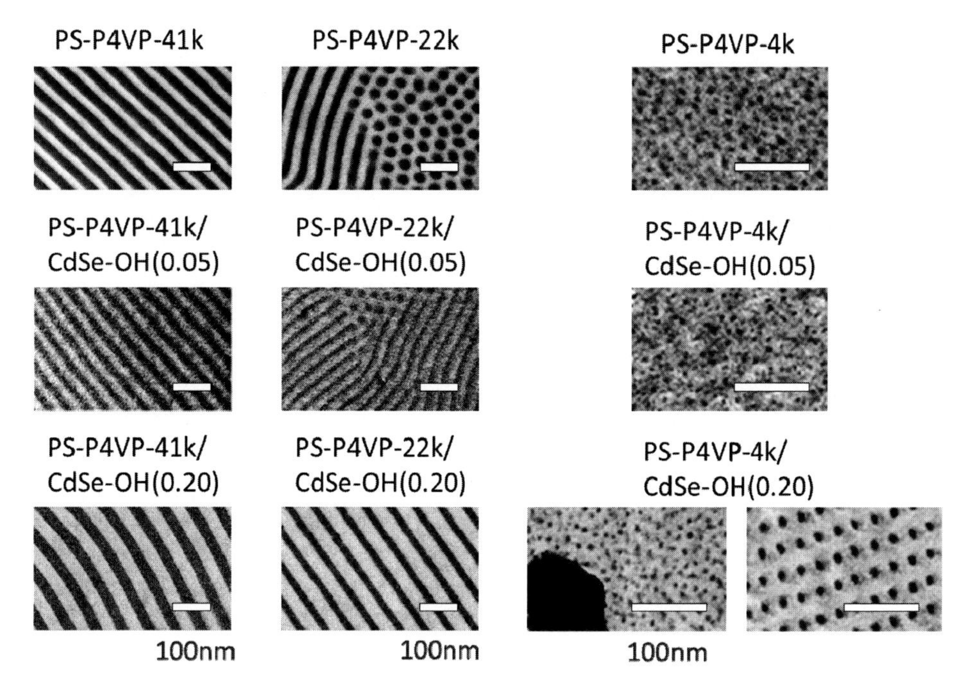

図5　neat PS-P4VP-*Y*，および PS-P4VP-*Y*/CdSe-OH(*Z*)の TEM 像

れるのは，ホモポリマーや金属塩を混ぜ込むときと同様の現象である。一方で，スフェア構造を形成する neat PS-P4VP-4 k に CdSe-OH を混ぜ込んだハイブリッドでは，混ぜ込む量が少なければ界面形態がスフェア状のナノ相分離構造を形成したが，$X = 0.2$ では2種類以上の界面形状の相分離構造が見られるようになり，さらに CdSe-OH が析出している様子，すなわち CdSe-OH と PS-P4VP 間での巨視的な相分離も観察された。混合した PS-P4VP と CdSe-OH から P4VP のピリジル基，CdSe-OH の水酸基の量論比を計算したところ，ピリジル基の物質量が少ないときに CdSe-OH の析出や巨視的な相分離を生じることが分かった。十分量のピリジル基が存在するとき，巨視的に均一で，単一の界面形態のナノ相分離構造を形成し，特定相に対してナノ粒子が分子レベルで均一に混ざり込んだハイブリッドを作製できることが分かった。

2.3　ブロック共重合体／プロトン性液体からなるフォトニック膜

ブロック共重合体が形成するナノ相分離構造はフォトニック結晶としても応用できる。フォトニック結晶[17,18]とは異なる屈折率の物質を周期的に配列させた構造体のことであり，最も単純な1次元フォトニック結晶は，2成分（成分1と成分2）の層を交互積層させた構造体である。層の厚み（d_1，d_2），層の屈折率（n_1，n_2）の1次元フォトニック結晶に対して垂直方向から光を照射した場合，ブラッグ条件 $\lambda = 2\ (n_1 d_1 + n_2 d_2)$ を満たす特定波長 λ の光を反射することから，レンズ，センサー，レーザー，ディスプレイなどへの様々な応用が期待されている。ブロック共重合体からフォトニック結晶を作製[19]する場合，有機物であるので d_1 と d_2 はおよそ 1.5 であり，

$\lambda \fallingdotseq 3\ (d_1+d_2)\ =3D$となるので，可視光（およそ390〜780 nm）を反射させるには，構造周期D（$=d_1+d_2$）が130〜260 nm程度の相分離構造を形成させなければならない。しかしながら130 nm以上のDを示すブロック共重合体の分子量は40万以上であり，このような高分子量のブロック共重合体の合成は容易ではなく，その応用は限定的であった。

最近になって，高分子量のブロック共重合体を用いるのではなく，中程度の分子量（10〜20万）のブロック共重合体の膜に対し，溶媒を添加してラメラ構造の特定相を選択的に膨潤させ，Dを130 nm以上に大きくすることで，近紫外〜近赤外光を反射するフォトニック結晶膜（以下では単にフォトニック膜と呼ぶ）ができることが報告されている[20]。しかし揮発性溶媒を用いていたために溶媒蒸発により光学特性が変化することがあり，材料として利用するのには十分なものではなかった。加えて，その溶媒の浸透機構については十分に明らかにされておらず，すべての溶媒で同じように膨潤させられるわけではなかった。ここでもし，$\Delta_{mix}H$を制御，つまりブロック共重合体の特定成分と溶媒間に引力的な相互作用が生じるようにしてやれば，溶媒を自発的かつ積極的に浸透させられると考えられ，この考えに基づくことで不揮発なフォトニック膜を作製できると考えられる。以後では，引力的相互作用を積極的に用いることで作製できるブロック共重合体ソフトフォトニック膜に関する研究を紹介する。

2.3.1 プロトン性イオン液体で膨潤させたブロック共重合体フォトニック膜[21]

溶媒蒸発によるフォトニック結晶特性の喪失がなく，かつ引力的な相互作用によってブロック共重合体の特定成分中に積極的に溶媒を浸透させるため，不揮発なプロトン性イオン液体（pIL）を用いることにした（図6）。ブロック共重合体として用いたのはポリスチレン-b-ポリ2ビニルピリジン（PS-P2VP，分子量：78000，PS体積分率：0.50（ラメラ構造組成））でP2VPのピリジル基と溶媒であるpIL間では水素結合を生じるため，P2VPとpILとの$\Delta_{mix}H$は負となり，$\Delta_{mix}G$も負となるため，逆の符号を示す浸透圧は大きな正の値を示し，溶媒が積極的に浸透し，大きな膨潤を生じてフォトニック膜が得られると考えた。具体的に添加することにしたpILはイミダゾリウム ビス（トリフルオロメタンスルフォニル）イミダイドとイミダゾールの混合物（3：4の混合モル比）であり，室温で不揮発性の液体である。ここで不揮発性とは室温で1 Pa以下の蒸気圧を指すこととする。

まずPS-P2VPを1,4-ジオキサンに溶解することで5 wt%程度の溶液を作製して，ガラス基板もしくはポリイミド基板上にスピンコートすることで数μm厚のPS-P2VP薄膜を作製した。PS-P2VP薄膜は基板上でラメラ構造を形成するが，その配向は十分に整ったものではない。この配向を良くするために，テトラヒドロフランとクロロホルムの混合溶媒蒸気を用いて溶媒アニールを行った。その後pILを添加して40℃で1〜2時間加熱することで，紫色光を反射する不揮発なソフトフォトニック膜を得た。

PS-P2VP薄膜に対してpILを添加する前後の内部構造確認を行うため，TEM観察を行った。結果を図7に示している。観察像にコントラストを付けるためにヨウ素蒸気で染色処理を行っており，ピリジル基を有するP2VPを含む相が暗く見える。pIL添加前のneat PS-P2VP（図7a）

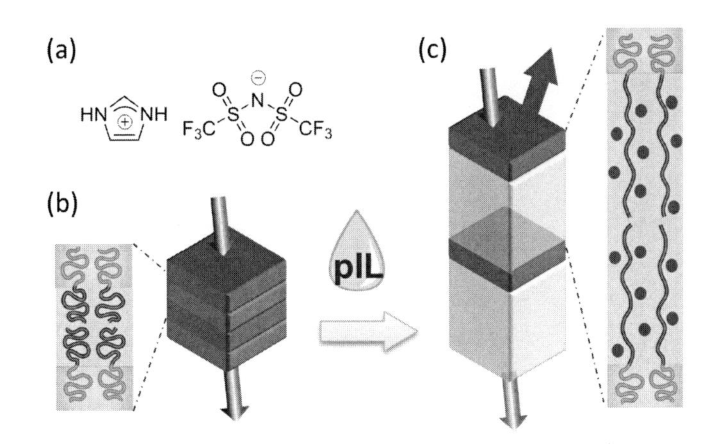

図6　(a) イミダゾリウム ビス（トリフルオロメタンスルフォニル）イミダイド（pIL）の化学構造式，(b) pIL で膨潤させる前のブロック共重合体膜の分子模式図・ナノ構造模式図，(c) pIL で膨潤させたブロック共重合体ソフトフォトニック膜の分子模式図・ナノ構造模式図

では対称組成のラメラ構造（D～33 nm，明るい PS 相の厚み～16 nm，暗い P2VP 相の厚み～17 nm）が観察された。それに対し，pIL 添加後の PS-P2VP/pIL（図 7b）では，100 nm 超の非対称組成のラメラ構造（D～106 nm，明るい PS 相の厚み～18 nm，暗い P2VP を含む相の厚み～88 nm）が見られた。P2VP が pIL と水素結合するために P2VP 相に対して pIL の積極的な浸透が生じ，P2VP を含む相が選択的に 5 倍以上の体積（D としても 106 nm/33 nm＝3.2 倍）に膨潤されていることが分かった。

TEM 観察用試料調製時にはミクロトームを使用しており，ミクロトーム使用の影響を受けた像を観察している可能性がある。ミクロトーム使用の影響のない構造観察を行うために，D > 100 nm のナノ構造観察に有効な超小角 X 線散乱（U-SAXS）測定も行った。neat PS-P2VP（図 7c）の膜では 0.17 nm^{-1}，0.50 nm^{-1} にピークが見られ，ピークの相対位置が 1，3 と整数倍位置であり，ラメラ構造である。構造周期 $D=2\pi/q_1$（q_1 は一次ピークの散乱ベクトル）であるので D を求めると 37 nm であった。PS-P2VP/pIL（図 7d）でも整数倍位置にピークが見られており，pIL 添加後でもラメラ構造を保っていることが分かるが，1 次ピークは 0.046 nm^{-1} に見られており，D＝137 nm と，pIL 添加前の neat PS-P2VP と比較して D が 3.7 倍に大きくなっており，TEM 観察結果を裏付ける結果が得られた。

さらに PS-P2VP/pIL は紫色光を反射していた（膜の外観は図 8a の挿入写真）ため，反射光測定システムにより光学特性の定量評価も行った。379 nm に鋭い反射ピークが見られ（図 8a），膜の外観（紫色）に対応した反射スペクトルが得られた。反射スペクトルがフォトニック膜の構造に由来するとした場合，反射光の波長 λ はブラッグ条件で表されるはずである。PS 層は pIL で膨潤されておらず P2VP 層のみが pIL で膨潤されていると仮定し，U-SAXS で求めた neat PS-P2VP の D（＝37 nm），neat PS-P2VP の PS 体積分率（0.5），U-SAXS で求めた PS-P2VP/pIL

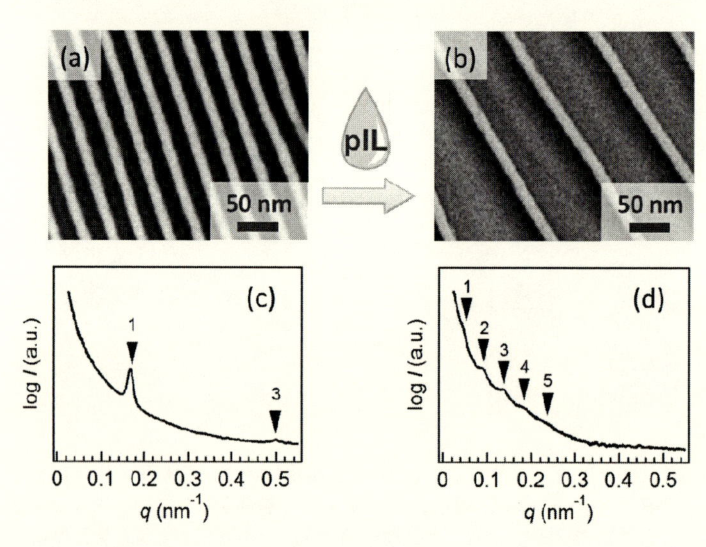

図7 (a) PS-P2VP の TEM 像, (b) PS-P2VP/pIL の TEM 像, (c) PS-P2VP の U-SAXS プロファイル, (d) PS-P2VP/pIL の U-SAXS プロファイル

の D (=137 nm) を踏まえると, PS-P2VP/pIL では d_1=18.5 nm, d_2=118.5 nm と見積もられる (図 8b)。PS の屈折率は 1.59, pIL を含有した P2VP の屈折率は 1.45 であるので, これらから λ を計算すると 402 nm となり, 測定値 379 nm とおおよそ一致することが分かった。すなわち PS-P2VP/pIL は neat PS-P2VP の P2VP 相のみが pIL で膨潤された 1 次元フォトニック膜となっていることが定量的に確かめられた。

2. 3. 2 不揮発性酸を含んだプロトン性液体で膨潤させたブロック共重合体フォトニック膜[22]

より最近では, pIL だけではなく, 不揮発な非イオン性のプロトン性溶媒, たとえばテトラエチレングリコール (TEG) 中に PS-P2VP 薄膜を浸漬することからでもフォトニック膜を作製できることが分かっている。P2VP 鎖のピリジル基と TEG の水酸基間で水素結合を生じるため両成分の $\Delta_{\mathrm{mix}}H$ は負となり, $\Delta_{\mathrm{mix}}G$ も負となるため, 逆の符号を示す浸透圧は大きな正の値を示し, TEG が P2VP 相へと大きく浸透することで, P2VP 相を膨潤させ, フォトニック特性を発現させていると考えられる。もし水素結合よりも強い引力相互作用がブロック鎖－溶媒間で生じていれば, 成分間の $\Delta_{\mathrm{mix}}H$ は負であり, その絶対値はさらに大きくなると考えられるので, より大きな膨潤を生じ, 構造サイズ変化も大きなものとなるはずで, 相互作用制御により光反射特性制御もできると考えられる。

そこで不揮発性酸を含んだ不揮発なプロトン性溶液に PS-P2VP 薄膜を浸漬することで, P2VP 相を膨潤させてフォトニック膜とすることを考えた (図 9)。不揮発なプロトン性溶媒としては TEG, 不揮発性酸としては二価スルホン酸である 1,3-ビススルホプロポキシプロパン (SA) を用い, TEG に対して SA を混合することで不揮発なプロトン性溶液 (SA/TEG 溶液) を調製した。スピンコートによりガラスもしくはポリイミド基板上に PS-P2VP (M_{n}=121000, PS の

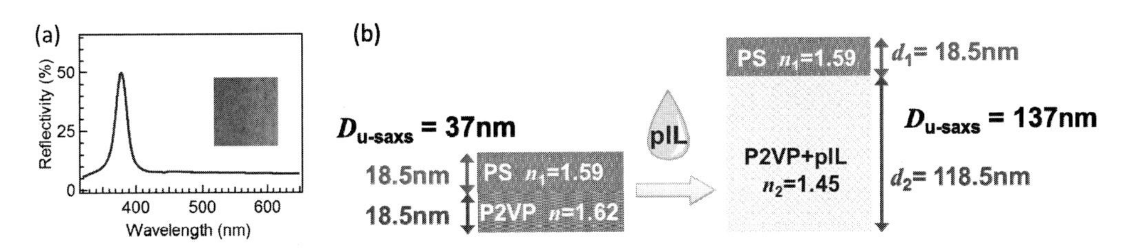

図8　(a) PS-P2VP/pIL の反射率スペクトル。挿入図は PS-P2VP/pIL 膜の外観写真，
(b) PS-P2VP へ pIL を添加する前後のナノ構造の模式図
弊社 Web サイト内の本書籍紹介ページから，カラー版の図がご覧いただけます。
(https://www.cmcbooks.co.jp/user_data/colordata/T1092_colordeta.pdf)

体積分率＝0.60）薄膜を作製し，45℃においてクロロホルム蒸気下で溶媒アニールを施した。SA 濃度の異なる溶液（SA/TEG 溶液）中に PS-P2VP 薄膜を浸漬することでフォトニック膜を得た。溶媒 TEG そのものに浸漬して作製した膜は PS-P2VP/TEG，SA/TEG 溶液に浸漬して作製した膜は PS-P2VP/（SA/TEG）と記すことにする。

PS-P2VP 膜そのもの（neat PS-P2VP），PS-P2VP/TEG 膜について TEM 観察を行った。観察用試料である超薄切片をヨウ素蒸気でさらしているため，P2VP を含む相が暗く見える。neat PS-P2VP，PS-P2VP/TEG の TEM 観察像を図 10 に示す。neat PS-P2VP では，明るい PS 相の厚みが 34 nm，暗い P2VP 相の厚みが 25 nm，D～59 nm のほぼ対称組成のラメラ構造が観察された（図 10a）。PS-P2VP/TEG では，明るい相の厚みが 37 nm，暗い相の厚みが 83 nm，D～120 nm の非対称組成のラメラ構造が見られた（図 10b）。暗い相にはピリジル基が含まれているため，暗い相（83 nm）は P2VP を含んだ相であり，neat PS-P2VP の P2VP 相の厚み（25 nm）から 3.3 倍のサイズとなっており，TEG の浸透により P2VP 相が膨潤したことが分かる。一方で，明るい相（37 nm）は neat PS-P2VP の PS 相の厚み（34 nm）とほぼ同じであることから PS 相と判定でき，TEG が neat PS-P2VP の P2VP 相のみへ選択的に浸透したことがわかる。TEG による膨潤により，D についても 59 nm から 120 nm へと約 2 倍のサイズになっていることが分かった。

さらに PS-P2VP/TEG 膜，PS-P2VP/（SA/TEG）膜に対して反射スペクトル測定を行った（図 11）。PS-P2VP/TEG 膜では紫外光領域（340 nm）に反射ピークが見られ，膜から反射色は見られなかった。一方，PS-P2VP/（SA/TEG）膜では可視光反射が見られており，濃度が高くなるにつれて青色，緑色，黄緑色，赤色の可視光反射が見られ（図 11a），反射スペクトルでも反射光波長のピーク位置がレッドシフトしていくのが確認された（図 11b）。データは示さないが，SA 濃度が 0 mM から 10 mM へと上昇していくと U-SAXS 測定で見積もられる D が 114 nm から 210 nm へと大幅に大きくなることが確認されたことから，SA の濃度上昇にともない D が大きくなり，それにより反射スペクトルのレッドシフトが見られたと考えられる。このようなレッドシフトが見られたのは，SA 中のスルホン酸と P2VP のピリジル基間でピリジニウ

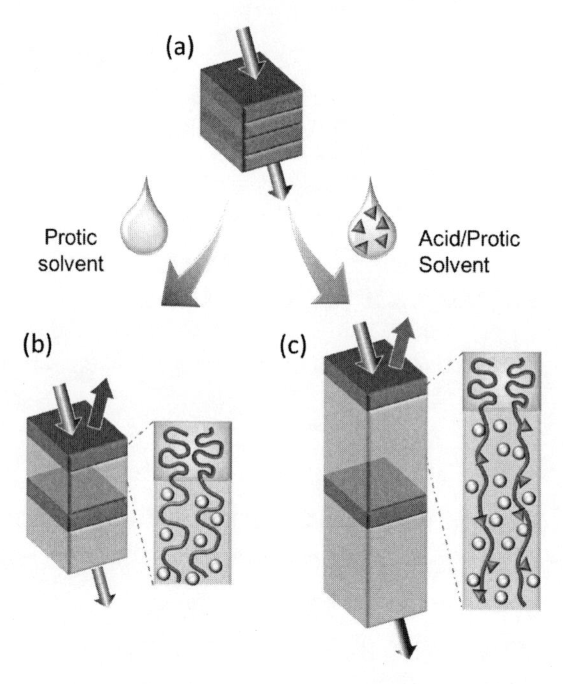

図9　(a) 膨潤させる前のブロック共重合体膜断面のナノ構造模式図，(b) 不揮発な非イオン性のプロトン性溶媒で膨潤させたフォトニック膜断面のナノ構造模式図・分子模式図，(c) 不揮発な酸性液体で膨潤させたフォトニック膜断面のナノ構造模式図・分子模式図

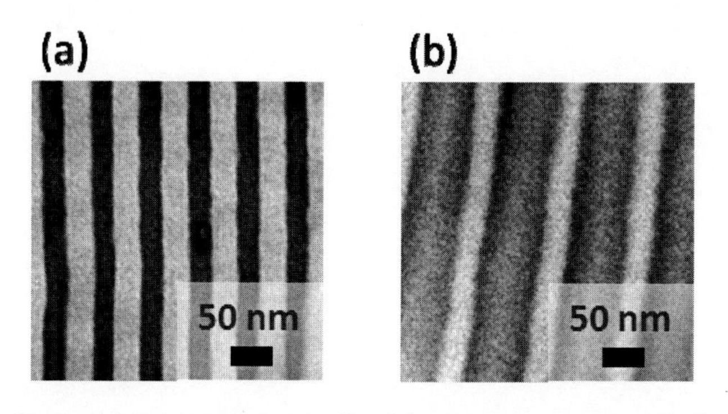

図10　(a) PS-P2VP の TEM 像，(b) PS-P2VP/TEG の TEM 像

ムスルホネートを生成するため，つまり SA によってプロトン化された P2VP と TEG の $\Delta_{mix}H$ が負でかつ，プロトン化されていない P2VP と TEG との $\Delta_{mix}H$ よりも大きな絶対値となるために，多量の TEG が P2VP 相へと浸透し大きな D を実現できたと考えられる。

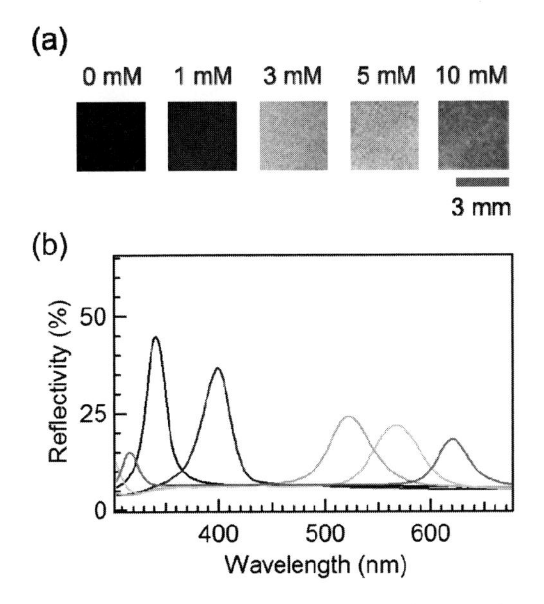

図11　(a) PS-P2VP/TEG, PS-P2VP/(SA/TEG) の外観写真，(b) PS-P2VP/TEG, PS-P2VP/(SA/TEG) の反射率スペクトル。左から順にPS-P2VP/TEG, PS-P2VP/(SA/TEG) (1 mM, 3 mM, 5 mM, 10 mM)
弊社 Web サイト内の本書籍紹介ページから，カラー版の図がご覧いただけます。
(https://www.cmcbooks.co.jp/user_data/colordata/T1092_colordeta.pdf)

3　おわりに

本章では，ブロック共重合体が形成するナノ相分離構造の特定相に対し，添加物を分子レベルで自発的に均一に混ぜ込めることを紹介した。ブロック共重合体の特定成分と添加物との分子レベルでの自発的均一混合を実現するためには，ブロック共重合体の特定成分，添加物の両方に引力相互作用が生じるような分子設計，すなわち多くの場合では非共有結合性官能基を導入した特定成分や添加物を用いればよいことが分かった。このようにすることでブロック共重合体の特定成分と添加物間で引力相互作用を生じ，両成分の $\Delta_{\rm mix}H$ が負となることで，$\Delta_{\rm mix}G$ も負となり，分子レベルでの自発的均一混合を実現できるためである。ブロック共重合体の特定成分に金属塩，ナノ粒子を混ぜ込んだ場合ではその混ぜ込んだ量に応じてモルフォロジー転移が生じることが分かった。さらにこの考え方を応用し，プロトン性イオン液体や不揮発性酸を含んだプロトン性液体をナノ相分離構造の特定相に自発的に浸透させることで，ブロック共重合体フォトニック膜も作製できた。ブロック共重合体中の特定成分と添加する液体間で引力相互作用を生じるような系では $\Delta_{\rm mix}H$ は負となり，$\Delta_{\rm mix}G$ も負となるため，逆の符号を示す浸透圧は大きな正の値を示し，大きな膨潤を実現できた。さらに特定成分と添加する液体間で生じる引力相互作用を強めてやることで，より多くの液体を浸透させることができ，より大きなD（> 130 nm）を示すナノ相分離構造を形成させ，より長波長側の光を反射させられるフォトニック膜とできることも分かった。

文　　献

1) L. Leibler, *Macromolecules*, **13**, 1602-1617 (1980)
2) F. S. Bates, G. H. Fredrickson, *Annual Rev. Phys. Chem.*, **41**, 525-557 (1990)
3) M. Matsuo, S. Sagae, H. Asai, *Polymer*, **10**, 79-87 (1969)
4) T. Inoue, T. Soen, T. Hashimoto, H. Kawai, *J. Polym. Sci. Part A-2*, **7**, 1283-1302 (1969)
5) T. Hashimoto, M. Shibayama, H. Kawai, *Macromolecules*, **13**, 1237-1247 (1980)
6) Y. Matsushita, K. Mori, R. Saguchi, Y. Nkao, I. Noda, M. Nagasawa, *Macromolecules*, **23**, 4313-4316 (1990)
7) M. Szwarc, *Nature*, **178**, 1168-1169 (1956)
8) M. Szwarc, M. Levy, R. Milkovich, *J. Am. Chem. Soc.*, **78**, 2656-2657 (1956)
9) M. Hayashi, S. Matsushima, A. Noro, Y. Matsushita, *Macromolecules*, **48**, 421-431 (2015)
10) T. Kajita, A. Noro, Y. Matsushita, *Polymer*, **128**, 297-310 (2017)
11) Y. Y. He, P. G. Boswell, P. Buhlmann, T. P. Lodge, *J. Phys. Chem. B*, **111**, 4645-4652 (2007)
12) A. Noro, Y. Matsushita, T. P. Lodge, *Macromolecules*, **41**, 5839-5844 (2008)
13) H. Tanaka, H. Hasegawa, T. Hashimoto, *Macromolecules*, **24**, 240-251 (1991)
14) A. Noro, Y. Sageshima, S. Arai, Y. Matsushita, *Macromolecules*, **43**, 5358-5364 (2010)
15) D. H. Lee, H. Y. Kim, J. K. Kim, J. Huh, D. Y. Ryu, *Macromolecules*, **39**, 2027-2030 (2006)
16) A. Noro, K. Higuchi, Y. Sageshima, Y. Matsushita, *Macromolecules*, **45**, 8013-8020 (2012)
17) E. Yablonovitch, *Phys. Rev. Lett.*, **58**, 2059-2062 (1987)
18) S. John, *Phys. Rev. Lett.*, **58**, 2486-2489 (1987)
19) A. C. Edrington, A. M. Urbas, P. DeRege, C. X. Chen, T. M. Swager, N. Hadjichristidis, M. Xenidou, L. J. Fetters, J. D. Joannopoulous, Y. Fink, E. L. Thomas, *Adv. Mater.*, **13**, 421-425 (2001)
20) Y. Kang, J. J. Walish, T. Gorishnyy, E. L. Thomas, *Nat. Mater.*, **6**, 957-960 (2007)
21) A. Noro, Y. Tomita, Y. Shinohara, Y. Sageshima, J. J. Walish, Y. Matsushita, E. L. Thomas, *Macromolecules*, **47**, 4103-4109 (2014)
22) A. Noro, Y. Tomita, Y. Matsushita, E. L. Thomas, *Macromolecules*, **49**, 8971-8979 (2016)

第9章　量産重合法

川口幸男*

1　はじめに

繰り返し構造単位からなる分子を重合体（以下，ポリマー）といい，2つ以上の異なる種類のポリマーが共有結合で結合した異なる構造鎖を持つ分子をブロックコポリマーという。ブロックコポリマーは成分間の偏斥力が増加すると分子内で互いに反発し，1～100 nm のオーダーの規則的な自己組織化構造（＝ミクロ相分離構造）を形成する。このブロックコポリマーの自己組織化の特性を使用して，バイオサイエンス，化学処理，半導体リソグラフィ用材料など様々な分野での応用が期待される。1960 年代，リビングアニオン重合法によりポリスチレン-ポリブタジエン系ブロックコポリマーが合成され，初めて相分離構造が発見された[1,2)]。その後，ブロックコポリマーの相分離構造の研究は，理論，実験の両面から精力的に進められており，今日までに膨大な研究成果が積み重ねられている[3~6)]。近年ではリビングラジカル重合，あるいはリビングカチオン重合の発展に伴い，リビングアニオン重合法で合成できなかった多種多様なブロックコポリマーも合成できるようになり，その応用範囲は拡大している。ただし，分子量分布を厳密に制御し，かつ広い分子量領域をカバーするためには，現在もなおリビングアニオン重合法が最も優れた合成法の一つである。

ブロックコポリマーは組成が変化すると様々な形態に相分離する興味深い特徴がある（図1）[7,8)]。f= 0.5 付近では板状のミクロドメインが交互に積層したラメラ構造をとり，組成の偏りに従って六方格子状に配列したシリンダー構造，体心立方格子状に球があるスフィア構造へと転移することが分かっている。ブロックコポリマーの自己組織化構造の特徴を利用した機能性材料の応用展開も期待されており，ミクロ相分離構造のドメイン間隔や形態を制御する技術が求められている。工業的に広く用いられるラジカル重合法では，ラジカル活性種が不安定であり，移動反応や停止反応を伴うため分子量や分子量分布の精密制御は困難である。これに対してリビング重合法では，反応によりできたリビングポリマーは非常に安定である。移動反応や停止反応のような副反応が伴わず，開始反応と成長反応のみ進行するため，①ポリマーの分子量が正確に制御でき，②分子量分布の狭いポリマーが得られ，③一定の鎖長を持つブロックコポリマーが重合可能である。リビング重合はリビングアニオン重合系，リビングカチオン重合系，リビング配位重合系，リビングラジカル重合系に大きく分けられる。アニオン重合ではスチレンやブタジエンなど

＊　Yukio Kawaguchi　㈱堀場エステック　開発本部　京都福知山テクノロジーセンター
材料チーム　チームリーダー

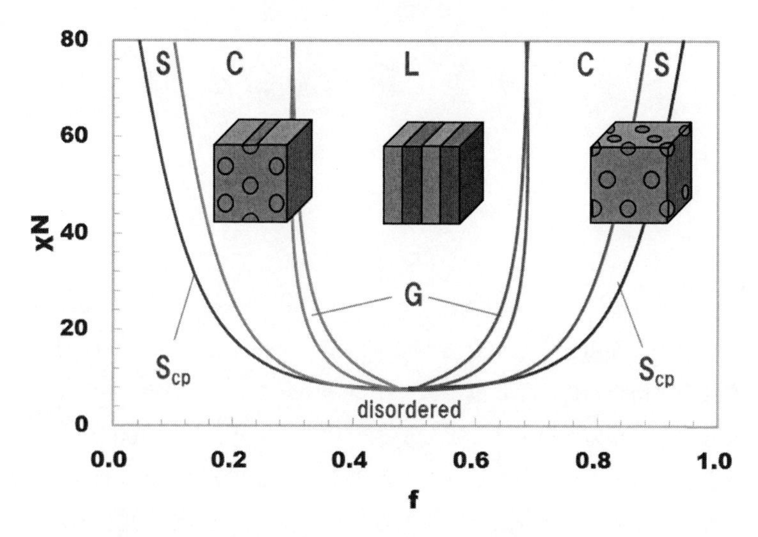

図1　ブロックコポリマーの相図

図中の記号は，fは組成の割合，χはFlory-Huggins相互作用パラメータであり，Nはブロックコポリマーの重合度，Lはラメラ相，Gはジャイロイド相，Cはシリンダー相，Sはスフィア相，disorderedは相分離しない（無秩序）相のことである。

の炭化水素共役系のモノマー，カチオン重合ではスチレン誘導体やビニルエーテル類，配位重合ではエチレンやプロピレンなどのオレフィン類に限定される。一方リビングラジカル重合系は多種類の反応性モノマーが使用できる点では有利だが，上記②の条件は満足されず，得られたポリマーの分子量分布は広くなってしまう。この中で，リビングアニオン重合法は開始剤由来のLiやNaなどを対カチオンとし開始反応，成長反応が進行していき，数種のモノマーを順次加えて反応させることにより，各ブロック鎖の分子量分布が狭い2段，3段あるいはそれ以上のマルチブロックコポリマーを設計通りに正確に制御可能な重合方法である。一方，反応系に水分および酸素などの不純物が混入すると成長活性種が失活してしまい重合反応自体が成立しなくなるため，反応系の完全脱水および脱酸素，モノマーと溶媒の完全精製が必要なため量産化は難しいという課題がある。

本稿では，この量産化の難しいリビングアニオン重合を用いた量産重合法および重合装置について紹介する。

2　リビングアニオン重合法

リビングアニオン重合は1956年，Szwarcにより，テトラヒドロフラン（THF）中，ナフタレンナトリウムを開始剤とするスチレンモノマーの重合により発見された[9]。生成するポリマーの重合度は開始剤とモノマーのモル比によって決定され（(1)式），さらに成長速度に対して開始

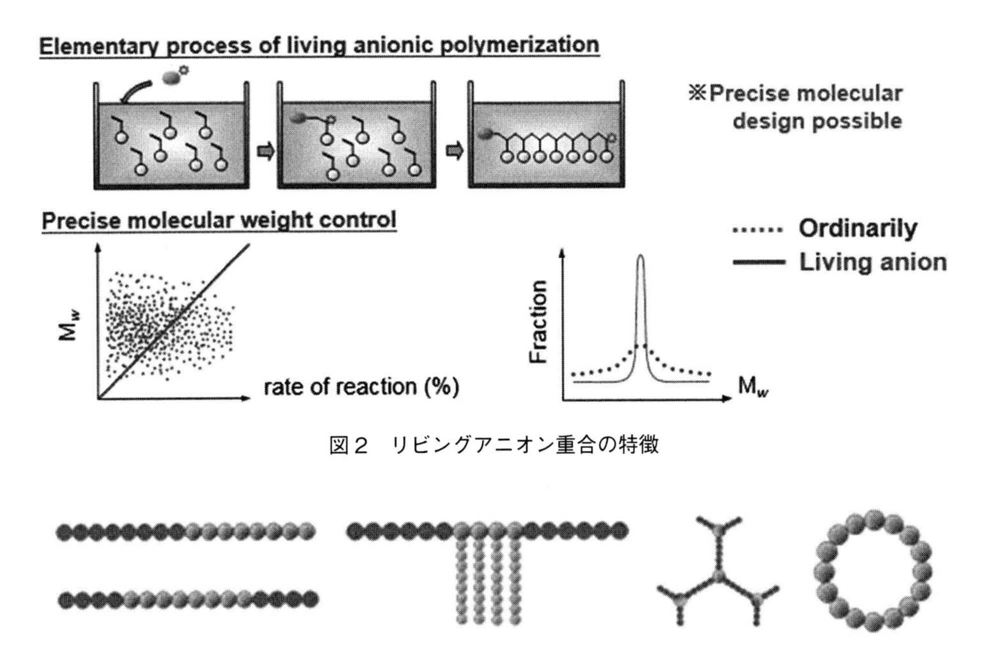

図2　リビングアニオン重合の特徴

図3　リビングアニオン重合により設計可能な様々なブロックコポリマーの構造

速度の方が速い場合，重合度の揃ったポリマーの生成が可能になる。

ポリマー分子量＝モノマー総重量（g）/ 開始剤モル数（mol）　　(1)

従って，重合が理想的に進行するならば，設計通りの分子量を有し，かつ狭い分子量分布を有するポリマーの合成が可能である（図2)。アニオン重合で重合可能なモノマー種はスチレンや共役ジエンを始めとする炭化水素系ビニルモノマーから，アクリレートのような極性モノマー，さらには様々な環状モノマー（例えば，環状エーテル，環状スルフィド，環状シロキサン，環状エステル，環状アミドなど）など多岐にわたる[4~6]。またアニオン重合により生成する高い末端純度を有するリビングポリマーを利用して様々なブロックコポリマーの合成に応用可能である（図3)。

3　重合装置および量産重合法

リビングアニオン重合では水分および酸素を反応系から除去するため高真空系装置（一般に 10^{-4}～10^{-6} Pa）による密閉系での重合反応が必要である（常圧で重合可能な場合もある)。Morton ら[10]の代表例のようなガラス高真空ライン（図4）が古くから使用されている。この高真空ラインより切離した後の重合工程は全て熔封下で行われるため，ブレイカブルシール（図5）が使用される。なお今回は説明を割愛するが，使用する試薬からも水分，酸素を事前に除去する必要がある。一般的にはアルカリ金属で脱水反応をさせ，蒸留や真空脱気を行い精製しなければ

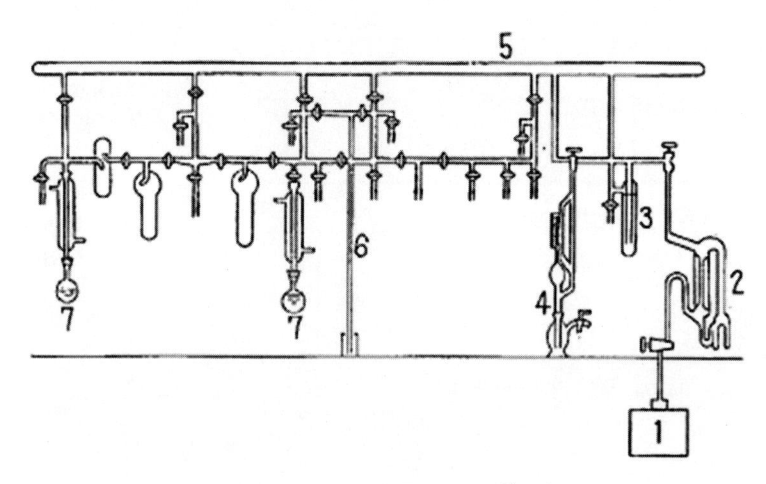

図４　ガラス高真空ライン[10)]
図中の番号は，１は油回転ポンプ，２は拡散ポンプ，３は液体窒素トラップ，
４は真空計，５はメインライン，６は排気ライン，７は溶剤釜

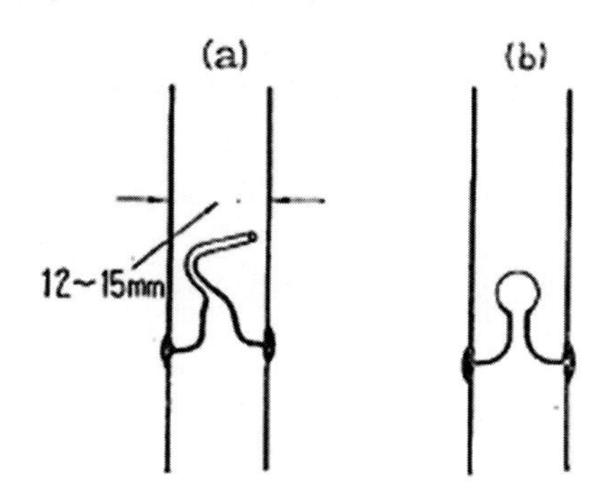

図５　ブレイカブルシール[10)]
(a) 溶液用，(b) 固体用

ならない。

上記高真空ラインとブレイカブルシール付ガラス容器での重合では，約10 g以上のポリマーを得るのは技術的に難しく，高度なガラス細工の技術が必要であり，さらに非常に危険なプロセスが含まれるため，量産化は困難である。そこで，Kosakaら[11,12)]により作業者のスキルによるばらつきが生じにくく，より安全に安定な合成が可能な量産重合装置が開発された（図6)。この装置では，リアクターは約30 Lの容積で，1バッチで約3 kgのポリマーが得られ，ブレイカブルシールの代わりに半導体装置分野で良く使用されるクリーンなバルブを用い，リアクターや配管系は全て特殊加工されたステンレス製で構成されている。また高真空および低温での使用も可能であり，サンプルの計量，サンプルのローディング，反応時間と温度の制御は自動で行うため，合成のための特別なスキルは必要ない。図7に装置のラインイメージを示した。事前に精製した溶媒，モノマーA，モノマーBを容器に充填し（開始剤，停止剤も同様に充填)，ターボ分

図6　リビングアニオン重合量産装置

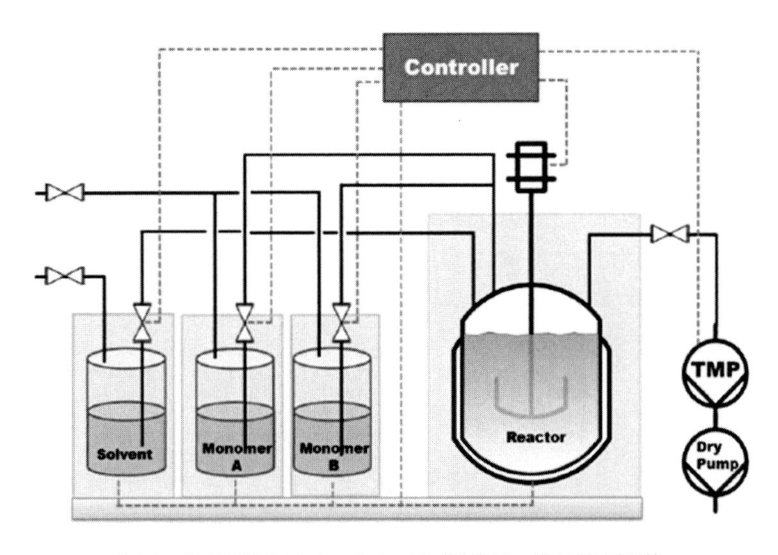

図7　量産装置のラインイメージ（開始剤，停止剤は割愛）

子ポンプ（TMP）で反応系を高真空にし，十分乾燥させ，コントローラーで操作して，溶媒，開始剤，モノマーA，モノマーB，停止剤の順でリアクターに供給し，重合を行う。液の供給はバルブ操作のみで行うため，安全かつ容易に重合可能である。また分子量制御に重要となる開始剤およびモノマーの供給量は事前に必要量を設定し，自動で重量管理して供給可能なため安定した品質のポリマーが得られる。不純物の混入によりスケールアップが困難であったリビングアニオン重合を約 30 L のリアクターのスケールで実現した。

この装置を用いた標準的なジブロックコポリマーであるポリスチレン（PS)-ポリメタクリル

sBu-Li
THF/-70degC
THF/-70degC
THF/-70 _0degC
MeOH
THF/0degC

スキーム1　PS-*b*-PMMA の合成ルート

酸メチル（PMMA）の重合方法を示す（スキーム1）。PS-*b*-PMMA ブロックコポリマーは真空またはアルゴン雰囲気下，－70℃で開始剤としてセカンダリーブチルリチウム（sBu-Li）を用いて，THF 中で多段階逐次的モノマー添加によって合成できる。メタノール（MeOH）でクエンチした後，得られたポリマーを過剰量のメタノール中で沈殿させ，ろ過および乾燥させる。なお使用した溶媒，モノマーは全て事前に精製されたものを使用する必要がある。

PS-*b*-PMMA の目標特性パラメータを，重量平均分子量（M_w）=51K，分子量分布 PDI（M_w/M_n）<1.1 および組成比 PS：PMMA=50：50 として再現性評価のため 10 回合成した PS-*b*-PMMA の分子特性を表1に示す。得られたポリマーサンプルの M_w，M_n および PDI は，GPC システムにより測定し，組成比は，^{1}H-NMR 分析から推定する。サンプルのドメインサイズは小角 X 線散乱（SAXS）により測定し，分子量 M_w とハーフピッチ hp の関係を図8に示す。ミクロ相分離構造は薄膜のポリマーサンプルを形成し，走査型電子顕微鏡（SEM）にて観察した（図9）。再現性評価結果として，分子量 M_w=51K±3K，分子量分布 PDI=1.08±0.02，PS の体積比=49.6±2.5，hp は 15.2±1 nm 以内の結果が得られた。PS-*b*-PMMA ジブロックコポリマーを精度良く重合できることが確認された。また図8より M_w と hp はほぼ比例関係にあることが分かるため，ミクロ相分離構造のドメイン間隔はブロックコポリマーの分子量（重合度）を設計通りに重合できれば，精密に制御できることが分かる。図9では線幅の等しいフィンガープリントパターンが確認できたため，PS と PMMA が分子内で互いに反発し，ラメラ相のミクロ相分離構造が形成されたと考えられる。本実験において特に注意すべき点はモノマー供給時に急激に反応熱が発生するため，溶媒を－70℃程度に冷却しながらモノマーを適切な速度で供給し，反応液の温度を上昇させないこと，また半導体装置分野で用いるようなライン構成（例えば金属がス

表1　量産重合装置で合成したPS-*b*-PMMAの特性

Sample	Total M_w*1	PDI*1 (M_w/M_n)	Vol ratio [%]*2 PS	PMMA	hp [nm]*3
1st	49K	1.07	52.5	47.5	15.0
2nd	47K	1.07	51.0	49.0	14.6
3rd	51K	1.06	47.1	52.9	15.3
4th	51K	1.07	50.6	49.4	15.7
5th	53K	1.06	51.3	48.7	16.1
6th	47K	1.06	50.8	49.2	14.2
7th	48K	1.07	48.8	51.2	14.6
8th	53K	1.08	48.0	52.0	15.7
9th	54K	1.07	48.9	51.1	16.1
10th	51K	1.09	46.5	53.5	15.2
Ave.	51K	1.08	49.6	50.4	15.2

*1 Determined by GPC, *2 Volume ratio estimated from ^{1}H-NMR, *3 Calculated by SAXS profiles.

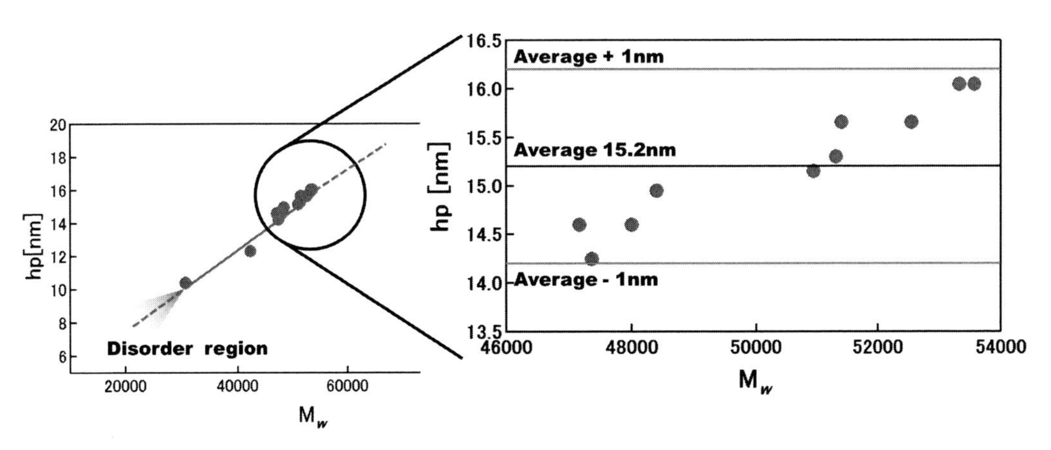

図8　PS-*b*-PMMAのハーフピッチhpと分子量M_wの関係

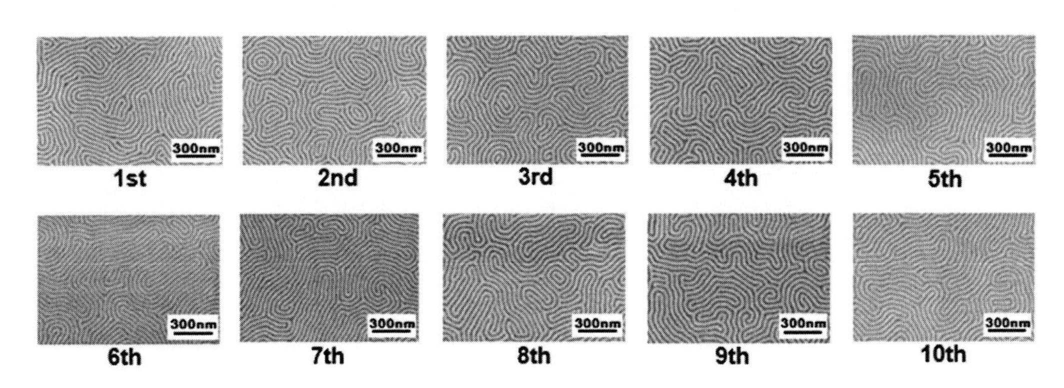

図9　PS-*b*-PMMA薄膜の表面SEM画像

ケット面シール継手）により事前にリークチェックを行った気密性の高い装置で重合することである。

4　多種のブロックコポリマーの重合

この装置を用いることによって，特殊なスキルを持つことなくPS-*b*-PMMA以外のブロックコポリマーの重合も可能である。一例として，ポリトリメチルシリルスチレン（PTMSS)-ポリヒドロキシスチレン（PHS）を挙げる。またこの例ではテトラブロックコポリマーの重合にも成功している[13)]。表2から，リビングアニオン重合により分子量領域が広く（6K～360K），分子量分布の狭い（PDI<1.1）ポリマーが重合できていることが分かる。SAXSによる分析結果から，この分子量領域のブロックコポリマーの周期長は4.2 nmから36 nmとナノ領域での構造制御が可能ということを意味している。

また，重合効率の良い反応ではあるが残留モノマーは微量存在するため，重合後にポリマーの精製工程も重要となる。図10（a）は重合直後のPS-*b*-PMMAポリマー溶液の^{1}H-NMRチャートを示し，（b）は精製後のPS-*b*-PMMAポリマー，（c）はMMAモノマーの^{1}H-NMRチャートを示し，PS-*b*-PMMAの化学構造を図11に示す。スチレン（S）の六員環によるピークは6.2～7.5 ppmに現れ，PMMA（M）のメトキシ基によるピークは3.2～3.8 ppmに現れ，MMAモノマーのビニル基由来ピークは5.5 ppmに現れる。特に，MMAモノマーのピークは，精製後に^{1}H-NMRチャートに現れてない。以上のことより，精製によって残留モノマーが減少したことが分かる。

表2　様々なブロックコポリマーの合成例

Sample	Total M_w *1	PDI*1 (M_w/M_n)	Vol ratio ［%］*2				Morphology*3	hp ［nm］*3
			PS	PMMA	PTMSS	PHS		
PS-*b*-PMMA	34K	1.08	52.9	47.1			Lamellar	10.4 [A)]
PTMSS-*b*-PHS	6K	1.09			51.5	48.5		6.3 [B)]
	14K	1.05			48.9	51.1		9.9 [C)]
	30k	1.04			53.5	46.5		16.9 [D)]
PTMSS-*b*-PHS-*b*-PTMSS-*b*-PHS (Tetra-block)	10K	1.09			51.9	48.1		4.2
	13K	1.1			54.8	45.2		5.5
PS-*b*-PMMA	140K	1.07	78.8	21.2			Cylinder	26.1 [E)]
	360K	1.22	78.8	21.2				36 [F)]
PTMSS-*b*-PHS	95K	1.11			84.4	15.6		20.5 [G)]

*1 Determined by GPC, *2 Volume ratio estimated from ^{1}H-NMR, *3 Calculated by SAXS profiles.

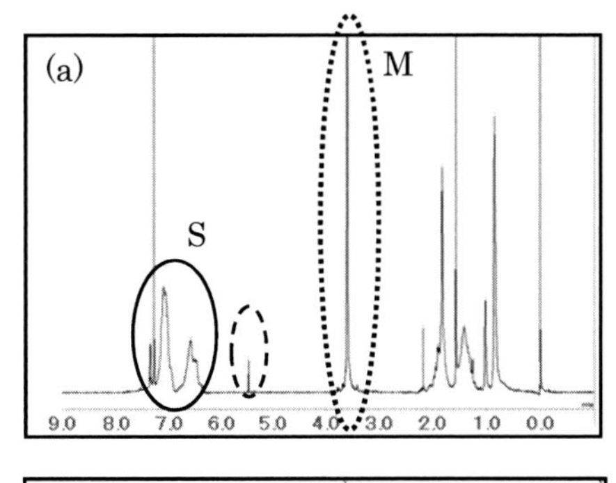

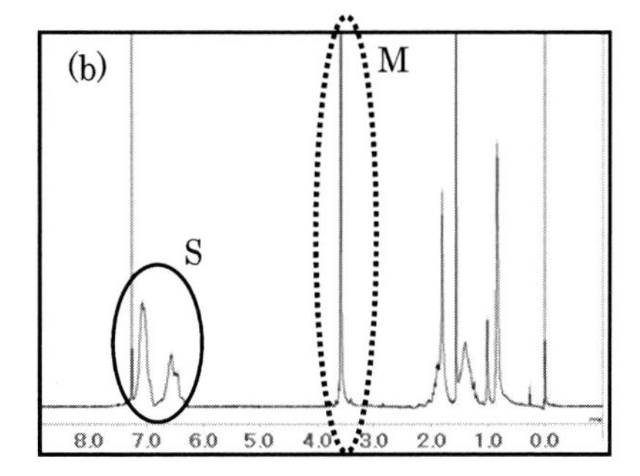

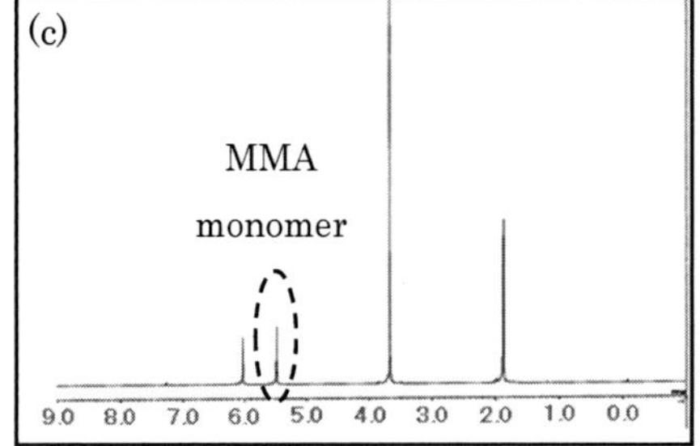

図10　(a) 重合直後の PS-*b*-PMMA ポリマー溶液，(b) 精製後の PS-*b*-PMMA ポリマー，(c) MMA モノマーの ^{1}H-NMR チャート

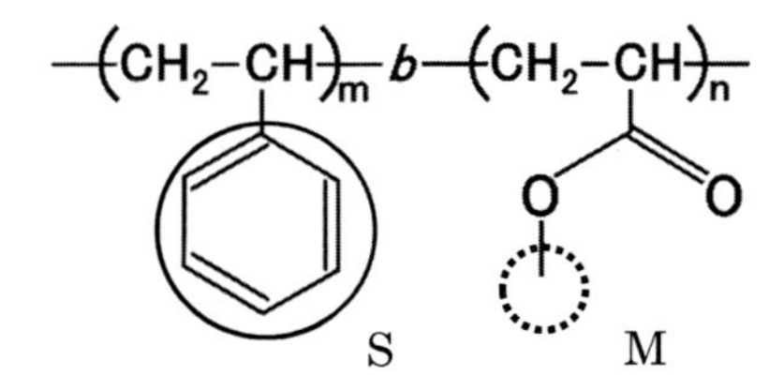

図11　PS-*b*-PMMA ジブロックコポリマーの化学構造

5　終わりに

今日ブロックコポリマーを用いたアプリケーションとして，ブロックコポリマーの自己組織化現象を利用したナノパターニング法の一手法で次世代の微細加工技術として期待される半導体市場向け DSA（Directed Self-Assembly）リソグラフィがある。DSA リソグラフィでは補完的な位置づけのため，1バッチ数 kg の多量のブロックコポリマーは必要ない可能性はあるが，より安全に安定して重合するためには量産技術が重要である。また半導体市場以外でも，例えば DNA シーケンサー用のナノポアの開発も進められている。DNA 塩基配列解析は約 1 nm と非常に微細なポアが必要で，ブロックコポリマーを使ったナノ構造制御から DNA（配列）をパターン化し，解読する事が狙える。このようにブロックコポリマーは他にも様々なアプリケーションへの展開が考えられ，多くの材料が使用される可能性があるため，さらなる量産重合技術が重要になってくるだろう。

文　　献

1) M. Matsuo, S. Sagae, H. Asai, *Polymer*, **10**, 79 (1969)
2) G. E. Molau, In Block Polymers, S. L. Aggarwal Ed. Plenum, **79** (1970)
3) M. Szwarc, Carbanions Living Polymers and Electron Transfer Processes, Interscience Publishers (1968)
4) J. E. McGrath, Anionic Polymerization Kinetics, Mechanisms, and Synthesis, ACS Symposium Series 166, American Chemical Society (1981)
5) M. Morton, Anionic Polymerization：Priciples and Practice, Academic Press, Inc. (1983)
6) H. L. Hsieh, R. Quirk, Anionic Polymerization：Priciples and Practical applications, Marcel Dekker, Inc. (1996)
7) M. W. Matsen, M. Schick, *Phys. Rev. Lett.*, **72**, 2660 (1994)
8) M. W. Matsen, F. S. Bates, *Macromolecules*, **29**, 1091 (1996)
9) M. Szwarc, M. Levy, R Milkovich, *J. Am. Chem. Soc.*, **78**, 266 (1956)
10) M. Morton *et al.*, *J. Polymer Sci.*, **AI**, 443 (1963)
11) Y. Kawaguchi, T. Kosaka, T. Himi *et al.*, 1st International Symposium on DSA (2015)
12) T. Kosaka, Y. Kawaguchi, T. Himi *et al.*, SPIE Advanced Lithography 2016, Proc. of SPIE, 9779, 977916.
13) T. Himi, Y. Kawaguchi, T. Kosaka *et al.*, SPIE Advanced Lithography 2017, Proc. of SPIE, 10146, 101461Z.

第10章　配位重合によるオレフィンブロック共重合体の合成

塩野　毅[*1]，田中　亮[*2]

1　はじめに

配位重合の特長は，①エチレンをはじめとするオレフィン類が温和な条件下で（共）重合すること，②プロピレンやブタジエンを代表とするα-オレフィンや共役ジオレフィンが立体特異的に重合すること，である。とくに，後者は立体規則性連鎖を制御することにより単一のモノマーから物性の異なるさまざまなポリマーを合成できる点が魅力である。1950年代Ziegler，Nattaらの発見以来発展してきた塩化チタンと有機アルミニウムからなる不均一系Ziegler-Natta触媒は，担体としてのマグネシウム化合物の利用と芳香族エステルを代表とする適切なルイス塩基性化合物の添加により高活性化・高立体特異性化が達成され，イソタクチックポリプロピレン（*iso*PP）の物性ならびに製造プロセスは飛躍的に進歩した。

*iso*PPは現在，ホモポリマー（ホモPP），ランダムコポリマー（ランダムPP），ブロックコポリマー（ブロックPP）の3種が製造されている。ランダムPPはプロピレンにエチレンや1-ブテンを少量共重合させたもので，ホモPPに比べ低融点・低結晶性で，透明性・靱性に優れる。一方，ブロックPPは，プロピレンの単独重合に続き後続の反応槽でエチレンを共重合させたもので，通常のブロック共重合体を意味しているわけではない。ブロックPPは，ホモPPとエチレン/プロピレン共重合体およびポリエチレンからなる海島構造を有し，ホモPPに比べ透明性は劣るが耐衝撃性に優れている。

1980年代高活性メタロセン触媒の発見を契機に進展した遷移金属錯体を触媒前駆体とするシングルサイト触媒は，不均一系Ziegler-Natta触媒では困難であった均質なオレフィン共重合体や高シンジオタクチック（*syn*）PPの合成を可能とした。さらに，プロピレンの立体特異的リビング重合も実現し，*iso*PPや*syn*PP連鎖を有する“真の”オレフィンブロック共重合体の精密合成が可能となった[1)]。

本稿では，まず，シングルサイト触媒によるオレフィンのリビング重合において重要な活性化剤の役割と連鎖移動反応について述べ，ついで，代表的な立体特異的オレフィンリビング重合触媒によるブロック共重合体の合成例を紹介する。

＊1　Takeshi Shiono　広島大学　大学院工学研究科　教授
＊2　Ryo Tanaka　広島大学　大学院工学研究科　助教

2 配位重合の活性種と連鎖移動反応

配位重合の活性種は，配位不飽和な遷移金属-アルキル種である。成長反応は，①活性種へのオレフィンの配位，②配位したオレフィンの移動挿入（オレフィンへの遷移金属-アルキルのシス付加）により進行する（図1）。

オレフィン重合における連鎖移動反応としては，①金属中心およびモノマーへのβ-水素脱離（図2(1)，(2)）と②アルキル化剤として用いる金属アルキルとのアルキル交換（図2③）がある。前者は錯体の構造により，後者は助触媒の選択により抑制することができる。

3 錯体触媒に用いられる助触媒

高活性・高立体特異的にプロピレン重合を進行させる4族遷移金属触媒の活性種は，4価のカチオン種である。Me_3Alと水をトルエン中で縮合して得られるメチルアルミノキサン（MAO）は，残存するMe_3Alによる錯体のアルキル化とMAOによるアニオン性配位子の引き抜きにより4族のみならずさまざまな遷移金属錯体を活性化し重合能を発現させる。MAOはその構造中に対アニオンを取り込み非局在化させるものと考えられている。飽和炭化水素溶媒にも可溶な修飾MAO（MMAO，Me_3Alと$^iBu_3Al$の混合物と水の縮合物）も開発されている（図3）。

MAOやMMAOに含まれるR_3Alは連鎖移動剤として作用することから，リビング重合を行う際は減圧乾燥等により取り除いて用いる（以下dMAO，dMMAOと表記）。MAOやMMAOの溶液に嵩高いアルキル基を2,6-位に有するフェノール（Ph*OH：2,6-di-*tert*-butylphenol

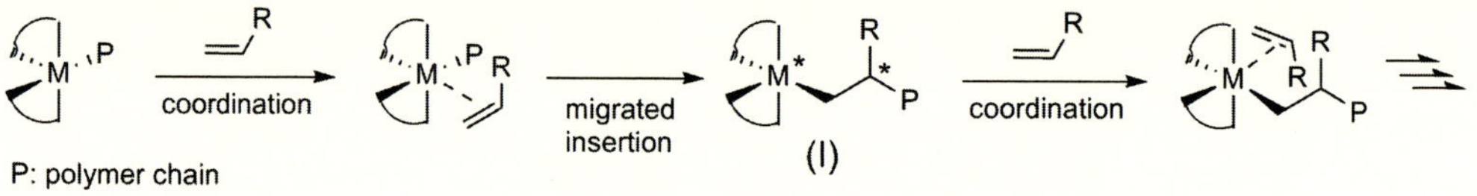

図1　Propagation reaction of olefin polymerization

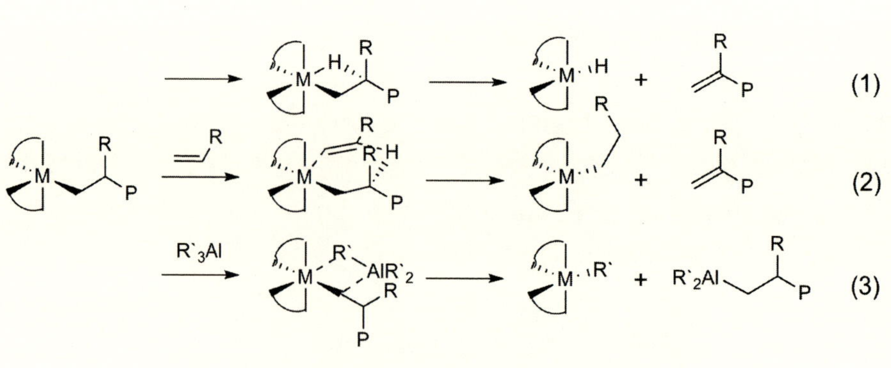

図2　Chain transfer reactions in olefin polymerization

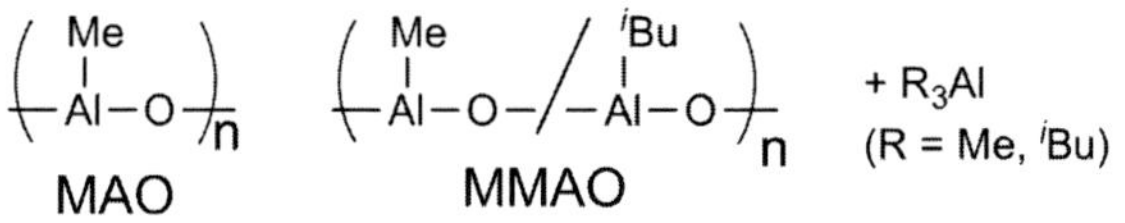

図3　Structure of MAO and MMAO

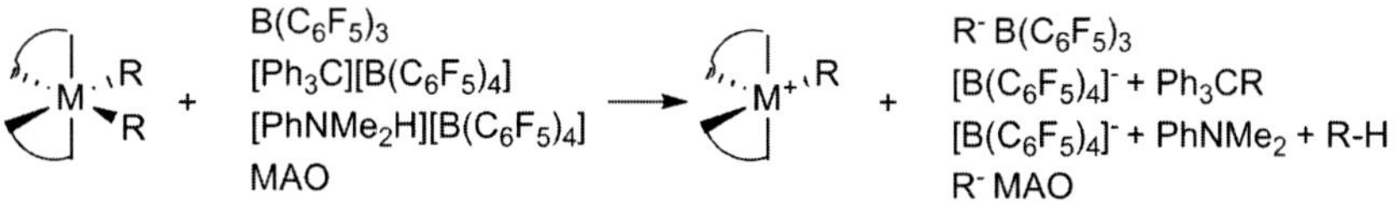

図4　Activation of Group 4 dialkyles complex for olefin polymerization

(BHB), 2,6-di-*tert*-butyl-4-methylphenol（BHT）など）を加え *in-situ* で R_3Al を $R_{(3-X)}Al(OPh^*)_X$ にすることで連鎖移動反応を抑制することも可能である（以下 MAO/BHB, MMAO/BHT などと表記)。

ジアルキル錯体は，$B(C_6F_5)_3$ や［Ph_3C］［$B(C_6F_5)_4$］，［$PhNMe_2H$］［$B(C_6F_5)_4$］などにより直接活性化できる（図4)。重合活性種はイオン対であることから，その反応性は助触媒由来の対アニオンの性質に大きく依存する。高活性を発現するためには求核性の低い対アニオンが望ましいが，失活が促進されることもある。これらのホウ素化合物を助触媒として用いる場合は，有機アルミニウムをアルキル化剤やスカベンジャーとして併用することが多いが，リビング重合を行うためにはスカベンジャーの連鎖移動能にも注意を払う必要がある。上記の $R_{(3-X)}Al(OPh^*)_X$ はリビング重合のスカベンジャーとして用いられる。

4　プロピレンのシンジオ特異的リビング重合とブロック共重合体の合成

4.1　$V(acac)_3$-R_2AlX 触媒

プロピレンのリビング重合の最初の例は，土肥らによる *syn* 特異的な $V(acac)_3$-R_2AlX（R＝Et, Pr, Bu；X＝Cl, Br）系であるが，融点を示すほどの *syn*PP は得られない（$V(acac)_3$-Et_2AlCl，重合温度（T_p）＝－78℃, *syn* トリアド（[*rr*]）＝0.65)[2]。リビング重合を実現するためには低温を要し（＜－50℃)，液化プロピレンの重合中エチレンを加えるとエチレン／プロピレン共重合（EPR）が高速で進行し，エチレン消費後プロピレンの単独重合が再開するので PP-*block*-EPR-*block*-PP が得られる[3]。リビング PP 末端の活性種転換法により PP とポリメタクリル酸メチル（PMMA)，ポリテトラヒドロフラン，ポリビニルケトンとのブロック共重合体も合成されている。PP-*block*-PMMA は *iso*PP/PMMA ブレンドの相溶化剤として有効であることが確認されている[4]。

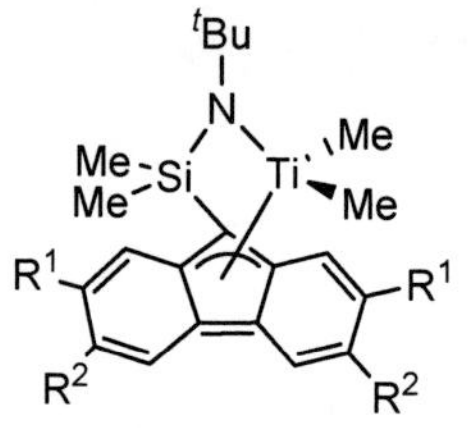

1a: R^1 = R^1 = H
1b: R^1 = ^{t}Bu, R^2 = H
1c: R^1 = H, R^2 = ^{t}Bu

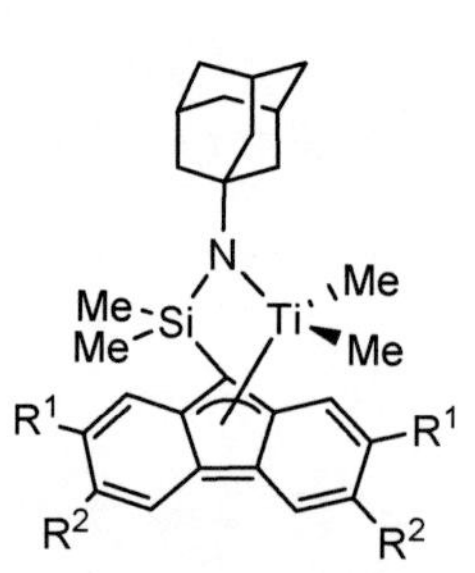

2a: R^1 = ^{t}Bu, R^2 = H
2b: R^1 = H, R^2 = ^{t}Bu

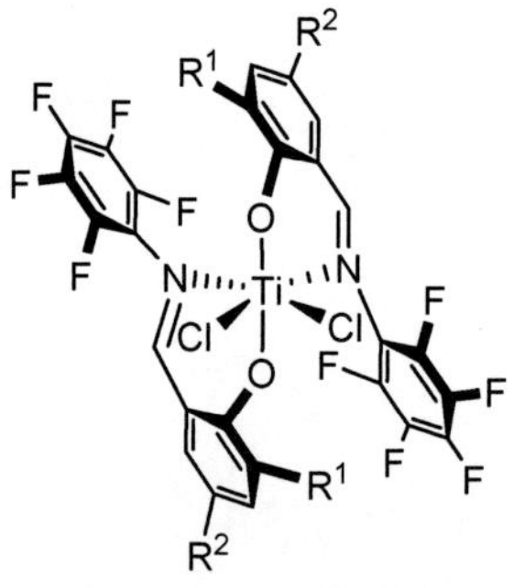

3a: R^1 = ^{t}Bu, R^2 = H
3b: R^1 = $SiMe_3$, R^2 = H
3c: R^1 = ^{t}Bu, R^2 = ^{t}Bu

4. 2　ジメチルシリレン架橋フルオレニルアミドチタン錯体

結晶性 *syn*PP の合成は C_s-対称性架橋メタロセン触媒により可能となった。筆者らは，代表的な幾何拘束触媒 $Me_2Si(N^tBu)(\eta^5\text{-}C_5Me_4)TiX_2$（X = Me, Cl）の C_5Me_4 基をフルオレニル基に変えたジメチル錯体 **1a** を $Octyl_3Al$ 共存下 $B(C_6F_5)_3$ で活性化した触媒系が，トルエン中 −50℃においてプロピレンや 1–ヘキセンのリビング重合を 1,2–挿入で高位置選択的に進行させ，*syn* 構造に富むポリマーを与えることを見いだした[5)]。

dMAO を助触媒に用いると 0℃でリビング重合が進行し，重合活性・*syn* 特異性ともに向上する[6)]。**1a**–dMMAO 系を用いると，クロロベンゼン（CB），トルエン（T），ヘプタン（H），いずれの溶媒中でもリビング重合が進行し，重合活性は CB＞T＞H の順で低下し，*syn* 特異性は CB＜T＜H の順で向上する[7)]。

1a のフルオレニル環上に ^{t}Bu 基を導入した **1b**，**1c** では，置換基の導入位置によらずに成長反応速度は増大し，3,6–位に導入した **1c** では *syn* 特異性も大きく向上する。**1c**–dMMAO 系によりプロピレン 1 気圧下，ヘプタン中 0℃で 7 分間重合を行うと数平均分子量 169000，融点（T_m）142℃のリビング *syn*PP が得られる。すなわち，**1c**–dMMAO–ヘプタン系により，高活性・高 *syn* 特異的リビング重合系が実現した[8)]。**1b** や **1c** の *N*–^{t}Bu 基を *N*–アダマンチル基に代えた錯体 **2a**，**2b** はさらに高活性を示す[9)]。

本リビング重合系の *syn* 特異性は，錯体の構造のみならず，重合溶媒・T_p・モノマー濃度にも依存するため，これらの条件を重合中に変化させることでステレオブロック PP が合成できる（図 5）[10)]。本触媒系はノルボルネンとプロピレンや 1–アルケンとのリビング共重合にも有効で，結晶性 *syn*PP と非晶性ノルボルネン / プロピレン共重合連鎖からなるブロック共重合体も合成できる（スキーム 1）[11)]。コモノマーとしてプロピレンの代わりに $^i Bu_3Al$ で水酸基を保護したウンデセノールを用いることにより非晶部分に水酸基を導入することもでき，PE とのブロック共重合体の合成も可能である（図 6）[12)]。

1b–MMAO/BHT を用い，非立体特異的重合条件下でノルボルネン /1–オクテン共重合とプロ

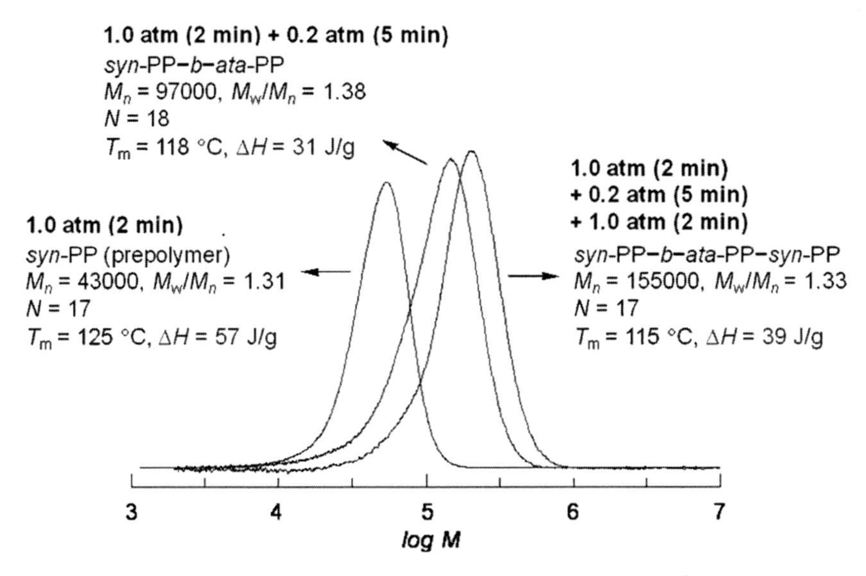

図5　Synthesis of stereoblock PP with **1c**-dMMAO[10)]

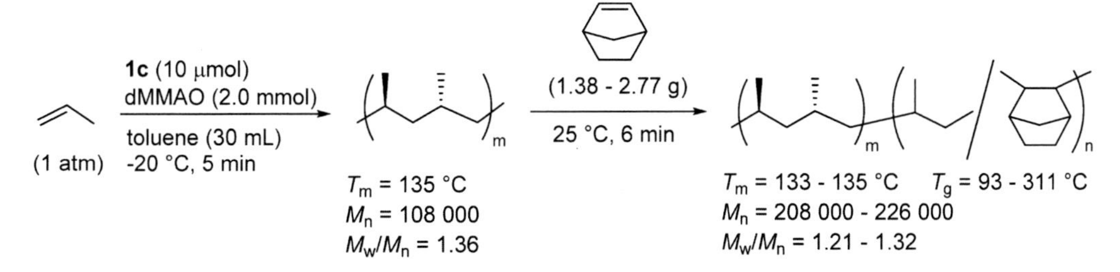

スキーム1　Synthesis of *syn*PP-*block*-poly (NB-*co*-propylene) with **1c**-dMMAO

ピレン重合を逐次的に行うことでハードセグメントを非晶性ノルボルネン/1-オクテン共重合連鎖（copoly(N/O)），ソフトセグメントをアタクチック（*ata*）PPとするcopoly(N/O)-*block*-*ata*PP-*block*-copoly(N/O)が合成できる（表1）。非晶部分のガラス転移温度（T_g）はノルボルネンの仕込み比に応じて広範囲で制御可能である。

1c-MMAO/BHT系でプロピレンやノルボルネン/1-オクテン共重合を行った後にメタクリル酸メチル（MMA）を反応させると，リビング成長末端がMMAの重合を開始し，ポリオレフィンとPMMAのブロックポリマーが得られる（スキーム2，3）[13,14)]。

4.3　ビス（フェノキシイミン）チタン錯体

藤田らの見いだしたフェノキシイミン配位子を二つ有するTi錯体（通称FI触媒）**3a**もプロピレン高*syn*特異的リビング重合を進行させる[15)]。*syn*特異性はフェノキシ配位子の*o*-位の置換基に依存し，Me_3Si基を有する**3b**を用いるとT_mが152℃の*syn*PPが得られる[16)]。本触媒系は

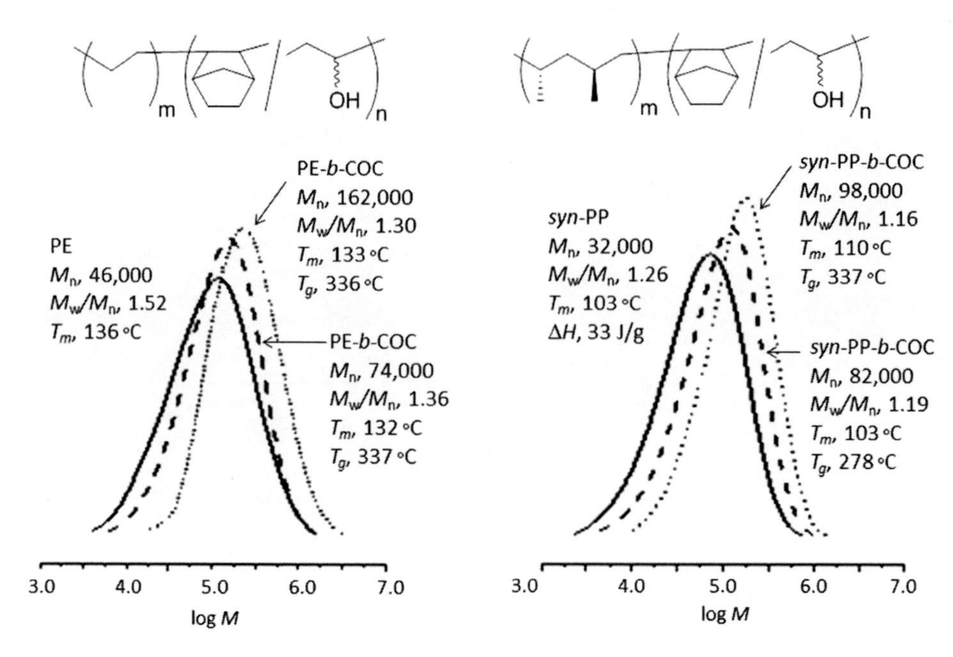

図6　Synthesis of crystalline-amorphous diblock copolymers containing hydroxy group with **1c**-dMMAO[12)]

表1　Poly(NB-co-1-octene)-*block*-*ata*PP-*block*-(NB-*co*-1-octene) obtained by **1b**-MMAO/BHT[14)]

NB：1-octene[a] (mol：mol)	propyene (mmol)	Yield[b] (g)	M_n[c] (×10^4)	M_w/M_n[c]	T_g[d] (℃)	elongation[e] at break (%)
1：1	0	0.37	3.2	1.27	169	n.d.[f]
3：1	0	0.37	3.2	1.26	228	n.d.[f]
1：1	15	1.36	15.0	1.39	−5；170	257±24
3：1	15	1.33	14.3	1.31	−3；196	384±60
1：1	7.5	1.01	14.6	1.22	−9；164	56.3±14.4

Polymerization conditions：Ti, 20 mmol；MMAO, 2 mmol；BHT, 0.15 mmol；solvent, toluene；
time, 60 min (NB/1-octene) and 30 min (propene)；temp., 0℃. [a]Total 3.7 mmol. [b]Yield was>99%.
[c]Determined by GPC using monodisperse polystyrene standards. [d]Glass transition temperature determined by DSC or TMA. [e]Determined by ISO 527-3/1B/50 method.
f Not determined because the film was brittle.

1c (20 μmol)
MMAO (2.0 mmol)
BHT (0.15 mol)
toluene (30 mL)
(1 atm) 0 °C, 15 min

CO_2Me
(40 mmol)
r.t.

M_n = 139 000
M_w/M_n = 1.40

CO_2Me
T_m = 88 °C　T_g = - 2 and 98 °C
M_n = 260 000, M_w/M_n = 1.23

スキーム 2　Synthesis of *syn*PP-*block*-PMMA with **1c**-MMAO/BHT

(total 3.7 mmol)

1c (20 μmol)
MMAO (2.0 mmol)
BHT (0.15 mol)
toluene (30 mL)
0 °C, 60 min

CO_2Me
(20 mmol)
r.t., 2 h

CO_2Me
MMA = 35 mol %, T_g = 130 °C
M_n = 36 000, M_w/M_n = 1.24

スキーム 3　Synthesis of poly(N-*co*-1-octene)-*block*-PMMA **1c**-MMAO/BHT

3a (20 μmol)
dMAO (5.0 mmol)
toluene (250 mL)
(0.1 MPa, 100 L/h) 25 °C, 300 min

T_m = 137 °C
M_n = 27 000
M_w/M_n = 1.13

(1.5 L/h)
25 °C, 40 min

T_m = 127 °C　T_g = 93 - 311 °C
M_n = 161 000
M_w/M_n = 1.51

スキーム 4　Synthesis of *syn*PP-*block*-EPR with **3a**-dMAO

3c (10 μmol)
MAO (1.5 mmol)
toluene (100 mL)
(10 psi) 0 °C, 4 h

T_m = 146 °C
M_n = 51 500
M_w/M_n = 1.11

(11.0 g)
0 °C, 2 h

93　4.3　2.7 (mol %)
T_m = 137 °C, T_g = 2.6 °C, M_n = 93 300, M_w/M_n = 1.11

スキーム 5　Synthesis of *syn*PP-*block*-poly(propylene-*MCP*-*co*-3-VTM) via copolymerization of propylene and 1,5-hexadiene with **3a**-MAO

エチレン重合およびエチレン/プロピレン共重合にもリビング性を示すことから *syn*PP-*block*-EPRが合成されている（スキーム4）[17]。Coatesらも類似の錯体**3c**がプロピレンの*syn*特異的リビング重合に有効であることを見いだし，一連の*syn*PP-*block*-EPRを合成し，相分離構造と物性を評価している[18]。また，同系はプロピレンと1,5-ヘキサジエンのリビング共重合によりメチレン-1,3-シクロペンタン（MCP）構造と3-ビニルテトラメチレン（VTM）構造を有するポリマーを与えることから，*syn*PP-*block*-poly(P-*co*-MCP-*co*-3-VTM)が合成されている（スキーム5）[19]。

5 プロピレンのイソ特異的リビング重合とブロック共重合体の合成

5.1 ビス（フェノキシケチミン）チタン錯体

上述したフェノキシイミン錯体**3**によるプロピレンの*syn*特異的リビング重合はプロピレンの2, 1-付加で進行し，プロピレンが挿入するたびに末端の不斉炭素により活性種が異性化することで*syn*特異性が発現する。イミン炭素上にシクロヘキシル基などの嵩高い置換基を導入したフェノキシケチミン錯体**4**では異性化が抑えられ*iso*特異的リビング重合が進行する。Coatesらは，**4a**-dMAO系を用いて*iso*PPとEPR連鎖からなる一連のブロック共重合体を合成しその物性を評価している（表2）[20]。

表2　Synthesis and characterization of block copolymers composed of *iso*PP and EPR segments[20]

Sample A：*iso*PP B：EPR	M_n,total (kg/mol)^b	M_w/M_n^{b}	block lengths (kDa)^c	wt. % of A blocks^d	F_e total (mol %)^e	T_g (℃)^f	T_m (℃)^f	ΔH (J/g)	Young's modulus (Mpa)^g	strain at break (%)	true stress at break (Mpa)	elastic recovery (%)^h
A-B-A	102	1.13	12-75-15	26	16	-35	115	14.3	10.9	~1000	120	80
A-B-A	144	1.18	14-117-13	17	17	-33	107	11.8	6.9	~800	64	81
A-B-A	235	1.30	14-206-15	12	15	-39	95	16.1	12.0	~950	112	68
A-B-A-B-A	195	1.15	14-74-15-78-14	22	20	-40	94	16.8	11.7	~790	84	79
A-B-A-B-A	227	1.13	13-74-7-51-32-44-6	26	18	-33	88	13.1	9.0	~830	100	85

^{a}General conditions：10 μmol of **12** in toluene（5 mL）was added to a propylene-saturated PMAO-IP solution（100 mL of toluene；[Al]/[Ti]=150）at 0℃. After the desired time, a C_2H_4 feed was established. The C_2H_4 feed was discontinued and the reactor was vented to 0 psig, 30 psig of propylene reconnected and polymerization allowed to proceed for the desired time. ^{b}Determined using gel permeation chromatography in 1,2,4-$C_6H_3Cl_3$ at 140℃ versus polyethylene standards. ^{c}Determined by the difference in M_n of aliquots pulled after the formation of each block. ^{d}Wt. % of hard blocks（second heating）. ^{e}Mole fraction of ethylene（F_e）determined by ^{13}C NMR. ^{f}Determind by DSC. ^{g}Measured in tension at strain of 15%. ^{h}After 750% prestrain.

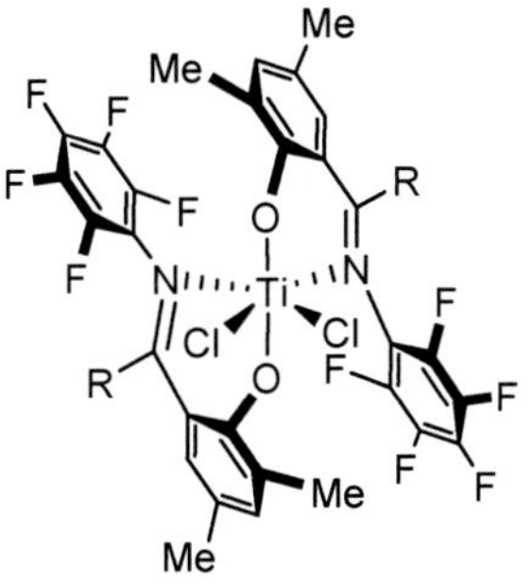

4a: R = cyclohexyl
4b: R = cycloheptyl
4c: R = 1-naphthyl

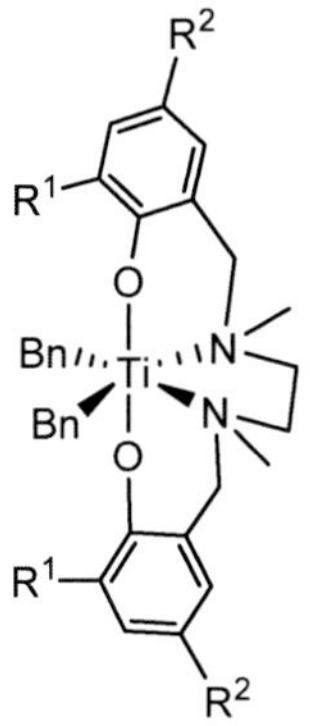

5a: R^1 = ^{t}Bu, R^2 = ^{t}Bu
5b: R^1 = 1-adamantyl, R^2 = Me

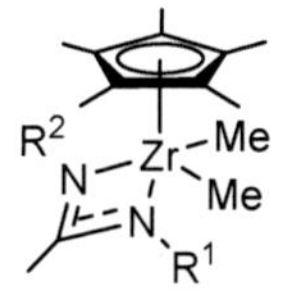

6a: R^1 = ^{t}Bu, R^2 = Et
6b: R^1 = R^2 = ^{t}Bu
6c: R^1 = R^2 = cyclohexyl

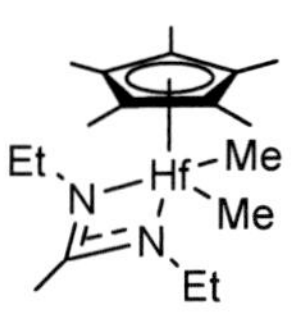

7

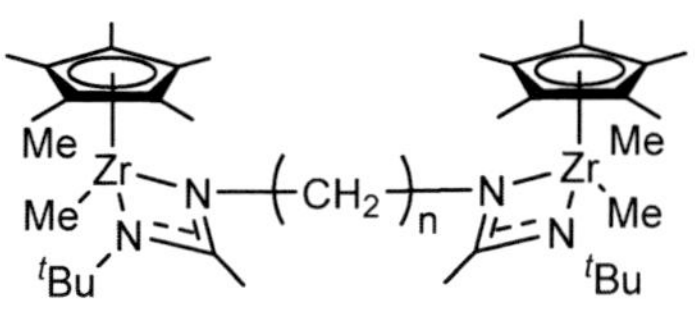

8a: n = 1
8b: n = 2
8a: n = 3

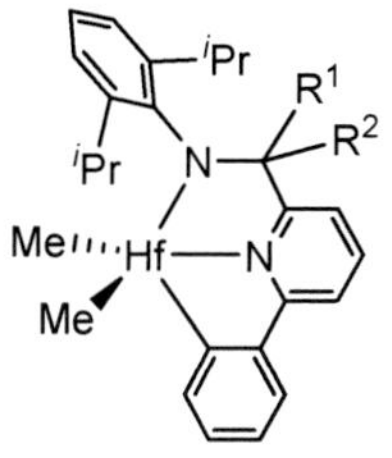

9a: R^1 = Ph, R^2 = H
9b: R^1 = R^2 = H

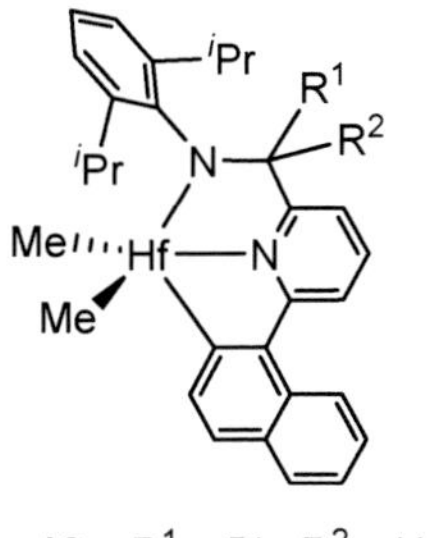

10a: R^1 = Ph, R^2 = H
10b: R^1 = R^2 = Me

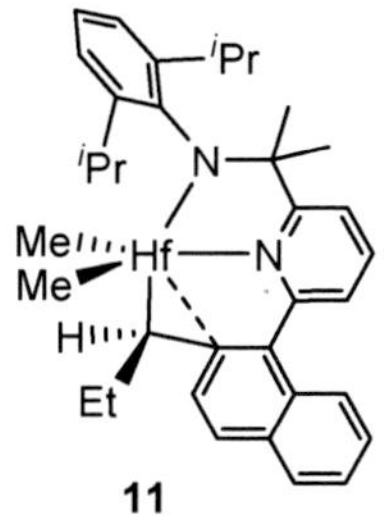

11

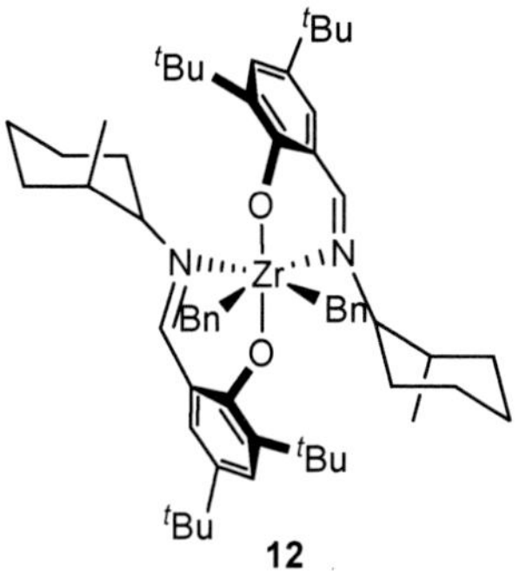

12

5.2　ジアミンビス（フェノキシ）ジルコニウム錯体

Kol らは Zr 錯体 **5a** を $B(C_6F_5)_3$ で活性化した系が 1-ヘキセンの *iso* 特異的リビング重合を進行させることを報告した[21]。Busico らは **5a** を $^i Bu_3Al$/BHB 共存下［$PhNMe_2H$］［$B(C_6F_5)_4$］で活性化した系がエチレン重合ならびにプロピレンの *iso* 特異的重合（[*mmmm*] = 0.80）を擬リビング的に進行させることを見いだし，同系を用いてエチレン，プロピレンの逐次重合を行うことにより *iso*PP-*block*-PE を合成している（M_n = 6500, M_w/M_n = 1.2）[22]。^{13}C NMR 解析により生成ポリマーが I の構造を有することを明らかにし，それぞれの平均重合度をエチレン 130 ± 30, プロピレン 120 ± 30 と求めている。このポリマーの DSC 曲線には，昇温時に PE の T_m がブロード

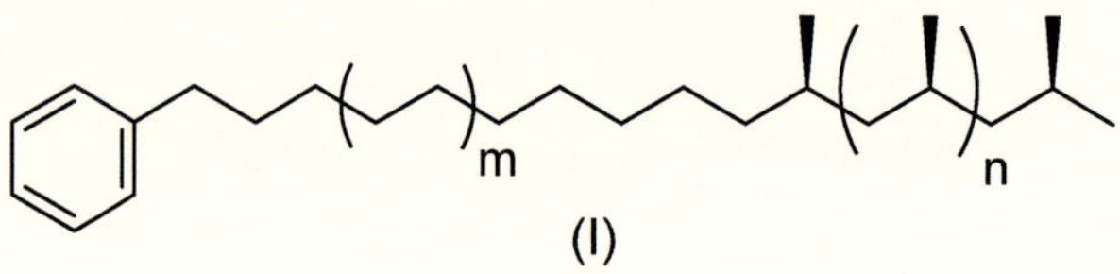

(I)

な *iso*PP の融解に重なって 120℃に観測（全融解エンタルピー（ΔH_m）= 136 J/g）され，降温時にはそれぞれのセグメントの結晶化が観測（PE，結晶化温度（T_c）= 107℃，結晶化エンタルピー（ΔH_c）= −91 J/g；*iso*PP，T_c = 87℃，ΔH_c = −25 J/g）された。なお，同一条件で得られたホモポリマーの融解パラメーターは，PE（T_m = 124℃，ΔH_m = 244 J/g），*iso*PP（T_m = 123℃，ΔH_m = 72 J/g）であった。Busico らは，さらに配位子の置換基効果について検討し，フェノキシ配位子の *o*-位にアダマンチル基を有する **5b** が高 *iso*PP（[*mmmm*] = 0.985, T_m = 151℃）を与えることを見いだし，*iso*PP-*block*-PE（M_n = 22000, M_w/M_n = 1.3）を合成している[23]。^{13}C NMR により求めたそれぞれの連鎖の平均重合度は，エチレン 240，プロピレン 290 であり，このブロックコポリマーはそれぞれの連鎖に由来する 2 つの T_m（PE, 126℃，ΔH_m = 65 J/g；*iso*PP, 152℃, ΔH_m = 62 J/g）を示す。

5. 3 （シクロペンダジエニル）アミジナートジルコニウム（ハフニウム）錯体

Sita らは C_1 対称性を有する Zr 錯体 **6a** を 1 当量の［$PhNMe_2H$］［$B(C_6F_5)_4$］で活性化した系がクロロベンゼン中−10℃で 1,5-ヘキサジエンの *trans*-選択的環化重合ならびに 1-ヘキセン（H）の *iso* 特異的重合をリビング的に進行させることを見いだした。*iso*PP-*block*-poly(*trans*-MCP), *iso*PP-*block*-poly(*trans*-MCP)-*block*-*iso*PP を合成し（スキーム 6），後者がミクロ相分子構造を形成することを AFM により確認している[24]。また，C_s 対称性 Zr 錯体 **6c** を用いると 1-ヘキセンのリビング重合が高速で非立体特異的に，ビニルシクロヘキサン（VCH）のリビング重合は高 *iso* 特異的（[*mmmm*]>0.95）に進行することから，これらの連鎖からなるトリブロックポリマーを合成している（スキーム 7）。

6a を 0.5 当量の［$PhNMe_2H$］［$B(C_6F_5)_4$］（**A**）で活性化した場合には，開始剤効率は変わらずに非立体特異的リビング重合が進行する[25]。*iso* 特異性の消失は，成長反応より速い活性な Zr カチオン種と不活性な中性 Zr 種とのメチル基交換反応と中性 Zr 種のエピメリ化に起因する。より嵩高い錯体 **6b** を添加すると非可逆的に **6a** 由来の Zr カチオン種に Me^- を供与し，**6b** から生成したカチオン種は重合活性を示さないことを利用して，**A**/**6a** = 0.5（モル比）でプロピレンの非立体特異的リビング重合を開始し，0.5 当量の **A** と **6b** の逐次添加を繰り返すことにより（スキーム 8），連鎖構造のみ異なり M_n がほぼ同一である一連のステレオブロック PP が合成され，物性が評価されている[26]：*ata*PP-*block*-*iso*PP（M_n = 164200, M_w/M_n = 1.19, [*mmmm*] = 0.33, *iso*：*ata* = 60：40），*ata*PP-*block*-*iso*PP-*block*-*ata*PP（M_n = 167500, M_w/M_n = 1.19, [*mmmm*] = 0.38, *iso*：*ata*：*iso* = 30：40：30），*ata*PP-*block*-*iso*PP-*block*-*ata*PP-*block*-*iso*PP（M_n = 172400,

6a (50 μmol)
[$PhNMe_2H$][$B(C_6F_5)_4$]
(50 μmol)
chlorobenzene
(total 10 mL)
-10 °C, 90 min
(77 eq.)
(77 eq.)
-10 °C, 90 min
M_n = 22 800, M_w/M_n = 1.05
T_m = 91 °C
(77 eq.)
-10 °C, 90 min
M_n = 30 900, M_w/M_n = 1.10
T_m = 79 °C

スキーム6　Synthesis of *iso*PP-*block*-poly(*trans*-MCP)-*block*-*iso*PP with **6a**-[$PhNMe_2H$][$B(C_6F_5)_4$]

VCH
(39 eq.)
6c (25 μmol)
[$PhNMe_2H$][$B(C_6F_5)_4$]
(25 μmol)
chlorobenzene
(total 10 mL)
-10 °C, 2 h
(154 eq.)
-10 °C, 1 h
VCH
(39 eq.)
-10 °C, 2 h
M_n = 24 400, M_w/M_n = 1.08

スキーム7　Synthesis of *iso*PVCH-*block*-poly(1-hexene)-*block*-*iso*PVCH with **6c**-[$PhNMe_2H$][$B(C_6F_5)_4$]

6a–0.5 eq. **A**
*ata*PP
0.5 eq. **A**
ata-iso stereoblock PP
0.5 eq. **6b**
ata-iso-ata stereoblock PP
0.5 eq. **A**
ata-iso-ata-iso stereoblock PP

スキーム8　Synthesis of stereoblock PPs with **6a**-[$PhNMe_2H$][$B(C_6F_5)_4$]

$M_w/M_n = 1.19$, [*mmmm*] = 0.32, *iso*：*ata*：*iso*：*ata* = 30：20：30：20)。その結果，トリブロックコポリマーが最大の破断伸長度（1530%）を示すこと，ならびに，テトラブロックコポリマーは伸長度300%の範囲内で優れた形状回復性を示すことが報告されている。また，**6a**によるプロピレンのリビング重合において段階的に**A**を加え最終的に1当量とすることで，*ata*構造から徐々に*iso*構造に変化するステレオグラジエントPPも得られている[27]。

リビング*ata*PPを与えるC_s対称性Hf錯体**7-A**では，1,6-ヘプタジエンの環化リビング重合が進行し，メチレンシクロヘキサン構造（MCH）を有するポリマー（Ⅱ）が生成する。同触媒系を用いてpoly(MCH)-*block*-*ata*PP-*block*-poly(MCH) が合成され物性と相分離構造が調べられている（表3）[28]。これらの触媒系によるビス（2-プロペニル）ジメチルシランの立体特異的および非立体特異的リビング環化重合も報告されている[29]。

配位リビング重合では，単分散ポリマーやブロックポリマーを合成するためにポリマー鎖と当量の遷移金属錯体が必要である。Gibson らはビス（イミノ）ピリジン Fe 錯体-MAO-Et_2Zn 系によるエチレン重合において，すべての Zn-Et 結合にエチレンが挿入し Poisson 分布に従うエチレンオリゴマーが生成することを報告している[30]。リビング重合系に典型金属アルキルを添加し可逆的な連鎖移動反応を利用して触媒的に単分散ポリオレフィンを合成する手法（Living Coordinative Chain Transfer Polymerization, LCCTP）が開発されている。LCCTP では，成長反応に比べ成長鎖と典型金属アルキルとのアルキル交換が十分速いため，見かけ上すべての金属アルキルから同じ速度でポリマーが成長する[31]。Hf 錯体 **7** を **A** で活性化した系を用いて Et_2Zn 共存下プロピレン重合を行うと，Et_2Zn の添加量に応じて分子量は低下し（Zn の 2 倍量＋1）当量の単分散 *ata*PP が得られる（スキーム 9）[32]。同系はエチレン，1-ヘキセン，1,5-ヘキサジエンの単独重合や共重合にも有効であり，Et_2Zn 添加量に応じて対応する単分散ポリマーが得られる[33]。*rac*-**6a**-**A** によるプロピレン重合において Et_2Zn を添加すると対掌体間のアルキル鎖の交換により *iso* 特異性が消失するが[34]，複核錯体 **8b** を用いるとステレオブロック PP が得られる[31]。

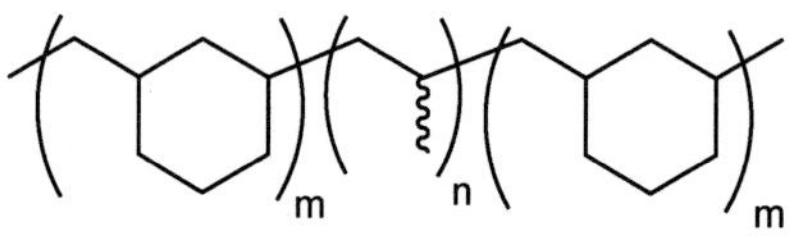

m n m

(II)

表 3　Molecular weight, polydispersity, and tensile test data for II[28]

Polymer	f_{PMCH}[a]	M_n (kDa)[b]	M_w/M_n	stress (Mpa)	strain (%)[d]	recovery (%)[d]	phase structure
IIa	0.09	342	1.18	8.9	2773	94±1	body-centered cubic (BCC) array of PMCH spheres within an ataPP matrix
IIb	0.17	175	1.03	16.4	2631	93±1	complexed
IIc	0.23	223	1.16	20.3	1390	72±2	cylindrical
*ata*PP	0	314	1.26	1.0	379	--	

[a]Calculated f_{PMCH} by determining the M_n (via GPC) of aliquots taken after complete polymerization of each segment compared to the overall M_n. [b]Determined by high-temperature gel permeation chromatography (HT-GPC). [c]Determined by stress-strain tensile testing. [d]Mean average of recovery % for ten consecutive cycles of applying and releasing a 300% strain on a freshly prepared sample.

スキーム9　Synthesis of monodisperse *ata*PP via LCCTP with **7**-$[PhNMe_2H][B(C_6F_5)_4]$

5. 4　ピリジルアミドハフニウム錯体

プロピレンの溶液重合に適用可能な高温で *iso*PP を与えるビリジルアミド配位子を有する Hf 錯体 **9a**，**10a** がコンビナトリアルケミストリーの手法により開発されている[35]。Coates らは，**9b** を $B(C_6F_5)_3$ で活性化した系が，20℃でプロピレンのリビング重合を進行させ *iso* 構造に富む PP を与えることを報告している（M_n = 68600, M_w/M_n = 1.05,［*mmmm*］= 0.56）[36]。さらに，**9b** は C_s 対称であることから Hf-アリール結合にプロピレンが1分子挿入した C_1 対称錯体が活性種前駆体であると予想し，新たに合成した錯体 **11** を用いリビング *iso*PP（M_n = 124400, M_w/M_n = 1.05,［*mmmm*］= 0.80, T_m = 120℃）を得ている[37]。

さらに，彼らは **9b**-$B(C_6F_5)_3$ 系を用いて逐次モノマー添加法により PE と *iso*PP からなる一連のブロック共重合体を合成し，PE/*iso*PP 積層フィルムおよびブレンド物への添加効果を調べている[38]。積層フィルムの接着については，ジブロック体で十分な接着強度を出すためには長い連鎖が必要（$PP_{71}PE_{137}$, 下付数字は連鎖長 kDa）であるのに対し，テトラブロック体（$PP_{36}PE_{20}PP_{34}PE_{24}$）はブロック連鎖長が短くとも同等の接着強度を示すことを明らかにしている。さらに，テトラブロックポリマーを PE/PP ブレンドに添加することでブレンド物の物性が大幅に改善することを見いだしている。

9b-$B(C_6F_5)_3$ 系の優れた共重合反応性とリビング重合性はエチレン連鎖とエチレン /1-オクテン共重合連鎖からなるマルチブロックコポリマーの効率的な合成法にも利用されている。エチレンの単独重合が高活性で進行するビス（フェノキシイミン）Zr 錯体 **12** と組み合わせ Et_2Zn 共存下エチレン /1-オクテン共重合を行うと Zn-アルキルと Hf-アルキルおよび Zr-アルキルのトランスメタル化を介して成長ポリマー鎖が Hf と Zr の間で交換することによりマルチブロックコポリマーが生成する（図7）[39]。

5. 5　C_2 対称ニッケルジイミン錯体

C_2 対称を有する Ni 錯体 **13**-MAO 系は −60℃以下でリビング *iso*PP を与える（T_p = −60℃, T_m = 129.7℃, T_g = −14.3℃；T_p = −78℃, T_m = 137.3℃, T_g = −0.5℃）[40]。T_p を上げるとプロピレンの 3,1-挿入が起こるため T_m は消失し EPR と類似の構造を有するレジオイレギュラー（*rir*-）なリビング PP が生成する（T_p = 0℃, T_g = −54.4℃；T_p = 22℃, T_g = −59.9℃）。−60℃で7時間，

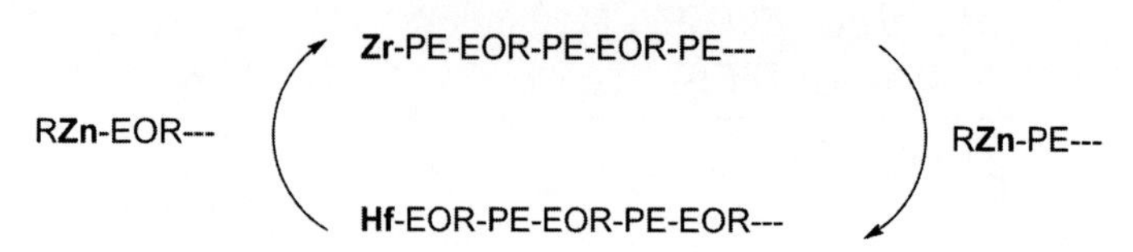

図7　Synthesis of multiblock copolymers composed of PE and copoly (ethylene/1-octene) (EOR) sequences by Chain-Shuttling Polymerization[39)]

13

0℃で7時間プロピレン重合を行うことで *iso*PP-*block*-*rir*-PP が得られている（M_n = 47400, M_w/M_n = 1.12, T_m = 118.6℃, T_g = −45.5℃）。さらに −60℃で重合を行い得られる *iso*PP-*block*-*rir*-PP-*block*-*iso*PP はエラストマー性を示すことが確認されている。

6　おわりに

配位重合の魅力の一つは，構造の単純な炭化水素モノマーから立体規則性を制御することで多種多様な高分子材料を合成しうる点にある。本章で紹介したプロピレンや高級1-アルケンのみならず，ブタジエンやスチレンでも立体特異的リビング重合が可能となっている。また，典型金属アルキルとの遷移金属アルキルとの可逆的なアルキル交換を利用することで，触媒量の遷移金属錯体で単分散ポリマーやブロックコポリマーが得られるようになってきた。しかし，プロピレンと共役系モノマーを自在に共重合することはいまだ達成されていない。今後の課題として，オレフィンと共役系モノマーとのランダム共重合やブロック共重合が可能な立体特異的重合触媒の開発が挙げられよう。また，気相重合にも適用可能しうる効率的なブロック共重合体合成法の確立が期待される。

文　献

1) J. B. Edson, G. J. Domski, J. M. Rose, A. D. Bolig, M. Brookhart, G. W. Coates, "Controlled and Living Polymerizations", A. H. E. Muller, K. Matyjaszewski eds., Wiley-VCH, p.167 (2009)
2) Y. Doi, S. Ueki, T. Keii, *Macromolecules*, **12**, 814 (1979)
3) Y. Doi and T. Keii, *Adv. Polym. Sci.*, **73-74**, 201 (1986)
4) S. Hosoda, H. Kihara, K. Kojima, Y. Satoh, and Y. Doi, *Polym. J.*, **23**, 277 (1991)
5) H. Hagihara, T. Shiono, T. Ikeda, *Macromolecules*, **31**, 3184 (1998)
6) T. Hasan, A. Ioku, K. Nishii, T. Shiono, T. Ikeda, *ibid.*, **34**, 3142 (2001)
7) K. Nishii, T. Matsumae, E. O. Dare, T. Shiono, T. Ikeda, *Macromol. Chem. Phys.*, **205**, 363 (2004)
8) Z. Cai, T. Ikeda, M. Akita, T. Shiono, *Macromolecules*, **38**, 8135 (2005)
9) Y. Sun, B. Xu, T. Shiono, and Z. Cai, *Organometallics*, **36**, 3009 (2017)
10) a) Z. Cai, Y. Nakayama, and T. Shiono, *Kinet. Catal.*, 47, 274 (2006)；b) Z. Cai, Y. Nakayama, and T. Shiono, *Macromolecules*, **41**, 6596 (2008)；c) Z. Cai, Y. Nakayama, and T. Shiono, *Macromol. Res.*, **18**, 737 (2010)
11) Z. Cai, Y. Nakayama, and T. Shiono, *Macromolecules*, **39**, 2031 (2006)
12) X. Song, L. Yu, T. Shiono, T. Hasan, and Z. Cai, *Macromol. Rapid Commun.*, **38**, 1600815 (2017)
13) R. Tanaka, Y. Nakayama, and T. Shiono, *Polym. Chem.*, **4**, 3974 (2013)
14) R. Tanaka, T. Suenaga, Z. Cai, Y. Nakayama, and T. Shiono, *J. Polym. Sci., Part A：Polym. Chem.*, **52**, 267 (2014)
15) J. Saito, M. Mitani, J. Mohri, S. Ishii, Y. Yoshida, T. Matsugi, S. Kojoh, N. Kashiwa, T. Fujita, *Chem. Lett.*, 576 (2001)
16) M. Mitani, R. Furuyama, J.-i. Mohri, J. Saito, S. Ishii, H. Terao, N. Kashiwa, T. Fujita, S. Matsui, *J. Am. Chem. Soc.*, **124**, 7888 (2002)
17) S.-I. Kojoh, T. Matsugi, J. Saito, M. Mitani, T. Fujita, and N. Kashiwa, *Chem. Lett.*, 822 (2001)
18) J. Ruokolainen, R. Mezzenga, G. H. Fredrickson, E. J. Kramer, P. D. Hustad, and G. W. Coates, *Macromolecules*, **38**, 851 (2005)
19) P. D. Hustad and G. W. Coates, *J. Am. Chem. Soc.*, **124**, 11578 (2002)
20) J. B. Edson, Z. Wang, E. J. Kramer, and G. W. Coates, *J. Am. Chem. Soc.*, **130**, 4968 (2008)
21) E. Y. Tshuva, I. Goldberg, and M. Kol, *J. Am. Chem. Soc.*, **122**, 10706 (2000)
22) V. Busico, R. Cipullo, N. Friederichs, S. Ronca, and M. Togrou, *Macromolecules*, **36**, 3806 (2003)
23) V. Busico, R. Cipullo, N. Friederichs, S. Ronca, G. Talarico, M. Togrou, and B. Wang, *Macromolecules*, **37**, 8201 (2004)
24) K. C. Jayaratne and L. R. Sita, *J. Am. Chem. Soc.*, **122**, 958 (2000)
25) Y. Zhang, R. J. Keaton, and L. R. Sita, *J. Am. Chem. Soc.*, **125**, 9062 (2003)

26) M. B. Harney, Y. Zhang, and L. R. Sita, *Angew. Chem., Int. Ed.*, **45**, 2400 (2006)
27) M. B. Harney, Y. Zhang, and L. R. Sita, *Angew. Chem., Int. Ed.*, **45**, 6140 (2006)
28) K. E. Crawford and L. R. Sita, *ACS Macro Lett.*, **4**, 921 (2015)
29) K. E. Crawford and L. R. Sita, *ACS Macro Letters*, **3**, 506 (2014)
30) G. J. P. Britovsek, S. A. Cohen, V. C. Gibson, P. J. Maddox, and M. Van Meurs, *Angew. Chem., Int. Ed.*, **41**, 489 (2002)
31) J. Wei, W. Hwang, W. Zhang, and L. R. Sita, *J. Am. Chem. Soc.*, **135**, 2132 (2013)
32) W. Zhang and L. R. Sita, *J. Am. Chem. Soc.*, **130**, 442 (2008)
33) W. Zhang, J. Wei, and L. R. Sita, *Macromolecules*, **41**, 7829 (2008)
34) J. Wei, W. Zhang, and L. R. Sita, *Angew. Chem., Int. Ed.*, **49**, 1768 (2010)
35) T. R. Boussie, G. M. Diamond, G. Goh, K. A. Hall, A. M. Lapointe, M. K. Leclerc, V. Murphy, J. A. M. Shoemaker, H. Turner, R. K. Rosen, J. C. Stevens, F, Alfonso, V. Busico, R. Cipullo, and G. Talarico, *Angew. Chem. Int. Ed. Engl.*, **45**, 3278 (2006)
36) G. J. Domski, E. B. Lobkovsky, and G. W. Coates, *Macromolecules*, **40**, 3510 (2007)
37) G. J. Domski, J. B. Edson, I. Keresztes, E. B. Lobkovsky, and G. W. Coates, *Chem. Commun.*, 6137 (2008)
38) J. M. Eagan, J. Xu, R. Di Girolamo, C. M. Thurber, C. W. Macosko, A. M. La Pointe, F. S. Bates, and G. W. Coates, *Science*, **355**, 814 (2017)
39) D. J. Arriola, E. M. Carnahan, P. D. Hustad, R. L. Kuhlman, and T. T. Wenzel, *Science*, **312**, 714 (2006)
40) A. E. Cherian, J. M. Rose, E. B. Lobkovsky, and G. W. Coates, *J. Am. Chem. Soc.*, **127**, 13770 (2005)

第3編

ブロック共重合体の応用

第11章　アクリルブロックコポリマー（Nanostrength®）の開発と応用

有浦芙美*

1　はじめに

リビング重合技術は1950年代より精力的に研究され，以来さまざまなブロックコポリマーの合成方法や特性が報告されてきた[1)]。初期の研究は主にリビングアニオン重合を用いたものが多く，そこから得られるブロックコポリマーは単分散の理想的なブロックコポリマーであるため，学術的研究用のモデルとして注目され，活発に研究された。一方で工業的観点からみると，アニオン重合は低温での重合や，精製の必要性，モノマー種が限定されるなどの理由でこれまでのポリマーとはかなり異なる製法となる。水や不純物に安定なラジカル種を利用するリビングラジカル重合法は，重合温度やモノマー種の自由度が広く，これまでの製法の延長で新しいポリマー材料設計ができる新手法として注目が集まっている。リビングラジカル重合では溶液重合，塊状重合，乳化重合，懸濁重合など幅広い製法が適用できることもコストが重要な工業的観点から見ると大きなメリットであり，これまでにいくつもの有望なリビングラジカル重合機構が報告されている。詳細は他書籍を参照されたい[2)]が，ここではアルケマ社独自で取り組んできた安定ニトロキシドを利用する工業的リビング重合技術の内容及び同技術を用いて製造されるブロックコポリマーNanostrength®の応用例について紹介する。

2　アルケマのニトロキシド媒体リビングラジカル重合

安定ニトロキシドラジカルを媒体とするリビング重合法（NMP）はリビングラジカル重合の中で最も歴史が長く，1990年ごろにTEMPOをベースにしたNMPの研究が活発に行われた。NMPではニトロキシドラジカルとポリマー成長末端ラジカルが反応して不活性なドーマント種を生成することによりラジカル成長速度を制御する。この不活性化反応は通常のモノマーの付加反応と比較して十分に早い速度で起こるため，通常のラジカル重合のように停止反応が起こらない。また，ニトロキシドラジカルは酸素ラジカルとの反応が遅いため酸素障害を受けにくいこともリビング性を実現するには優位であるが，TEMPOの場合重合速度が遅く，使用できるモノマーがスチレンに限られることが工業化には障害であった。アルケマではより重合速度の速く汎用性のある新しいタイプのニトロキシドの探索を行い，数々の実験及び理論両方からのアプロー

---

*　Fumi Ariura　アルケマ㈱　コーポレートR&D　ディベロップメントエンジニア

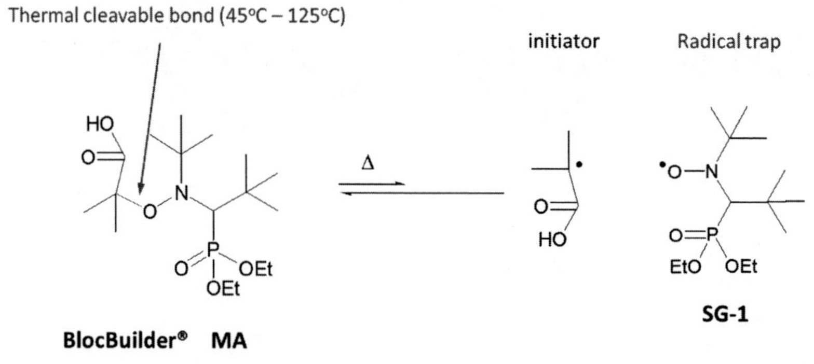

図1　BlocBuilder®MA の熱解離機構

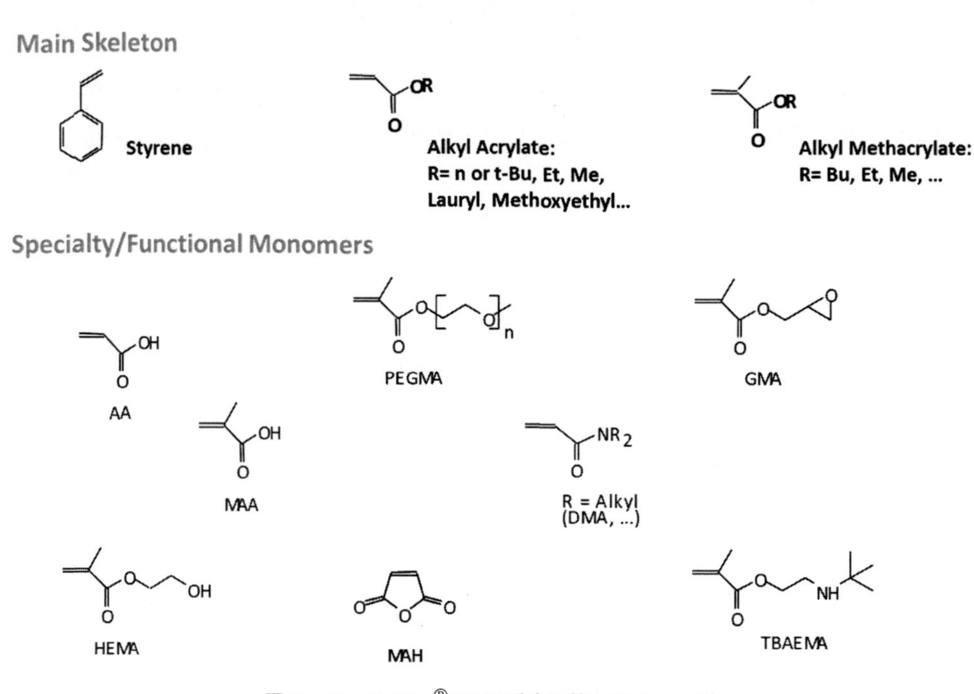

図2　BlocBuilder®MA で重合可能なモノマー群

チによりかさ高い立体的な障害を持つニトロキシドが優れたラジカルの安定性と再解離速度のバランスを実現することを発見した[3)]。新しいニトロキシドはSG1と呼ばれ，SG1にメタクリル酸を結合して得られるアルコキシアミンはBlocBuilder®MAという製品名で2005年に上市された。BlocBuilder®MAの構造と熱解離機構を図1に示す。図2はBlocBuilder®MAを用いて重合が確認されているモノマー種の例である。アクリル，スチレン種は優れたリビング性を維持できるが，メタクリル種の場合，リビング性を保つことが難しく，最後はフリーラジカル重合との競合となるため，メタクリル種は最終ブロックとして導入する必要がある。

Blocbuilder®MAを用いるNMPは他のリビングラジカル重合と比較しても反応機構のシンプ

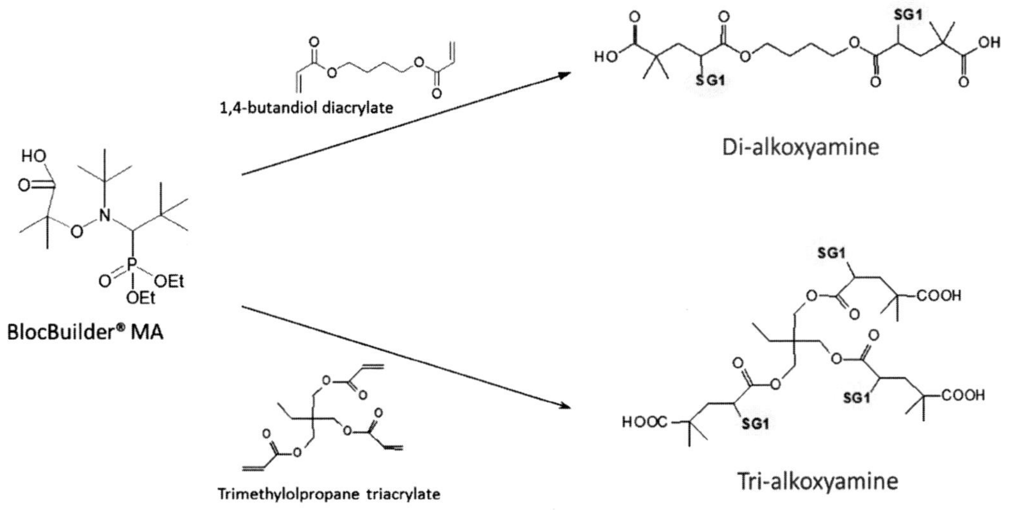

1,4-butandiol diacrylate
Di-alkoxyamine
BlocBuilder® MA
Trimethylolpropane triacrylate
Tri-alkoxyamine

図3　BlocBuilder®MA を用いた多官能開始剤の合成例

ルさ，早い重合時間，広い範囲のモノマー種に対応，金属非含有など高機能ポリマーの製法という観点から魅力的な手法である。

もうひとつ BlocBuilder®MA の興味深い特徴として，多官能基開始剤の合成が容易な点が挙げられる[4)]。図3に示すように，BlocBuilder®MA を多官能アクリルモノマーと最適な条件の温度で反応させることにより，複数の SG1 を有する多官能アルコキシアミンを容易に合成することができる。BlocBuilder®MA を共通の出発原料としながら，2官能の開始剤（Di-alkoxyamine）を調製することにより ABA 型のトリブロックコポリマーが，3官能の開始剤（Tri-alkoxyamine）を調製することにより分岐構造を有する星型ブロックコポリマーを効率的に合成することが可能となる。

3　アクリル系ブロックコポリマー：Nanostrength®

一定の長さのポリマー同士が直線状に並ぶブロックコポリマーは，不規則につながるランダムコポリマーと異なる多くの興味深い特徴を示すことがよく知られている。まず第一に，複数のガラス転移温度（Tg）を持つ点があげられる。例えばポリメタクリル酸メチルとポリアクリル酸 *n*-ブチル（BA）のブロックコポリマー（PMMA-*b*-PBA）の場合，その組成にかかわらず－40℃と100℃付近にそれぞれ PBA と PMMA ホモポリマーに対応する Tg を持つ。ランダムコポリマー（PMMA-*ran*-PBA）の場合，組成に比例して－40～100℃の間に一つの Tg を示す。その Tg 以上の温度ではガラス状態から開放されて分子鎖全体の熱運動が始まるため，樹脂全体としては機械的強度を失うことを意味する。他方ブロックコポリマーの場合，PBA の Tg 以上でもPMMAのTg以下の温度では分子鎖の一部がガラス状態にあって動きが拘束されており，分子鎖の動ける範囲が極度に限定されている。柔らかい性質とガラス状態の硬い性質が共存していることになり，樹脂全体では耐熱性と耐衝撃性をあわせ持つことを意味する。

さらに，自己組織化によるナノサイズの相分離構造の形成も非常に興味深い特徴である。ミクロな相分離構造の形状やサイズとマクロな樹脂の性能の関係性はまだ十分に解明されていない部分も多いが，添加剤として使用する場合ブロックコポリマーの構造や組成，添加量に応じてミクロドメインのサイズや形が決定されるため，物性の発現とリビング重合の制御能とは密接な関係があるといえる。

アルケマのNMP技術を用いて製造されるアクリル系ブロックコポリマーはNanostrength®という製品名で上市されている。図4にNanostrength®の製造ステップを示す。BlocBuilder®MAを用いて調製される2官能開始剤を用いて中央ブロックのPBAブロックを重合し，末端にSG1が残っている状態で反応を一度停止する。残留BAモノマーを除去した後，2番目のPMMAブロックを重合し，ABA型の左右対称ブロックコポリマーを製造している。また，各重合段階で異なるモノマーを導入することにより位置（ブロック）選択的に極性基や官能基を配置することも可能である。任意のブロックを変性することにより，相溶性や反応性が制御できるため，用途に合わせてブロックコポリマーを設計することができる。このように，リビングラジカル重合の特徴であるモノマーの汎用性を生かした変性グレードがあることもNanostrength®の特徴となっている。

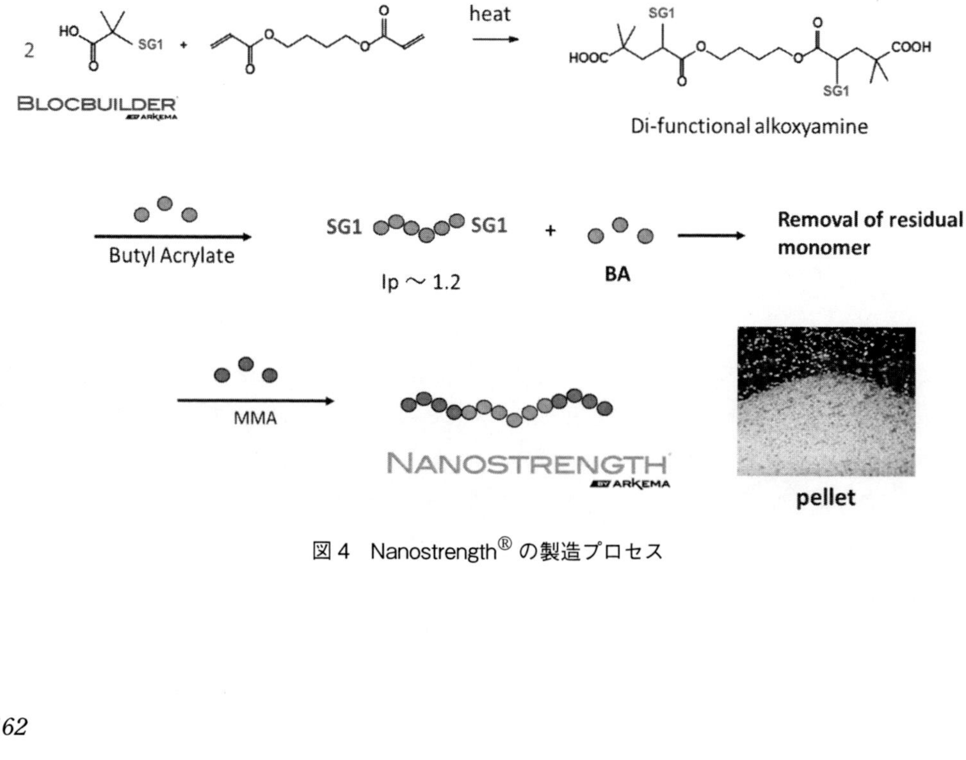

図4　Nanostrength® の製造プロセス

4　ブロックコポリマーによるエポキシ樹脂のじん性改質

エポキシ樹脂は高い架橋密度を持つため，高弾性率，耐熱性，耐薬品性，電気絶縁性など多くの優れた特性を有しており，塗料，接着剤，電子材料，複合材料に使用されている。要求特性に応じ顔料，添加剤，フィラー等と混合する場合が多く，脆くなりがちな物性の改質が必要とされることが多い。図5に示すのは一般的なじん性改質法とNanostrength®による改質の比較である[5)]。熱可塑性樹脂やCTBNのようにエポキシと相分離を誘導し数ミクロンサイズのソフトドメインを形成する方法，コア-シェル型のように微小な粒子をエポキシ樹脂中に分散させる方法がある。しかしながら，ゴム系改質剤の場合硬化後の耐熱性や耐候性の低下が起こりやすいこと，またはコア-シェル型の場合エポキシ樹脂中への均一な一次分散が容易ではないなど，課題感が残る。Nanostregnth® を用いるアプローチはこれらの手法とは大きく異なり，ブロックコポリマーの自己組織化によりエポキシ内に数十nmレベルのソフトドメインを形成させて改質を行う。図6にNanostrength® によるエポキシ樹脂改質メカニズムを示す。エポキシと相溶性が高いPMMAブロックを両側に有するNanostrength® は熱と単純な攪拌によりエポキシプレカーサー中に容易に溶解させることが出来る。溶解の後エポキシマトリクスを硬化させるとNanostrength® 中央のPBAブロックは硬化後のエポキシともPMMAとも相溶性が低いためエポキシの硬化と共にPBAとの相分離が誘発される。他方，相溶性の高いPMMAブロックはエポキシのネットワーク中に絡み合った状態で固定されたままであるため，エポキシ樹脂のマトリクス中にナノレベルのPBAソフトドメインが自発的に形成される結果となる。ここで重要なのは，じん性を付与する柔らかいPBAドメインと硬いマトリクスとの間が化学的結合されていることである。相反する性質を持つドメイン間が強固に結合されていることより，耐熱性や機械的特性を落とさずにじん性の向上を図ることが出来る。表1にNanostrength® で改質した硬化後のエポキシ樹脂の物性を示す。CTBNの場合と比較するとTgの低下が小さく，靭性が付与され

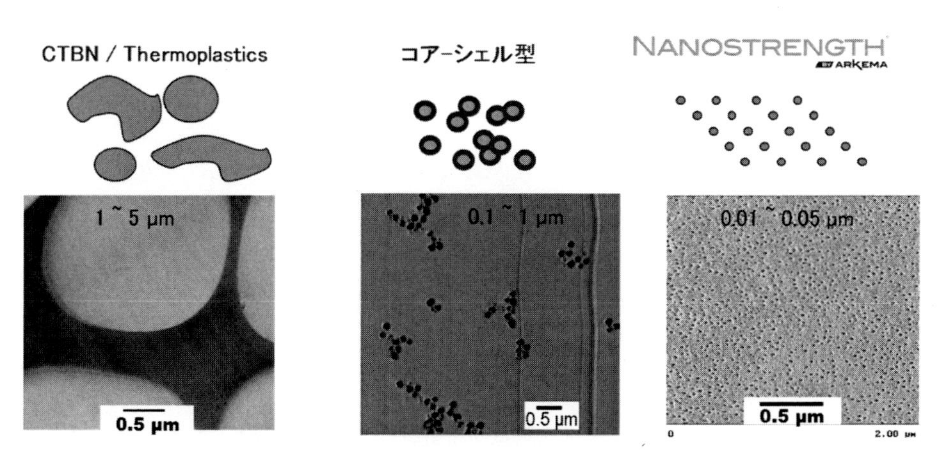

図5　さまざまなエポキシ樹脂改質アプローチ

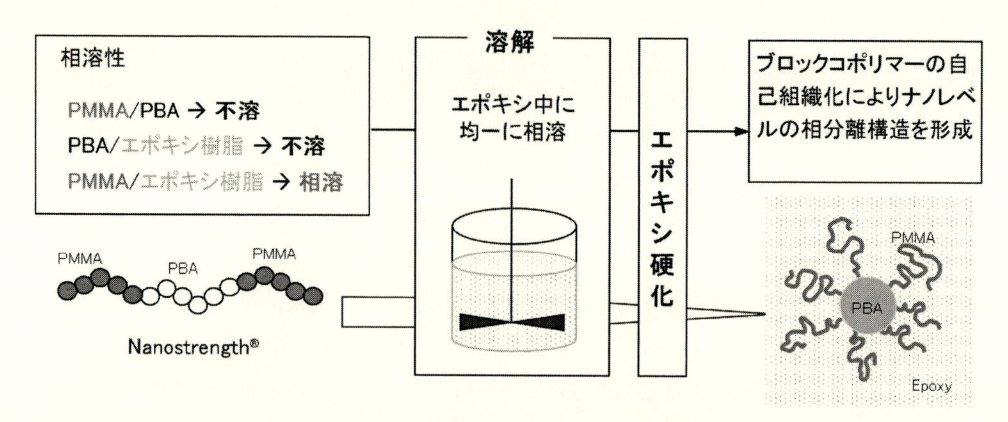

図6　Nanostrength® によるエポキシ樹脂改質機構

表1　Nanostrength® と他のエポキシ改質剤との比較

Additive	loading	Tg (℃)	Mechanical properties			Viscosity (Pa.s)	
			K1c (MPa・$m^{0.5}$)	G1c (J/m^2)	E (GPa)	@40℃	@60℃
Neat	0%	175	0.92	283	3.0	1	0.06
Nanostrength M22N	10%	180	1.27	681	2.4	45	2.0
Nanostrength M52N	10%	171	1.32	713	2.5	21	0.5
CTBN	10%	151	1.16	639	2.1	8	0.2
CTBN adduct	10%*	165	1.16	601	2.5	5	0.3

*as additive

ていることがわかる。しかしながら，Nanostrength® は線状のポリマーのため樹脂粘度が上がりやすく，適用可能なプロセスが限定されることがある。

これまでに，Nanostrength® は炭素繊維複合材料中のエポキシ樹脂改質剤，電材用接着剤やフィルムなどの用途に展開が進んでいる。

5　ナノ構造超耐衝撃性 PMMA キャスト板

次に，従来と同じ製造プロセス上でありながら NMP 技術を取り入れることでより全く新しい性能を持つ材料の製品化を実現した例を紹介する。優れた透明性，硬度，光沢性を持つ PMMA 樹脂において射出成形やフィルム用途などに使用されるペレットと並んで重要な製品形態として PMMA 板がある。その製法はキャスト法と押出し法の2通りがあり，キャスト板は押出板に比べて硬度が高く，透明性が良いため，看板，建築材，ディスプレイの導光板など多彩な用途に利用されている。

PMMA キャスト板は MMA モノマー，開始剤や各種添加剤を含むアクリルシラップをガラス板の型に封止し，オーブン中で硬化させて製造される。キャスト板の耐衝撃性を向上するには図

7（a）に示すようにコアーシェル型のエラストマー成分をアクリルシラップ中に混合して硬化後の板中に分散させる方法があるが，改質効果に限度があること，また屈折率の異なる成分が混入することによる光学特性の低下（ヘイズの上昇）が問題となっていた。アルケマでは，従来のコアーシェル型エラストマーの代わりにNMP技術を用いて製造される特殊エラストマーを用いてPMMAキャスト板の耐衝撃性改質を行うことにより，これまでに実現不可能であった優れた特長を持つPMMAキャスト板を開発した。図7（b）に示すように従来のプロセスのコアーシェル改質剤のかわりにNMPで製造されたブロックコポリマータイプのエラストマーを導入するだけで，キャスト板の硬化中に自己組織化を誘導し，従来と同様の製法でありながらナノレベルで規則的なラメラ構造を形成させることを見出した。このナノ構造PMMAキャスト板はAltuglas®ShieldUpという製品名で上市されており，従来のコアーシェル型耐衝撃性グレードより約2倍の耐衝撃性を示し，広い温度範囲で高い透明性を維持することができる。Altuglas®ShieldUpはすでに自動車用樹脂グレージングの欧州規格ECE R43（Annexe14）に定められる透明性，耐衝撃性，耐薬品性，耐摩擦性，耐候性を含むすべての規定に適合することが確認されており，ルノー社より販売されている二人乗り用電気自動車Renault Twizyの樹脂グレージング材として採用されている他，自動二輪車のウィンドシールドにも採用が広がっている。

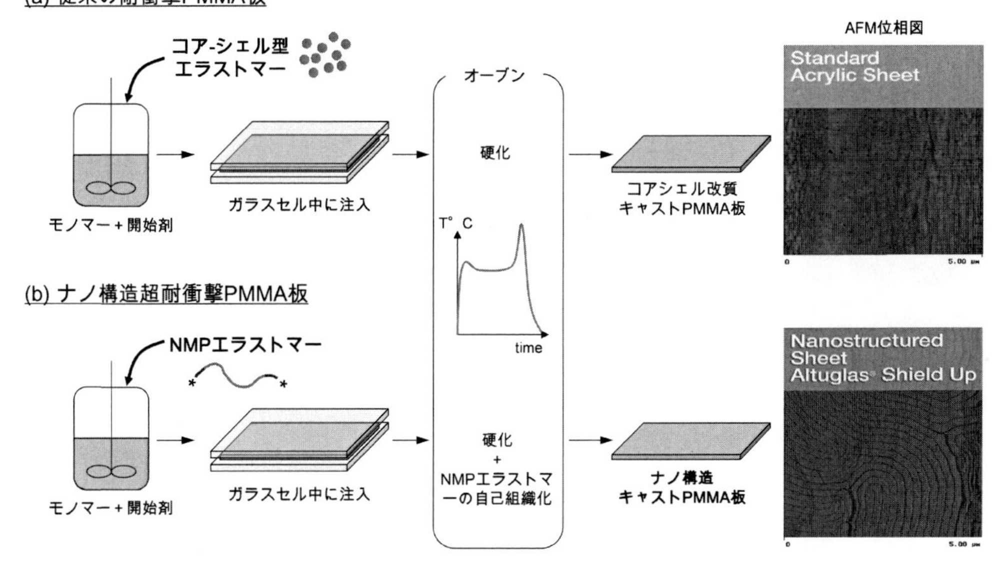

図7　コアーシェル型改質剤による従来の耐衝撃PMMAキャスト板とNMPリビングラジカル重合技術による特殊エラストマーを用いた耐衝撃PMMAキャスト板の製法

6 NMPリビングポリマー：Flexibloc®

BlocBuilder®MAを用いてリビング重合反応を進めた後，反応温度をニトロキシドSG1の乖離温度以下に下げると，ポリマー末端にSG1が結合し安定化された状態でポリマーを取り出すことが出来る。アルケマでは，この再活性可能なリビングポリマーを工業化しており，Flexibloc®という製品名で現在用途開発を行っている。

図8に示すようにFlexibloc®をモノマーの存在下で再び温度を上げると末端のSG1が乖離し，リビング重合が再活性化される。ラジカル開始部を末端に持つポリマーのため，ユーザーの希望にあわせたモノマーを用いて簡単にカスタマイズされたブロックコポリマーを重合することができる。表2に各グレードの詳細を示す。Flexibloc®は片末端（Flexibloc®M2）あるいは両末端（Flexibloc®D2）にSG1が結合したPBAで，熱解離温度（約50℃）以下において安定な単分散ポリマーである。AB型ジブロックコポリマーの重合にはM2，左右対称ABA型トリブロックコポリマーの重合にはD2が適している。

Flexibloc®を用いた材料設計の利点は多く，BlocBuilder®MAと同様なモノマー汎用性（スチレン系，アクリル系，メタクリル系の多くのモノマーが重合可能）は当然ながら，リビング重合でしばしば問題となる1stブロックの残留モノマーの除去が不要であることのインパクトは大きい。

Flexibloc®を用いることにより従来のラジカルプロセス中でも容易にブロックコポリマー構造を最終製品に導入することができるため，高機能粘着剤，分散剤，熱可塑性樹脂の改質など高機能化が期待される分野において利用が広がることを期待している。

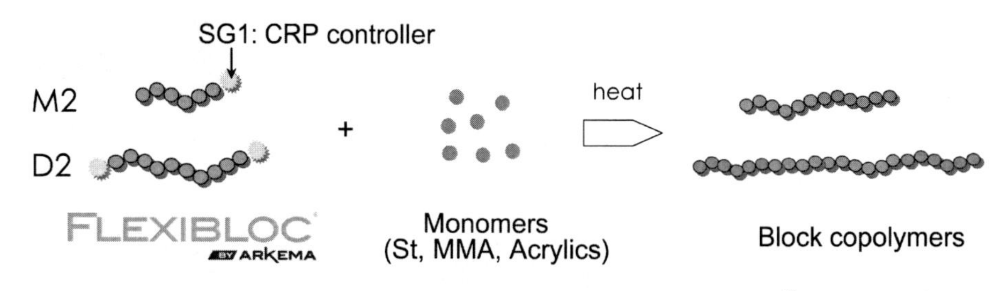

図8 末端がラジカル活性なリビングポリマー "Flexibloc®"

表2 Flexibloc®M2及びD2の特性

Grade	Functionality	Polymer type	Molecular weight	PDI	Diluents	Viscosity in toluene (SC＝60%, 25℃)
M2	1	PBA	～50,000 g/mol	1.3	Toluene 40%	0.8 Pa.s
D2	2	PBA	～120,000 g/mol	1.4	Toluene 40%	3.4 Pa.s

7　おわりに

長年製品化が難しいといわれてきたリビングラジカル関連技術であるが，アルケマでは汎用性の高いNMP触媒，1ステップでブロックコポリマーを作成できるリビングポリマー，そしてブロックコポリマー，PMMAキャスト板などユーザーの使用用途に寄り添ったバラエティあふれるリビングラジカル製品を提供している。今後，新規高付加価値材料の設計方法としてリビングラジカル重合技術の活用がますます広がることを楽しみにしている。

文　献

1）for example (a) N. Hadjichristidis, H. Iatrou, M. Pitsikalis, Mays, *J. Prog. Polym. Sci.*, **31**, 1068 (2006), (b) D. Uhrig, J. W. Mays, *J. Polym. Sci. Part A Polym. Chem.*, **43**, 6179 (2005)
2）for example (a) 蒲池幹治，遠藤 剛 監修，"ラジカル重合ハンドブック"，エヌ・ティー・エス (1999)；(b) N. V. Tsarevsky, B. S. Sumerlin, "Fundamentals of Controlled/Living radical polymerization", RSC Publishing (2013)
3）(a) D. Benoit, S. Grimaldi, S. Robin, J.-P. Finet, P. Tordo, Gnanou, Y., *J. Am. Chem. Soc.*, **122**, 5929, (2000)；(b) S. Grimaldi, F. Lemoigne, J.-P. Finet, P. Tordo, P. Nicol, M. Plechot, WO 96/24620
4）J. Nicolas, B. Charleux, O. Guerret, S. Magnet, *Angew. Chem. Int. Ed.*, 43, 6186 (2004)
5）F. Court, L. Leibler, J.-P. Pascault, S. Ritzenthaler, WO0192415.

第12章　ポリウレタンエラストマーの ミクロ相分離構造と力学物性の関係

小椎尾　謙*

1　はじめに

ポリウレタンは，非常に多くの原料を有するとともに，そのことに由来して幅広い構造および物性を示すポリマーである。力学物性の重要な一つのパラメータである引張弾性率（Young率）は，MPaからGPaの3桁以上の範囲で制御することが可能であり，高分子材料が示す引張弾性率の大部分をカバーできる。言い換えると，ポリウレタンは，結晶あるいはガラス状高分子の伸び数十％以下のほとんど変形しない固体から，伸び数百％程度の大変形が可能なゴムまでの性質を示すことが可能である。さらに，スチレン系ブロック共重合体や天然ゴムなどのエラストマーと比較して，1桁程度高い破断強度を有しており，この点からも様々な有用性を有している[1~3]。

ポリウレタンの分類の仕方には数種存在するが，分子鎖形状に基づくと，網目状あるいは線状であるかにより分類できる。網目状ポリウレタンは，原料に3官能以上のポリオールあるいは3官能以上のイソシアネートを用いることにより，化学架橋点を導入する分子設計である。3官能の原料としては，ポリ（オキシプロピレン）トリオールや脂肪族イソシアネートの3量体であるイソシアヌレート，さらには，多官能であるジイソシアネートのアダクト体などが例として挙げられる。基本的には，水酸基とイソシアネート基の数が等しい条件で合成するが，物性制御を目的として故意に一方を多くして，網目鎖密度やダングリング鎖を導入することで制御を行う場合もある。さらに，この網目状ポリウレタンは，柔軟なものから剛直なものまで調製可能であるものの，一般に破断ひずみは小さい。これに対して，線状ポリウレタンの場合，一般に2官能のポリマーグリコール，ジイソシアネートおよび低分子量のジオールから合成される。1次構造がハードセグメントとソフトセグメントにセグメント化されて，両セグメントが熱力学的に非相溶であれば，各セグメントのリッチ相からなる2相系のミクロ相分離構造が形成される。このようなポリウレタンはセグメント化ポリウレタン（SPU）と呼ばれる。ソフトセグメントにガラス転移温度が使用温度よりも十分低いものを使用して，分率を制御すれば，弾性体を調製することが可能である。また，ウレタン基の極性が極めて高いことを利用して，接着剤，シーラントへも応用することが可能である。これまでに，SPUが示す特有なミクロ相分離構造と各種物性の関係を解明することを目的として，示差走査熱量（DSC）測定，動的粘弾性測定，小角X線散乱（SAXS）[4~7]，透過型電子顕微鏡（TEM）観察，原子間力顕微鏡（AFM）観察[8~11]などが行われ

＊　Ken Kojio　九州大学　先導物質化学研究所　准教授

てきた。近年では，放射光技術の発展に伴い，外部刺激印加下，特に力学変形下におけるその場分子鎖凝集構造解析も行われるようになっている[5~7]。

4,4'-ジフェニルメタンジイソシアネート（MDI）は汎用のジイソシアネートとして，さまざまなポリウレタンの合成に広く用いられてきた。しかしながら，MDIは長期間光にさらされると黄変してしまう性質があり，このことは長年の問題であった。この欠点を改善するために，無黄変性のジイソシアネートとして，脂肪族，脂環族イソシアネートが開発され，用途によってはMDIの欠点を克服することは達成されたが，最終的に得られるポリウレタン内のハードセグメント鎖の凝集力が低くなる場合が多く，力学物性などでは不十分な物性のものしか得ることができなかった[12~15]。

本章では，ポリウレタンの特長であるミクロ相分離構造およびそれが関連する力学物性，さらには強い極性に由来する分子鎖間の凝集力が様々な構造・物性に及ぼす影響に着目して，ポリウレタンの基礎的な分子設計の考え方について概説する。具体的には，ポリウレタンエラストマー（PUE）に特化して，長年重要なPUEとして役割を果たしてきたMDIを用いたポリウレタンとともに，MDIの問題点を改善した1,4-(ジイソシアナトメチル) シクロヘキサン（1,4-H_6XDI）を用いたポリウレタンの研究開発例を説明する。

2　MDIを用いたPUE

MDIを用いたPUEとして，原料にソフトセグメントとしてポリ（オキシテトラメチレン）グリコール（PTMG，数平均分子量（M_n）=2000），4,4'-ジフェニルメタンジイソシアネート（MDI），ハードセグメントとして1,4-ブタンジオール（BD）と1,1,1-トリメチロールプロパン（TMP）を用いた系を例として説明する。図1は，PUEの反応スキームである。ソフトセグメントであるPTMGに過剰のMDIを混合し，撹拌反応することでプレポリマーを合成した。得られたプレポリマーに，BDあるいはBD/TMPの混合物を添加，硬化してPUEを合成した。硬化する際の温度を2条件（80および140℃），さらに，BD/TMPの比を3条件（10/0，8/2および5/5）変化させた。試料名は，ソフトセグメントの略称，ジイソシアネートの略称，およびBD/TMPの比（10/0, 8/2, 5/5）を用いて，表記した。10/0のPUEは，化学架橋を有さず，線状の分子構造を，8/2および5/5は3官能のTMPを組み込んでいるため，網目状の分子構造を有する。5/5が最も高い化学架橋密度を有するPUEに相当する。

PUEのミクロ相分離構造への硬化温度の影響を解明するために，原子間力顕微鏡（AFM）観察を行った。観察は，インターミッテントモードで行った。図2は，(a) 80および (b) 140℃で硬化したPTMG-MD-10/0のAFM位相像である。像中明るい部分は，位相差が大きい領域に相当する。80℃で硬化したPUEでは，図2 (a) のように孤立したハードセグメントドメインが黒い点として数多く観察された。これに対し，140℃で硬化したPUEでは，図2 (a) と類似の孤立したハードセグメントドメイン構造に加えて，図2 (b) に示すような樹枝状のハードセ

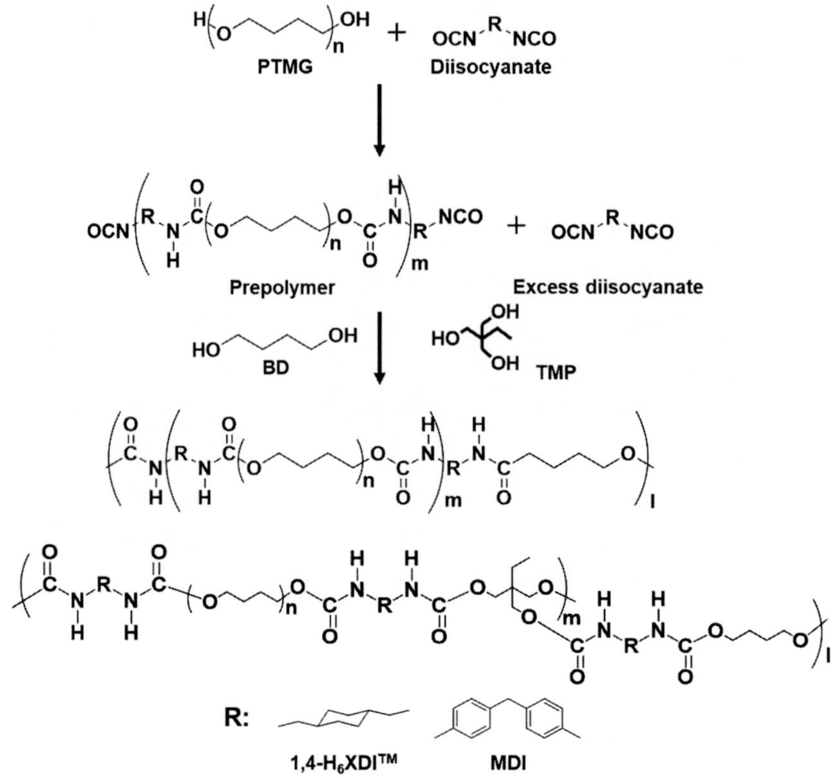

図1　プレポリマー法による PUE の反応スキーム

図2　(a) 80 および (b) 140℃で硬化した PTMG-MD-10/0 の AFM 位相像

グメントドメインもあわせて観察された。さらに，この樹枝状ドメインの太さは，孤立したハードセグメントドメインと比較して大きい値を示した。したがって，高い硬化温度で PUE を重合すると，サイズが大きいハードセグメントドメインが形成されることが明らかとなった。このことは，DSC測定で$T_{m,H}$が上昇したことを考慮すると，ハードセグメントドメインの結晶の厚みが増加したことを示している。

図3は，硬化温度（a）80および（b）140℃で調製した種々のTMP含有量を有するPTMG-MDの動的貯蔵弾性率（E'），動的損失弾性率（E''）および損失正接（tan δ）の温度依存性である。すべてのPUE試料について，－140℃付近において，E'の低下，E''およびtan δのピークが観測された。これらは，ソフトセグメントのテトラメチレン鎖のクランクシャフト運動に由来すると考えられる[16,17]。次に，－60～－30℃にE'の急激な低下およびtan δのピークが観測された。これらは，ソフトセグメント鎖のガラス転移に由来するα緩和に帰属される。硬化温度80および140℃で調製した両PTMG-MDにおいて，化学架橋を導入するとTMP含有量の上昇に伴い，α緩和が観測される温度は上昇するとともに，tan δのピーク幅は顕著に増大した。これらは，ソフトセグメント相へハードセグメント鎖が分散し，ソフトセグメント鎖のエーテル酸素とハードセグメント鎖のNH基が水素結合を形成し，様々な相互作用状態のソフトセグメントが存在したためすなわち相混合傾向を示したことによると考えられる。

図3（a）に示すTMPを含まない10/0の試料では，ガラス転移域からゴム状平坦領域に入る前の－20℃付近において，E'曲線に肩部が観測された。これは，ガラス状態で分子運動が凍結されていたソフトセグメント鎖が，ガラス転移域を経てミクロブラウン運動を開始した後，再配列結晶化したことに起因すると考えられる。この－20℃付近の肩部は，8/2および5/5の試料では観測されなかった。これは，8/2および5/5が，10/0よりも相分離傾向が低く，ソフトセグメント相内に存在するハードセグメント鎖により再配列結晶化が抑制されたためと考えられる。

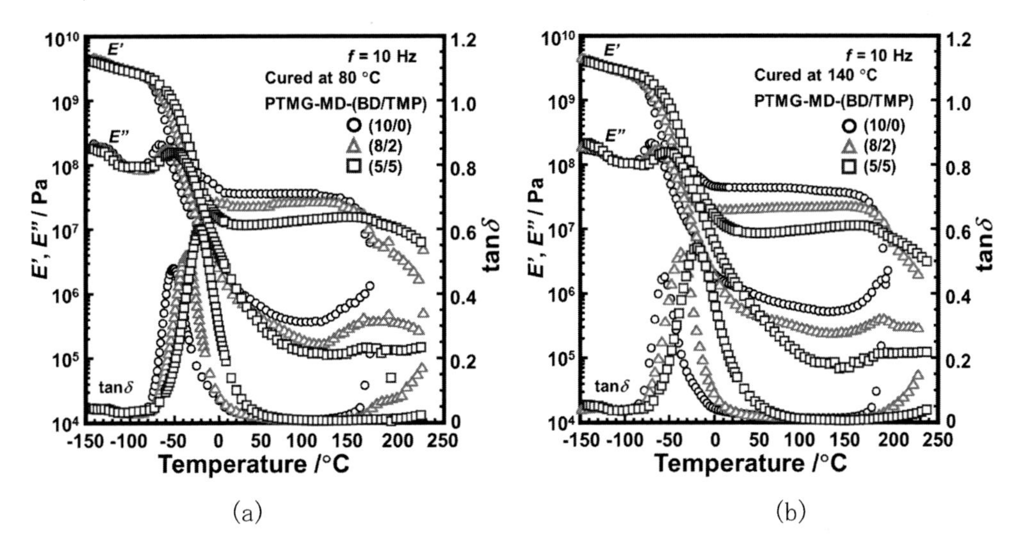

図3　PTMG, MDI, BD/TMPを用いて硬化温度（a）80および（b）140℃で合成したPTMG-MDの動的貯蔵弾性率（E'），動的損失弾性率（E''）および損失正接（tan δ）の温度依存性
凡例は（BD/TMP）比に相当する。

図3（a）および（b）に示すPUEのゴム状平坦域における各試料のE'値は，TMP含有量の増加に伴い，低下した。これは，TMPの導入により，ハードセグメント鎖同士の水素結合の形成および結晶化が抑制され，物理架橋部位としてE'値の上昇の効果をもたらすことが可能なハードセグメントドメインの形成が抑制されたためと考えられる。すなわち，TMPの組み込みにより，試料全体の化学架橋密度は増加するものの，ハードセグメントドメインによる物理架橋密度は低下したため，E'値は低下したと考えられる。したがって，PUEにおける化学架橋と物理架橋は弾性率に関してトレードオフの関係にあり，物理架橋の方がゴム状平坦域のE'値には支配的に働くと言える。また，TMP含有量が高い5/5では，0℃付近から150℃付近のゴム状平坦領域のE'値が，エントロピー弾性に由来する，温度上昇に伴う回復力の増加に起因して，温度とともに顕著に上昇した。このことから，5/5はゴム状平坦域のE'値の上昇をもたらすハードセグメントドメイン（物理架橋部）はあまり形成されていないものの，化学架橋は十分に形成されていることが明らかである。さらに高温域において，10/0では，150℃付近で流動に伴うE'値の著しい低下が観測されたのに対し，5/5ではわずかなE'値の低下を示したものの，流動による顕著なE'値の低下は観測されなかった。8/2では，10/0と5/5の中間的な挙動が観測された。すなわち，170℃付近で，結晶化したハードセグメントの融解に伴うE'値の低下が観測され，その後一旦E'値の低下の度合いが低下し，さらにその後E'値が顕著に低下した。E''曲線において，ハードセグメントドメインの融解は，ピークとして観測された。高温度でのE'値の低下は，試料の熱分解の可能性が考えられる。以上の結果より，8/2では，ハードセグメントドメインが融解した後，化学架橋の存在により流動を軽減する傾向を示し，最終的な流動に至ることが明らかとなった。実用的な用途展開を考える場合には，この動的粘弾性測定に加え，一軸伸長試験の結果も併せて，様々な要求物性を満たすPUEが開発されている。

図4は，硬化温度（a）80および（b）140℃で調製した種々のTMP含有量を有するPTMG-

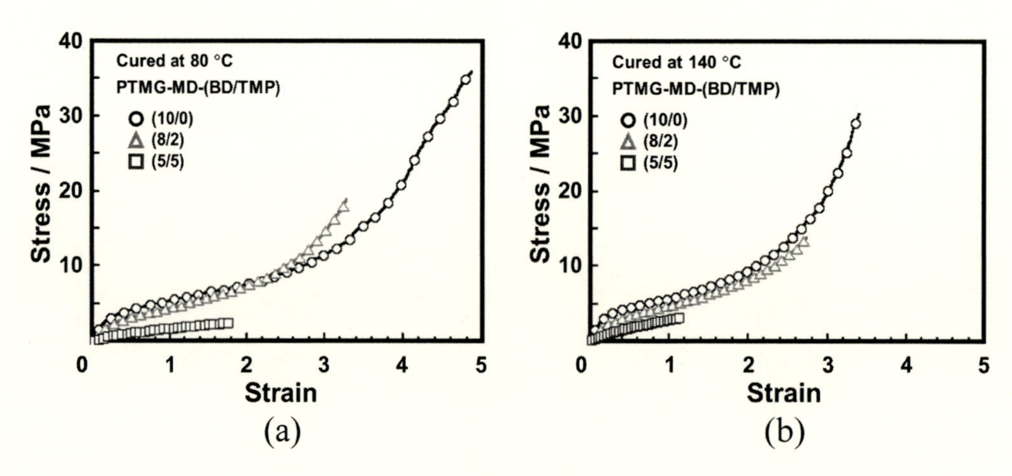

図4　種々の（BD/TMP）=（10/0），（8/2），（5/5）分率で（a）80および（b）140℃で硬化したPTMG-MDの応力-ひずみ曲線

表1　図4の応力-ひずみ曲線より得られたPTMG-MDのヤング率，破断ひずみ，破断応力

Sample	Young's Modulus [MPa]	Strain at break	Stress at break [MPa]
10/0-80	18.0	5.86	36.0
8/2-80	11.9	4.28	18.9
5/5-80	3.23	2.82	2.44
10/0-140	21.6	4.40	30.3
8/2-140	14.2	3.74	13.8
5/5-140	5.08	2.14	3.20

MDの応力-ひずみ曲線である。表1は，応力-ひずみ曲線より得られたヤング率，破断強度，破断ひずみをまとめた表である。硬化温度80℃で調製したPTMG-MDは硬化温度140℃で調製したそれらと比較して，高いヤング率および低い破断を示した。破断強度は一貫した傾向は観測されなかった。一方，TMP含有量の影響は，TMP含有量の増大に伴い，ヤング率，破断ひずみ，破断強度すべて低下した。これらの結果は，硬化温度が上昇すると，ハードセグメントドメインがより発達していること，また，TMP含有量が増加すると，ハードセグメントドメインの形成が抑制されるとともに，網目鎖間距離が低下したことで説明され，動的粘弾性測定の結果とよく対応している。

3　1,4-H_6XDIを用いたPUE

ここまでに述べたMDIを用いたPUEは，優れた力学物性を示し極めて汎用性が高いものの，黄変してしまうという欠点を有しており，その改良が期待されていた。黄変を示す理由は，MDIがベンゼン環を有しており，経時変化でキノイド構造を形成する[18]ためである。このため，MDIを用いて形成されるハードセグメントと同等の凝集力や耐熱性を有し，ベンゼン環を有さないイソシアネートの開発が切望されていた。山崎らは，MDIの代替となりうるジイソシアネートとして（1,4-(ジイソシアナトメチル）シクロヘキサン）(1,4-H_6XDI）を開発し[19]，著者らとともにそのイソシアネートの有用性を評価した結果，MDIを用いたPUEに匹敵する力学物性を有し，耐候性に優れるPUEの調製に成功した[20]。そのPUEのミクロ相分離構造と力学特性の関係を紹介する。なお，ここで合成したPUEのソフトセグメント成分および鎖延長剤成分は，それぞれPTMGおよびBDであり，先のMDIを用いて調製したPUEと同じである。

ミクロ相分離構造を評価するため，1,4-H_6XDIを用いたPUEについても，AFM観察を行った。図5は，1,4-H_6XDIを用いてハードセグメント含有量が20およ30 wt%のPUE（HX-20およびHX-30）のAFM像である。棒状の暗部が観測され，これは，ハードセグメントドメイン

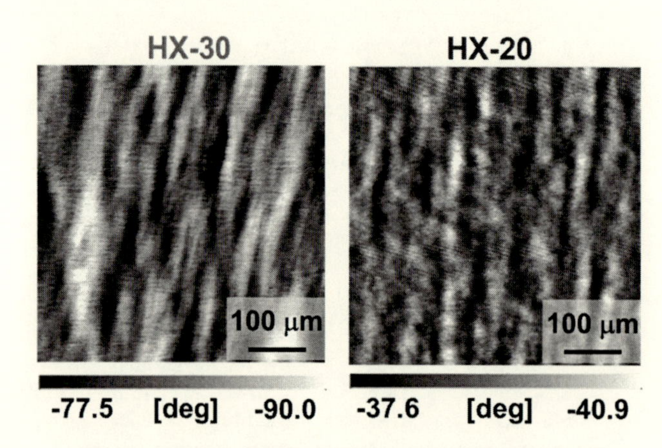

図5　1,4-H_6XDI を用いて調製した PTMG-HX（ハードセグメント含有量 20, 30 wt%）の AFM 像

に相当すると考えられる。図2に示す MDI を用いた PUE と比較して，大きいハードセグメントドメインが形成されており，そのサイズはハードセグメント含有量の増加に伴い増大することが明らかとなった。図6は，1,4-H_6XDI を用いて調製した PUE（ハードセグメント含有量：10, 20, 30 wt%）の動的粘弾性の温度依存性である。図3に示す MDI を用いた PUE と同様，各 PUE の E' および $\tan\delta$ 曲線において，－140℃付近に，ソフトセグメントのテトラメチレン鎖のクランクシャフト運動，－60～－30℃にソフトセグメント鎖のガラス転移に由来する α 緩和に対応した減少および増加が観測された。$\tan\delta$ 曲線より明らかなように，ハードセグメント含有量の増加に伴い，この α 緩和が観測される温度は，低温側へシフトした。これは，ハードセグメント含有量の増加により，ソフトセグメント相およびハードセグメント相の各相がより純粋相を形成したためと考えられ，この PUE は相分離系であることが明らかとなった。このほかにも，赤外吸収分光（FT-IR）測定，広角 X 線回折（WAXD）および SAXS 測定より，ハードセグメント含有量の増加に伴い，ハードセグメントドメインがより強固に結晶化して形成されていることが明らかにされており[20]，動的粘弾性測定の結果とよく一致した。さらに，昇温すると MDI を用いた PUE と同様，肩部とゴム状平坦域が観測され，E' 値はハードセグメント含有量の増加に伴い増加した。これは，AFM 像より明らかになったハードセグメントドメインの構造とよく一致している。さらに昇温すると，HX-10, -20, -30 はそれぞれ 50, 160, 180℃で流動した。比較のために MD-34 も併せてプロットした。HX-30 は MD-34 よりもハードセグメント含有量が少ないにも関わらず，高い流動温度を示した。以上の結果より，1,4-H_6XDI はイソシアネートの使用量低減にも役立つと考えられる。

さらに力学物性を評価するため，引張試験を行った。図7は，1,4-H_6XDI を用いて調製した PUE（ハードセグメント含有量：10, 20, 30 wt%）の応力-ひずみ曲線である。PTMG-HX において，ハードセグメント含有量の増加に伴い，ヤング率および破断強度は増加し，破断ひずみは低下した。このことは，この系が相分離系で，ハードセメントドメインの純粋化および発達した

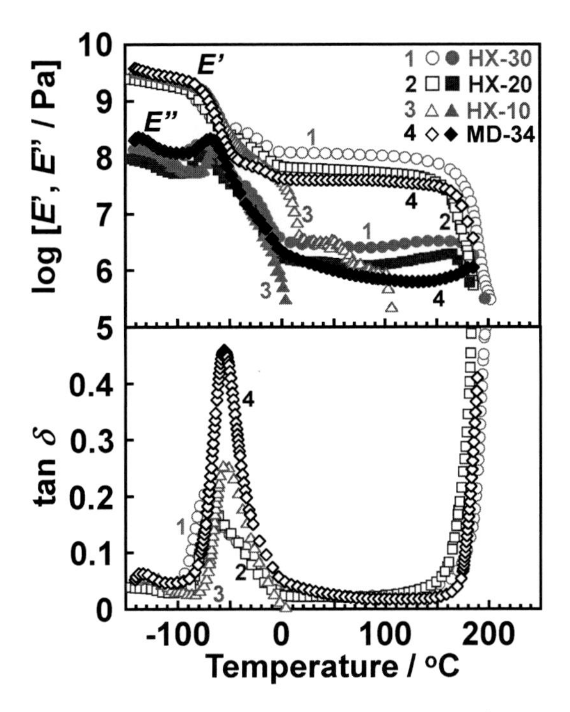

図6　1,4-H_6XDIを用いて調製したPTMG-HX（ハードセグメント含有量10, 20, 30 wt%）の動的粘弾性の温度依存性

比較のため4,4-ジフェニルメタンジイソシアネート（MDI）を用いたPUE（ハードセグメント含有量34 wt%）も併せて掲載している。

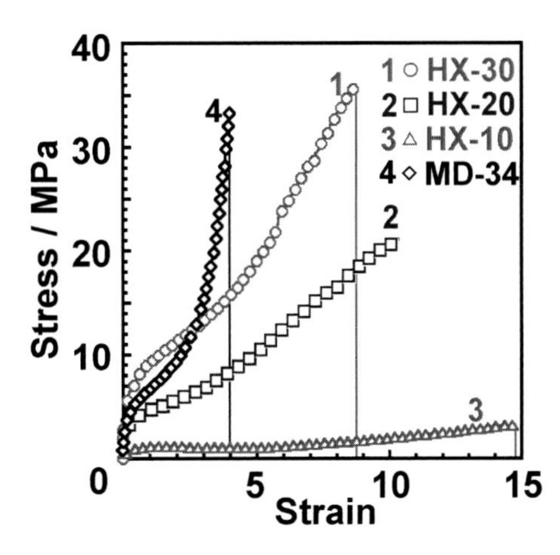

図7　PTMG-HX（HSC＝10, 20, 30 wt%）の応力-ひずみ曲線

構造形成が進んだこととよく一致する。MDIを用いたPUEと比較しても十分匹敵する力学物性であった。1,4-H_6XDI-BDを用いたPUEの破断ひずみが大きい値を示したのは，相分離度が高

くより純粋に近いハードセグメントドメインの崩壊が，伸長に伴い徐々に進行していったためと考えられる。

1,4-H_6XDIを用いたPUEはMDIを用いたそれに匹敵する強度を有するとともに，ハードセグメント含有量（HSC＝10, 20, 30 wt%）により力学物性を制御できることが明らかとなった。1,4-H_6XDIは芳香環を持たず，シクロヘキサン環を有し，黄変が生じない上，ハードセグメントドメインが高度に発達するため，力学物性にも優れ，今後MDIの代替が進むことが期待される。

謝辞

本稿で示したPUEのデータは，九州大学先導物質化学研究所　高原研究室および長崎大学大学院工学研究科物質化学部門高分子材料学研究室で実施したものである。関係の方々に深く感謝申し上げる。

文　　献

1）S. L. Cooper, A. V. Tobolsky, *Textile Res. J.*, **36**, 800 (1966)
2）Z. S. Petrovic, J. Ferguson, *Prog. Polym. Sci.*, **16**, 695 (1991)
3）C. Hepburn, Polyurethane Elastomers, 2nd Edition. Elsevier Applied Science, Ltd.：(1992)
4）J. T. Koberstein, R. S. Stein, *J. Polym. Sci., B, Polym. Phys.*, **21**, 1439 (1983)
5）D. J. Blundell, G. Eeckhaut, W. Fuller, A. Mahendrasingam, C. Martin, *Polymer*, **43**, 5197 (2002)
6）R. S. Waletzko, L. T. J. Korley, B. D. Pate, E. L. Thomas, P. T. Hammond, *Macromolecules*, **42**, 2041 (2009)
7）K. Kojio, K. Matsuo, S. Motokucho, K. Yoshinaga, Y. Shimodaira, K. Kimura, *Polym. J.*, **43**, 692 (2011)
8）R. S. McLean, B. B. Sauer, *Macromolecules*, **30**, 8314 (1997)
9）J. T. Garrett, J. S. Lin, J. Runt, *Macromolecules*, **35**, 161 (2002)
10）K. Kojio, Y. Uchiba, Y. Mitsui, M. Furukawa, S. Sasaki, H. Matsunaga, H. Okuda, *Macromolecules*, **40**, 2625 (2007)
11）K. Kojio, S. Kugumiya, Y. Uchiba, Y. Nishino, M. Furukawa, *Polym. J.*, **41**, 118 (2009)
12）C. K. Lin, J. F. Kuo, C. Y. Chen, *Eur. Polym. J.*, **36**, 1183 (2000)
13）K. Kojio, S. Nakashima, M. Furukawa, *Polymer*, **48**, 997 (2007)
14）R. Xie, D. Bhattacharjee, J. Argyropoulos, *J. Appl. Polym. Sci.*, **113**, 839 (2009)
15）C.-K. Lin, J.-F. Kuo, C.-Y. Chen, J.-J. Fang, *Polymer*, **53**, 254 (2012)
16）T. Schatzki, *J. Polym. Sci.*, **57**, 496 (1962)
17）T. Kajiyama, W. J. Macknight, *Macromolecules*, **2**, 254 (1969)
18）J. Lemaire, J. L. Gardette, A. Rivaton, A. Roger, *Polym. Degrad. Stab.*, **15**, 1 (1986)
19）G. Kuwamura, T. Nakagawa, D. Hasegawa, S. Yamasaki, Bis (isocyanatomethyl)

cyclohexane for making polyurethane resin useful for various applications. WO2009051114A1 (2009)

20) S. Nozaki, S. Masuda, K. Kamitani, K. Kojio, A. Takahara, G. Kuwamura, D. Hasegawa, K. Moorthi, K. Mita, S. Yamasaki, *Macromolecules*, **50**, 1008 (2017)

第13章　ブロック共重合体の粘着メカニズム

宮﨑　司*

1　はじめに

粘着剤あるいはそれを基材に塗工し巻き取った形態からなるテープは，古くから一般になじみのある製品である。事務用のセロハンテープや，荷物の梱包用のダンプロンテープなどが家庭でもよく使われている。工業用にはさらに種々の粘着剤が使われている。日本を代表する自動車業界でも，内装材の張り合わせ用粘着剤から塗装時のマスキングテープまで，粘着剤は幅広く使われている[1)]。

粘着剤は古くから様々な産業分野で使われていることから，ローテクの代表のように扱われることが多い。ローテクならば新たな材料，製品に置き換えられているのかというとそうではない。年々生産量を増していて2010年度時点で年間の出荷額が1200億円に上る一大産業である。時代が代わって新たな産業が興る中でも使い続けられているローテク，粘着剤は“不思議なローテク”なのである。

これは単にものをくっ付ける，という機能に時代とともに要求される機能をどんどん付加していくことができる材料だからである。最先端のスマートフォンにも粘着剤は数多く使われている。光学フィルムの積層用，液晶パネルの固定用など，ものをくっ付けるという機能に透明であるとか耐衝撃性が高いとか，新たな機能をまとった粘着剤が使われている。粘着剤は次にどう形を変え，どんな用途で使われるのかわからない，無限の可能性がある材料でもある。

2　粘着メカニズム

では，その粘着剤の実体は何か。ガラス転移温度が低く，常温で運動性の高い高分子量のポリマーを架橋したものである。しかしこれがなぜ物にくっつくのか，よくわかっていない部分も多い。そこで粘着特性の向上は“職人のカン”に頼らざるを得ず，粘着剤のさらなる工業的な発展のためには，粘着メカニズムの理解とそれに基づく設計指針の確立が急務である。

粘着剤を剥離する時に必要な力（粘着力）は，（ア）基材を変形させるための力，（イ）粘着剤を変形させるための力，（ウ）粘着剤 / 被着体界面の接着を切るための力（界面接着力），に分けられる。粘着力は貼り合わせてからの時間とともに少しずつ上がっていく。粘着剤は時間が経てばたつほど剥がしにくくなる。基材や粘着剤のバルクの機械特性は時間により変化しないから，

＊　Tsukasa Miyazaki　総合科学研究機構（CROSS）　中性子科学センター

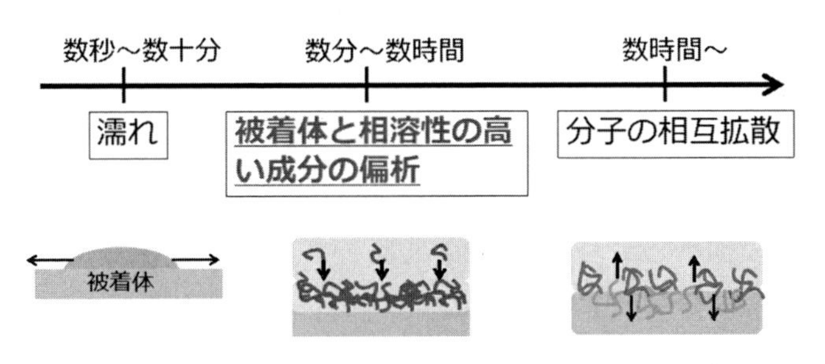

図1　粘着力発現シナリオ

界面接着力が経時で上がっていくと考えられるが，そのメカニズムがわかっていない。

界面接着力の本質は，被着体表面と粘着剤表面との間で働く分子間力である。一般的な粘着剤に当てはまる粘着力発現のシナリオとして昔から言われているのは，図1のシナリオである。貼り合わせた後，①粘着剤が被着体表面に濡れ広がっていき接触面積が大きくなって界面での分子間力が増す。ここでいう濡れのイメージは，粘着剤が巨視的に被着体表面に濡れ広がっていくということではなく，被着体表面のミクロな凹凸に追随して濡れていくというイメージである。さらに時間が経つと，②被着体と相溶性の高い粘着剤中の成分（相溶成分）が界面に偏析することで界面自由エネルギーが下がり界面接着力が増す。最後は③相溶成分と被着体分子との間の分子鎖の相互拡散がおこりさらに界面接着力が増す，というものである。もちろん必ずしもこの3つの過程を経る必要はなく，粘着剤によってはこのうちの1つ，あるいは2つの過程が粘着力の増加に支配的に寄与していると考えられているが，各過程と粘着力との相関を詳細に調べて，粘着メカニズムを明らかにした例はほとんどない。著者らは，ある種のブロック共重合体粘着剤が示す高い粘着力が，界面での相溶成分の偏析による可能性があることをはじめて突き止めた[2)]。

3　ブロック共重合体からなる粘着剤

我々は粘着剤成分としてポリnブチルアクリレート（PnBA）成分と，ポリメチルメタクリレート（PMMA）成分をもったトリブロック共重合体（PMMA-*b*-PnBA-*b*-PMMA）からなる市販の樹脂（㈱クラレ；クラリティ-LA4285）をアクリル板（PMMA板）に貼り合わせた後，140℃でエージング処理することで非常に高い粘着力が発現することを見出した。PnBAは一般的なアクリル系粘着剤の主ポリマーとして広く使われている。本樹脂はPMMA成分が約50 vol%を占め，いわゆるラメラ状のミクロ相分離構造を示す。

まずコロナ処理を施したPETフィルムに本樹脂を塗工し乾燥して粘着テープを作製した。これを被着体のPMMA板に貼った後，140℃でエージングを行い，エージング時間による粘着力の変化を調べた（図2）。粘着力は90°ピール試験により評価した。テープ幅は10 mmである。するとエージング時間が短い間は粘着力が低かったが，エージング時間が10分近くになると劇的に上がっていった。

エージング後の界面を透過電子顕微鏡（Transmission Electron Microscopy；TEM）で観察すると，片方の成分が界面に偏析することによってできる水平配向ラメラ構造をしていることがわかった（図3）。一方界面から離れた部分は無配向のままである（図3, 4）。エージング前は界面も含めて無配向であったので，このブロック共重合体の高い粘着力は，エージングによる界面での相溶成分（PMMA）の偏析に起因すると考えられる。すなわち，粘着剤中のPMMA成分がエージングにより被着体（PMMA）表面に偏析することで，界面自由エネルギーを最小化し，強い界面接着力を生み出したことが粘着力の急激な増加につながったと考えられる。

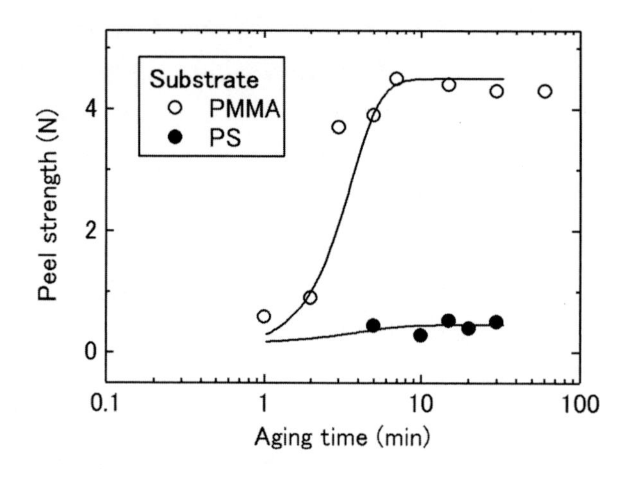

図2　PMMA-*b*-PnBA-*b*-PMMA 粘着剤の被着体（PMMA, PS）との間のピール強度のエージング時間依存性
エージング温度は140℃，テープ幅は10 mm

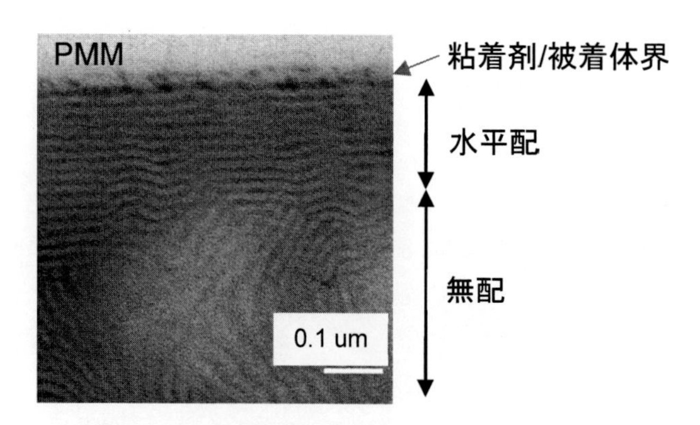

図3　エージング後（140℃, 30 min）の PMMA-*b*-PnBA-*b*-PMMA 粘着剤と PMMA 被着体界面の断面 TEM 像

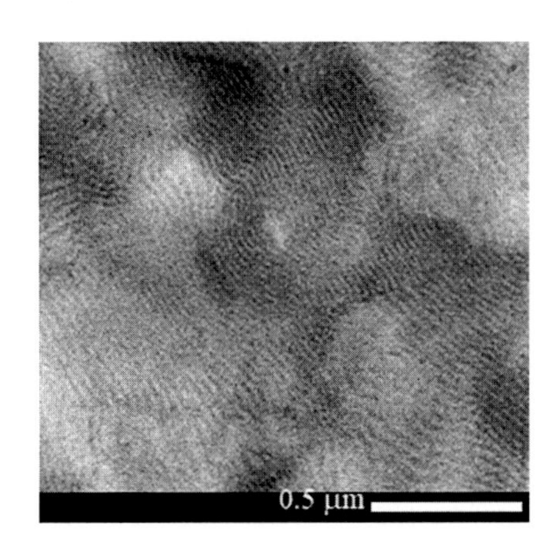

図4　エージング後（140℃，30 min）のPMMA-*b*-PnBA-*b*-PMMA粘着剤のPMMA被着体から離れた部分の相分離構造のTEM像

ブロック共重合体の相分離構造が被着体界面での相互作用を最小化するように配向する現象は，昔から多くの研究者によって，TEMなど種々の手法を用いて調べられてきた[3~12]。主には表面の機能化を目的にこのような研究はおこなわれているが，粘着剤の粘着力を制御する目的では調べられてこなかった。また界面接着力を増強することを目的に，相溶成分を粘着剤に添加し界面に偏析させる，という粘着剤設計もおこなわれてきた。しかしながら，このような添加剤は100％界面に偏析することはない。また一般的に添加剤は低分子で粘着剤主ポリマーとの相互作用もないことから，偏析したとしても剥離の際の界面接着力向上への効果は限定的であった。しかし粘着剤成分と相溶成分からなるブロック共重合体を粘着剤として使用する場合は，相分離構造の界面での配向を利用することで，被着体界面に100％相溶成分を偏析させることができるし，相溶成分と粘着剤成分が共有結合で強く結ばれているため，高い界面接着力を生むことが示唆される。またこの系では界面での偏析現象が相分離の配向変化として種々の分析手法により明瞭に観察できるので，偏析と粘着力発現の相関を明らかにできることが期待される。

そこでまず我々は，界面で起こっている現象を明らかにするため，粘着剤をnmオーダの薄膜にし，被着体薄膜で上下をサンドイッチしたモデル多層膜試料を作製し，種々の評価をおこなった。

4　モデル多層膜試料作製

相溶成分と粘着剤成分を両成分とするブロック共重合体からなる粘着剤のモデル試料として，PnBAとPMMAからなるジブロック共重合体粘着剤（PMMA-*b*-PnBA）を合成した。合成には原子移動ラジカル重合法を用いた。合成法の詳細については参考文献[2]を参照いただきたい。後述する種々の評価法を使い，粘着剤 / 被着体界面で起こっている現象を明らかにする必要があ

表1　使われたポリマー諸元

Poiymer	Molecular, M_w	M_w/M_n	Tg（℃）
PMMA	3.2×10^5	1.05	117
PS	3.3×10^5	1.09	100
dPMMA	2.3×10^5	1.07	120
dPS	4.2×10^5	1.09	101
PMMA-*b*-PnBA[a]	3.7×10^4	1.18	−
PMMA-*b*-dPnBA[a]	3.8×10^4	1.18	−

[a] PnBA の体積分率は 56 vol%

るので，PnBA 成分を部分重水素化した（dPnBA）ジブロック共重合体粘着剤（PMMA-*b*-dPnBA）も重合した。粘着剤薄膜の上下を挟むための被着体として，PMMA，重水素化PMMA（dPMMA），ポリスチレン（PS）と重水素化PS（dPS）を用意した。使用したポリマーの諸元を表1に示す。

モデル多層膜は，フローティング法により作製した。まずPMMA のトルエン溶液を使いSi ウエハ上にPMMA 薄膜をスピンコート法により作製した。次に別のSi ウエハ上に，これもトルエン溶液を使ったスピンコート法によりPMMA-*b*-PnBA 薄膜を形成した。このPMMA-*b*-PnBA 膜をフローティング法により水面上に浮かせた。浮かせた膜を最初にSi ウエハ上に形成したPMMA 膜により掬い取ることにより，Si ウエハ上にPMMA-*b*-PnBA/PMMA の2層膜が作製できた。さらに別のSi ウエハ上に作製し，やはりフローティング法により水面に浮かせたPMMA 膜をこの2層膜で掬い取ることにより，PMMA/PMMA-*b*-PnBA/PMMA の3層膜をSi ウエハ上に形成した。同様の方法により，dPMMA/PMMA-*b*-dPnBA/dPMMA やdPMMA/PMMA-*b*-PnBA/dPMMA，PS/PMMA-*b*-PnBA/PS，dPS/PMMA-*b*-dPnBA/dPS，dPS/PMMA-*b*-PnBA/dPS などの3層膜も作製した。

5　モデル多層膜の評価

140℃で30 min 間のエージング前後の多層膜を種々の手法を使って評価した。最初にdPMMA/PMMA-*b*-dPnBA/dPMMA と，比較のためdPS/PMMA-*b*-dPnBA/dPS　3層膜のエージング前後の中性子反射率（Neutron Reflectivity；NR）測定をおこなった。NR 法は高分子薄膜の構造解析に広く使われている手法[13,14]である。高分子同士の2層膜の場合，2層の電子密度にほとんど差がないため，同様の手法であるX 線反射率法[14]では2層構造の解析は不可能であるが，一方の層の高分子を重水素化することができれば，NR により詳細な構造解析が可能となる。これは中性子に対する水素と重水素の散乱長が大きく異なることによる。例えばdPMMA/PMMA-*b*-dPnBA/dPMMA の3層膜の場合，dPMMA，PMMA，dPnBA それぞれの散乱長密度は6.29×10^{-4} nm^{-2}，1.03×10^{-4} nm^{-2}，4.83×10^{-4} nm^{-2}と大きく異なるため，上下のdPMMA 層との界面に対して粘着剤中のどちらの成分が偏析するのか，NR を使えば明確にすることができる。NRの測定には茨城県東海村にある大強度陽子加速器施設（Japan Proton Accelerator Research Complex；J-PARC）の物質生命科学実験施設（Materials and Life Science Experimental Facility；MLF）に設置されたBL16 SOFIA反射率計[15,16]を使用した。

図5（a）（b）にそれぞれdPMMA/PMMA-*b*-dPnBA/dPMMA，dPS/PMMA-*b*-dPnBA/dPS　3層膜のエージング前後のNRプロファイルを示す。横軸はq（nm^{-1}）で膜厚方向の散乱ベクトルの絶対値である。エージング前後の2つの試料に対してモデル解析をおこなった結果として得られた膜厚方向の散乱長密度プロファイルを図6（a）（b）に示す。エージング前のデータはSi基板上の3層膜を仮定したモデルで再現できた。これは図6に示すように間に挟まれた粘着剤層の散乱長密度が厚み方向で一定であることを示している。そのためエージング前は粘着剤層中の相分離構造がランダム配向していると考えられ，特定の成分が界面に偏析している様子はなかった。dPS/PMMA-*b*-dPnBA/dPSについてはエージング後のNRプロファイルがエージング前とほとんど変わらず，3層モデルで表現できる。このことからエージング後も粘着剤層中の相分離構造はランダム配向のままであると思われる。一方dPMMA/PMMA-*b*-dPnBA/dPMMAでは，エージング後のNRプロファイルがエージング前に比べて大きく変化することがわかった（図5（a））。特長的なことは，$q = 0.3\ nm^{-1}$あたりに積層構造を反映したブラッグピークが見えていることである。この知見から中間の粘着剤層に多層構造を仮定したモデルで解析をおこなった結果，NRプロファイルをよく再現できた。

図6（a）の解析の結果，dPMMA/PMMA-*b*-dPnBA/dPMMAの3層膜のエージング後の試料に関して，上述した予想されるそれぞれの成分の散乱長密度より，上下のdPMMA層との界

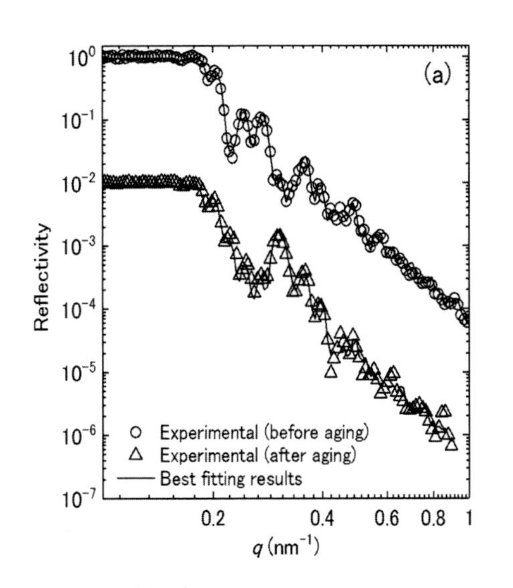

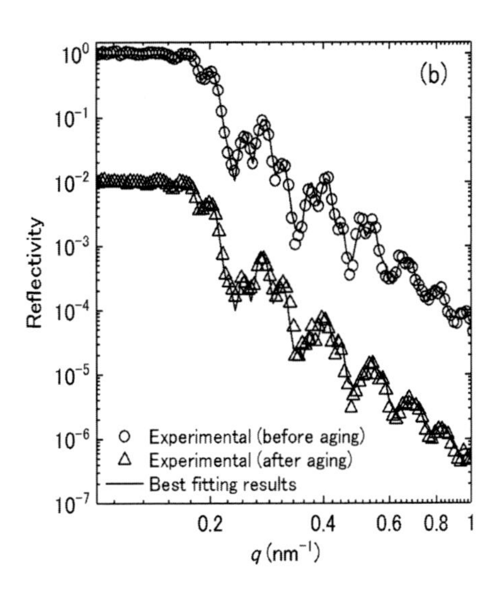

図5　（a）dPMMA/PMMA-*b*-dPnBA/dPMMAと（b）dPS/PMMA-*b*-dPnBA/dPS　3層膜の140℃，30 min間のエージング前後の中性子反射率測定結果
エージング後のデータは見やすいように縦方向にシフトしている
（引用：*Langmuir*, **34**, 2856-2864（2018））。

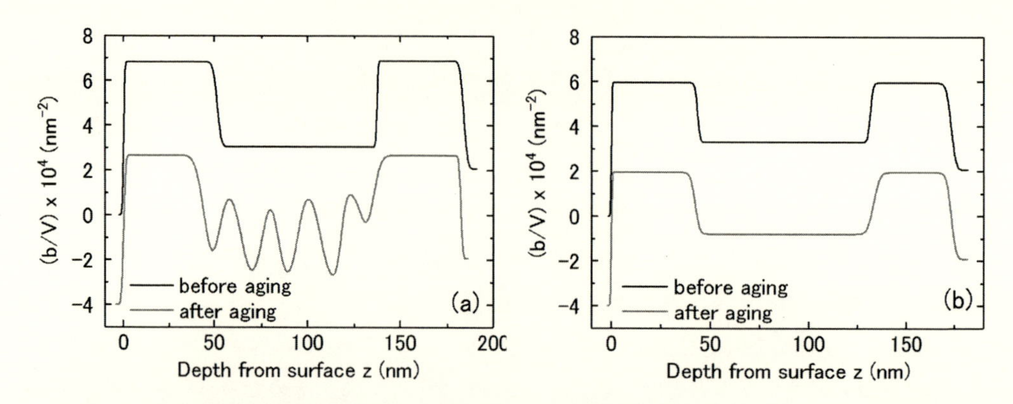

図6 (a) dPMMA/PMMA-*b*-dPnBA/dPMMA と (b) dPS/PMMA-*b*-dPnBA/dPS 3層膜の140℃, 30 min 間のエージング前後の散乱長密度プロファイル
エージング後のデータは見やすいように縦方向にシフトしている
(引用：*Langmuir*, **34**, 2856-2864 (2018))。

面に粘着剤中のPMMA成分が偏析することが明らかになった。さらにPMMA成分に共有結合でつながっているdPnBA成分がPMMA層にオーバーレイすることにより，PMMAとdPnBAが交互に積層した水平配向ラメラ構造を取ることが分かった。エージング後のdPMMA/PMMA-*b*-PnBA/dPMMA, dPS/PMMA-*b*-PnBA/dPSの3層膜については，飛行時間型2次イオン質量分析（Time of Flight Secondary Ion Mass Spectroscopy；TOF-SIMS）を使った厚み方向の組成分析もおこなった。dPMMA/PMMA-*b*-PnBA/dPMMA 3層膜についてはやはり上下の層との界面に粘着剤中のPMMA成分が偏析していることを確認している[2)]。一方dPS/PMMA-*b*-PnBA/dPS 3層膜では間の粘着剤層の組成は膜厚方向で一定であった[2)]。このエージングによる粘着剤中の相溶成分（PMMA）の被着体との界面への偏析は，粘着力の上昇（図2）に大きく関係しているに違いない。なぜなら被着体のPMMAと粘着剤中のPMMA成分との間の界面エネルギーは当然0で，偏析によって界面自由エネルギーが劇的に減少するからである。

PMMA成分の界面への偏析による界面自由エネルギーの低下が粘着力増加の原因であることをさらに明確にするためには，エージングによる粘着力増加の時間スケールと，PMMA成分が界面へ偏析する時間スケールが一致することを確認する必要がある。そこでエージング過程でのdPMMA/PMMA-*b*-dPnBA/dPMMAの3層膜の構造変化をNR法によりその場観察した。SOFIA反射率計ではダブルフレームモードを使うことによって，広いqレンジのデータを短時間で取得することができる[2,15)]。これにより膜厚方向の構造変化をその場観察することが可能になる。結果を図7に示す。試料を急激に加熱し，140℃に達した時間をエージング時間0sと定義した。図7（a）に反射率プロファイルを，図7（b）にそのデータを解析した結果の膜厚方向の散乱長密度プロファイルを示す。図中に示した時間を開始時間とした10s間ごとの反射率データを解析した。

エージングが進むと$q=0.3\ \mathrm{nm}^{-1}$付近にブラッグピークが立っていくことがわかり，明らかに

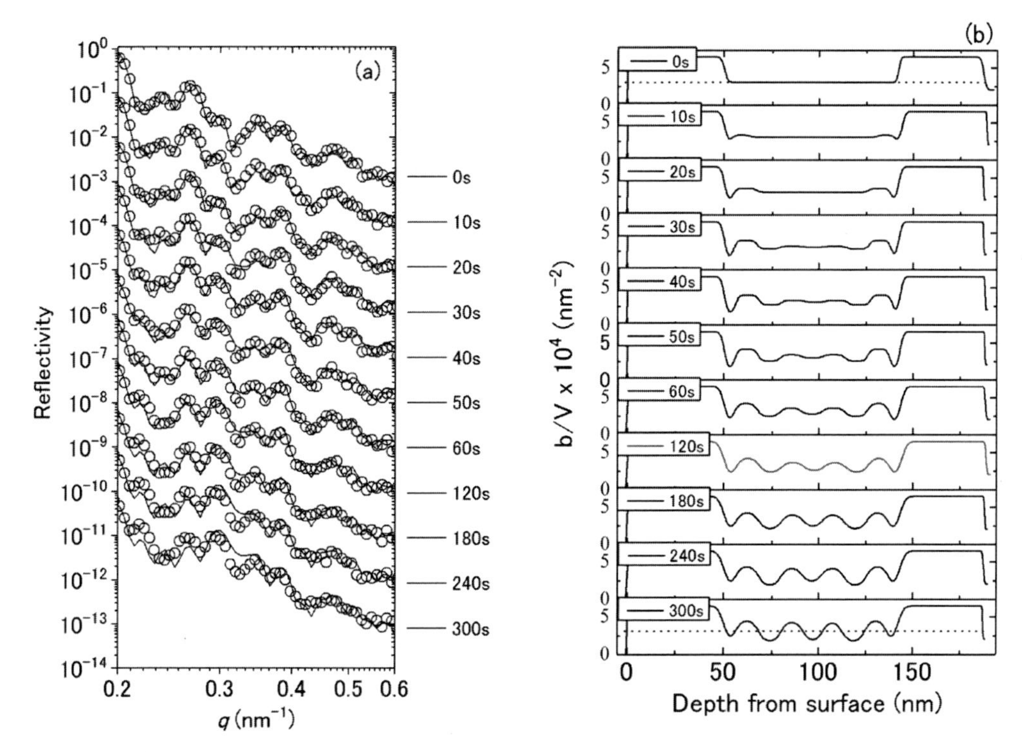

図7　(a) 140℃，30 min 間のエージング過程における dPMMA/PMMA-*b*-dPnBA/dPMMA　3層膜の中性子反射率プロファイルと，(b) 解析の結果としての散乱長密度プロファイル
(引用：*Langmuir*, **34**, 2856-2864 (2018))

粘着剤層中での多層構造の形成，すなわちラメラの水平配向が進んでいく様子が観察された。このラメラの水平配向は5～10 min 程度で完成した。この時間スケールは上述の同じ組成のトリブロック共重合体粘着剤を PMMA 被着体に貼り合わせて 140℃でエージングした時に粘着力が急激に上がっていく時間スケール（図2）と一致した。さらに図7（b）の散乱長密度プロファイルの変化から，粘着剤中の PMMA 成分がまずは上下の層との界面に偏析し，それがラメラの水平配向を誘起することがわかる。ブロック共重合体の一方の成分の界面への選択的な偏析が誘起するラメラの水平配向については以前の多くの研究でも示されている[17~23]。同じ実験を dPS/PMMA-*b*-dPnBA/dPS の3層膜を使ってもおこなったが，エージング過程での反射率プロファイルの変化はほとんどなかった。ランダム配向が維持されたものと思われる。

次に斜入射小角 X 線散乱（Grazing Incidence Small-angle X-ray Scattering；GISAXS）法[24]を使ったその場観察をおこなった。実験はフロンティアソフトマター開発専用ビームライン産学連合体により SPring-8 に設置された専用ビームラインである BL03[25, 26]で実施した。GISAXS 法は薄膜内の nm からサブ μm までの3次元構造の解析に威力を発揮する手法で，特に放射光施設では一般的な評価手法となっている。本ビームラインでも種々のその場観察に GISAXS 法が使われている[27~30]。その場観察に使用した試料はPMMA/PMMA-*b*-PnBA/PMMAとPS/PMMA-*b*-PnBA/PSの3層膜で，エージング温度は140℃である。結果を図8に示す。図中には両方の試料に対する140℃，27.5 min間のエージング前後のGISAXSプロファイルを示している。両方の試料に対してエージング前は粘着剤層中のラメラ構造のランダム配向を示す円環状の散乱パターンが得られたが，エージング後はまったく逆の選択配向を示す散乱パターンが得られた。PMMA/PMMA-*b*-PnBA/PMMA　3層膜ではエージング後はラメラ構造に起因する散乱スポットが面外方向に現れたが，PS/PMMA-*b*-PnBA/PS　3層膜では散乱スポットは面内方向に現れた。PMMA/PMMA-*b*-PnBA/PMMA　3層膜ではエージングによってラメラ構造がランダム配向から水平配向になったことを示している。GISAXS実験によってもNRやTOF-SIMSで示されたように，粘着剤層中のPMMA成分が上下のPMMA界面に偏析することで誘起されるラメラの水平配向がエージング過程でおこることが明らかになった。一方PS/PMMA-*b*-PnBA/PS　3層膜ではラメラ構造がランダム配向から垂直配向に変化したことを示している。エージング前後のNR，TOF-SIMSの結果などから，PS/PMMA-*b*-PnBA/PSの3層膜ではラメラ構造はエー

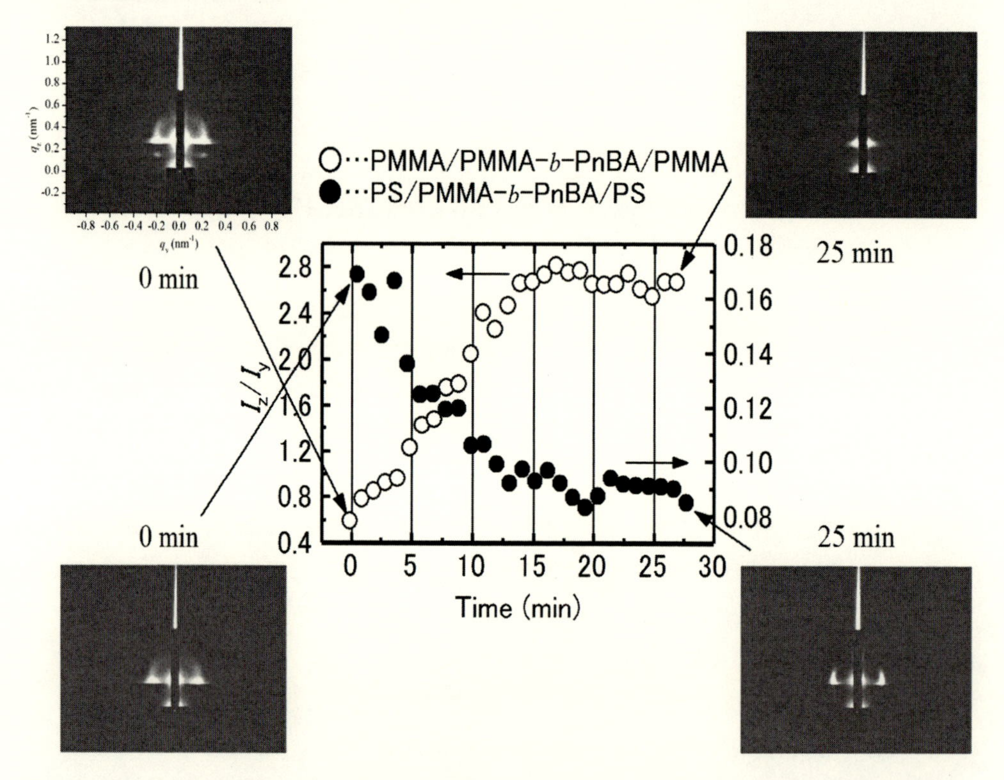

図8　PMMA/PMMA-*b*-PnBA/PMMAの3層膜（○）とPS/PMMA-*b*-PnBA/PSの3層膜（●）における140℃エージング過程での散乱強度I_yに対するI_zの比の変化

I_zとI_yはそれぞれ，ビームストップ近くのq_z=0.47 nm^{-1}，q_y=0.10 nm^{-1}と，Yonedaライン近くのq_y=0.24 nm^{-1}，q_z=0.30 nm^{-1}での強度である。図中にはそれぞれの試料の27.5 minのエージング前後での散乱パターンも示している（引用：*Langmuir*, **34**, 2856-2864（2018））。

ジング前後で変化がなく，ランダム配向のままであると考えたが，実際はランダム配向から垂直配向に変化していることが分かった。ランダム配向と垂直配向ではどちらも膜厚方向の組成は一定である。NRやTOF-SIMSでは残念ながら膜厚方向の組成分布しかわからないので，両配向の区別はつかないのである。

図8にはこの配向変化の時間スケールを明らかにするために，面内に近い方向での散乱強度I_y（散乱ベクトル$q_y = 0.24\ \mathrm{nm}^{-1}$，$q_z = 0.30\ \mathrm{nm}^{-1}$での散乱強度）に対する面外に近い方向での散乱強度$I_z$（散乱ベクトル$q_z = 0.47\ \mathrm{nm}^{-1}$，$q_y = 0.10\ \mathrm{nm}^{-1}$での散乱強度）の比（$I_z/I_y$）をエージング時間に対してプロットした。ここで$q_y$は入射面に垂直な方向の散乱ベクトルの絶対値で，$q_z$は試料面に垂直な方向の散乱ベクトルの絶対値である。この散乱強度比が大きくなることは，ドメインの水平配向が進むことを意味し，逆に小さくなることは垂直配向が進むことを意味する。散乱強度比の変化からPMMA/PMMA-*b*-PnBA/PMMAの3層膜における水平配向構造は，10～15 minで完成することが示唆された。NRによるその場観察と同様，粘着力が増加する時間スケールとほぼ一致するので，この界面での水平配向構造の完成が粘着力の増加する原因であることが確証された。

図9はPMMA/PMMA-*b*-PnBA/PMMAとPS/PMMA-*b*-PnBA/PSの2つの3層膜の140℃，30 min間のエージング後の断面TEM像である。GISAXSによって推定されたようにエージングによりPMMA/PMMA-*b*-PnBA/PMMA中のPMMA-*b*-PnBA層は水平配向している一方，PSで上下を挟まれたPMMA-*b*-PnBA層はエージングにより垂直配向することがわかった。

ちなみにこのPMMA-*b*-PnBA粘着剤をPMMAとPSで上下を挟んだ3層膜（PMMA/PMMA-*b*-PnBA/PS）の場合，エージングによる配向構造はどうなるかと言うと，予想どおりPMMA界面ではドメインは水平配向し，PS界面では垂直方向に並ぶ（図10）。

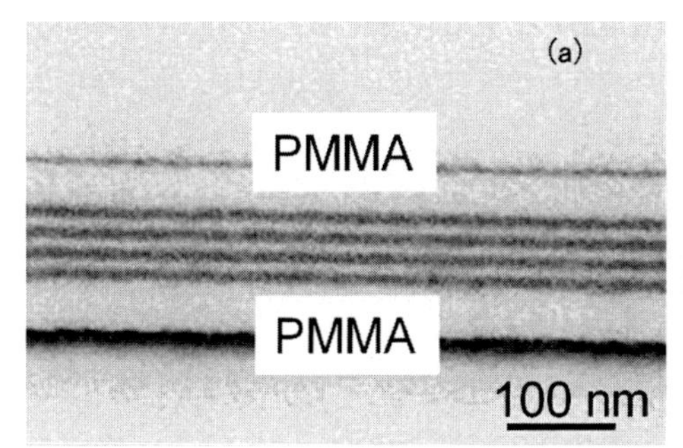

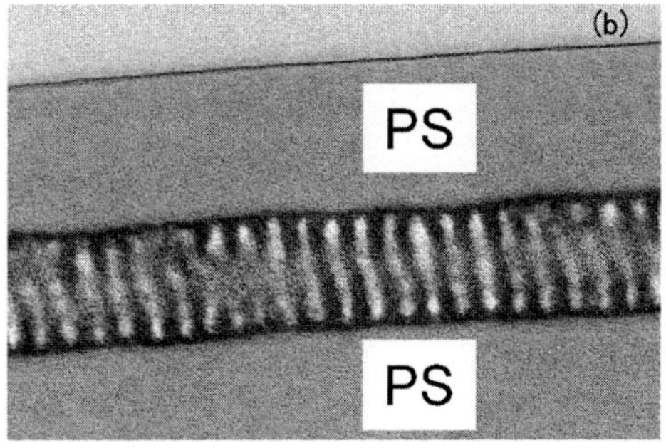

図9　140℃×30 minエージング後の（a）dPMMA/PMMA-*b*-dPnBA/dPMMAと（b）PS/PMMA-*b*-PnBA/PS 3層膜の断面TEM像

（引用：*Langmuir*, **34**, 2856-2864（2018））

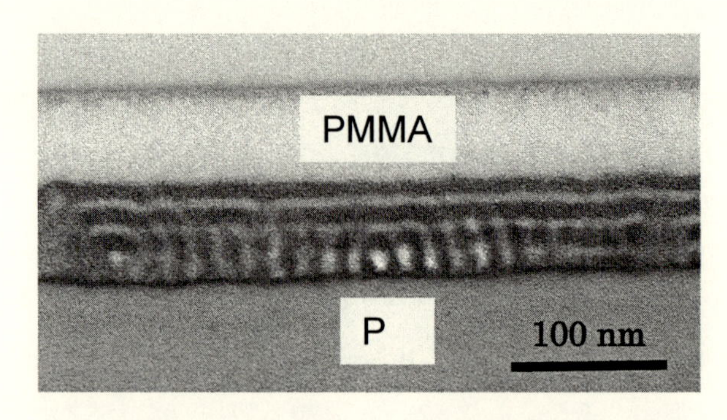

図10　140℃×30 min エージング後の PMMA/PMMA-*b*-dPnBA/PS　3層膜の断面 TEM 像

6　ブロック共重合体粘着剤の粘着メカニズム

前項で明らかになったモデル多層膜のエージング過程での配向変化の結果から，粘着剤成分としてPnBAをもち，被着体（PMMA）と相溶性の高い成分としてPMMAをもつトリブロック共重合体粘着剤が，被着体に貼り合わせた後140℃でエージングすることで，大きな粘着力をもつメカニズムを考察する。モデル多層膜の実験で明らかになったように，エージングにより被着体界面に粘着剤中の相溶成分であるPMMA成分が偏析する。それにより粘着剤と被着体との界面エネルギー，$\gamma_{adhesive, PMMA}$ は，PMMA成分とPMMA被着体との界面エネルギーである $\gamma_{PMMA, PMMA}$ と等しくなり，下記のようになる。

$$\gamma_{adhesive, PMMA} = \gamma_{PMMA, PMMA} = 0 \tag{1}$$

PMMA成分の偏析は界面領域での水平配向ラメラ構造を誘起する。一方被着体がPSの場合はエージングにより界面でラメラ構造の垂直配向がおこる。これは粘着剤中のPnBA成分，PMMA成分の両成分にとって，PSがいわゆる中性基板として振る舞うことを意味する。つまり両成分は同程度にPSには近づきたくないのである。それゆえPMMA成分とPSとの界面エネルギー，$\gamma_{PMMA, PS}$ はPnBA成分とPSとの界面エネルギー，$\gamma_{PnBA, PS}$ と等しく下記のようになる。

$$\gamma_{PMMA, PS} = \gamma_{PnBA, PS} = \frac{1}{2}\gamma_{PMMA, PnBA} \gg 0 \tag{2}$$

ここで $\gamma_{PMMA, PnBA}$ はPMMAとPnBAとの間の界面エネルギーで，これは比較的大きい。なぜなら粘着剤中では両成分間でミクロ相分離しているからである。エージング前はPS界面で粘着剤ドメインはランダム配向してPSと接触しているので，PSと界面エネルギーが比較的高い両成分が同じ割合（50：50）でPS基板と接触していることになる。エージング中に界面でドメインはランダム配向から垂直配向に大きく変化するが，PS基板と両成分の接触する割合は50：50で一定のままである。そこで粘着剤とPS基板の界面エネルギー，$\gamma_{adhesive, PS}$ はエージング中一定で，(2)式を使って下記のように表わされる。

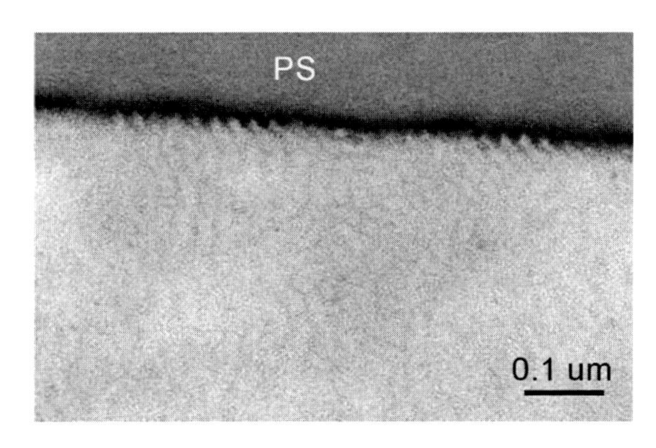

図 11　140℃，30 min 間のエージング後の PMMA-*b*-PnBA-*b*-PMMA 粘着剤と PS 被着体との界面の断面 TEM 像
（引用：*Langmuir*, **34**, 2856-2864（2018））

$$\gamma_{adhesive, PS} = \frac{\gamma_{PMMA, PS} + \gamma_{PnBA, PS}}{2} = \frac{1}{2}\gamma_{PMMA, PnBA} \gg 0 \tag{3}$$

界面でのドメイン配向から，それぞれ(1)式と(3)式で表されるように，この粘着剤と PMMA 基板，PS 基板との界面エネルギーに大きな差があることが推定された。この大きな界面エネルギーの違いは，実際にこの粘着剤の PMMA と PS という 2 つの被着体への粘着力に大きな差を生んでいるに違いない。

図 2 は前述のように，同じ組成のトリブロック共重合体粘着剤のエージングによる PMMA 被着体への粘着力の変化を示している。140℃でのエージングにより約 10 分程度で粘着力は急激に上昇する。これは界面でのドメインの水平配向により粘着剤と被着体との界面エネルギーが減少（(1)式）するせいである。実際この水平配向構造は 10 分程度で完成することを，モデル多層膜を使った NR や GISAXS によるその場観察で明らかにした。図 2 にはこの粘着剤の PS 被着体への粘着力のエージングによる変化も合わせて示している。PS が被着体の場合，粘着力はエージングにより全く増加しないことがわかる。これはエージング中の界面エネルギーが(3)式で表され相対的に大きく，またエージングによって変化せず一定であることが原因と言える。PS 基板と粘着剤との界面エネルギーが大きいことは，図 11 のエージング後の実際の粘着剤 /PS 被着体界面の TEM 像からもわかる。すなわち粘着剤中のドメインはモデル多層膜中と同様，実際の界面でも垂直配向している。

7　終わりに

ポリ n ブチルアクリレート（PnBA）成分とポリメチルメタクリレート（PMMA）成分からなるトリブロック共重合体粘着剤が，エージングにより PMMA 基板への強い粘着力を示すことを見出した。この原因は粘着剤中の PMMA 成分が被着体との界面に偏析することにより，界面エネルギーが最小化することにある。一方被着体がポリスチレン（PS）の場合，PSは粘着剤中の両成分にとって中性基板として働くため，エージングをしても粘着力は小さいまま増加しない。これはPSとの界面エネルギーが比較的大きな両成分が均等に接触し続けることが原因である。本系ではこの界面エネルギーの大小がドメインの配向構造のドラスティックな違いとして視覚的に評価できる。

今後このようなブロック共重合体粘着剤のミクロ相分離構造の界面での配向変化を利用した粘着剤設計が盛んになることを期待している。これが進めば，例えば貼り合わせの初期はランダム配向しているので強く接着しないが，しばらくすると水平配向に変わり強接着するような粘着剤の設計が可能になるかもしれない。これはあらたな遅延接着機能をもつ粘着剤の設計につながる。もちろんブロック共重合体の粘着剤への応用は，界面接着力の向上だけでなくバルクの機械特性向上にも寄与する可能性があり[31~33]，多くの可能性を秘めている。

文　　献

1） 粘着ハンドブック（第3版），日本粘着テープ工業会（2005）
2） K. Shimokita, I. Saito, K. Yamamoto, M. Takenaka, N. L. Yamada, T. Miyazaki, *Langmuir*, **34**, 2856-2864 (2018)
3） G. Krausch, *Mater. Sci. Eng.*, **R14**, 1-94 (1995)
4） A. Menelle, T. P. Russell, S. H. Anastasiadis, S. K. Satija, C. F. Majkzak, *Phys. Rev. Lett.* **68**, 67-70 (1992)
5） A. M. Mayes, T. P. Russell, P. Bassereau, S. M. Baker, G. S. Smith, *Macromolecules* **27**, 749-755 (1994)
6） G. J. Kellogg, D. G. Walton, P. Lambooy, T. P. Russell, P. D. Gallagher, S. K. Satija, *Phys. Rev. Lett.*, **76**, 2503-2506 (1996)
7） T. Xu, C. J. Hawker, T. P. Russell, *Macromolecules*, **38**, 2802-2805 (2005)
8） C. Shin, H. Ahn, E. Kim, D. Y. Ryu, J. Huh, K-W, Kim, T. P. Russell, *Macromolecules*, **41**, 9140-9145 (2008)
9） I. Potemkin, *Macromolecules*, **37**, 3505-3509 (2004)
10） H. Takahashi, N. Laachi, K. T. Delaney, S-M. Hur, C. J. Weinheimer, D. Shykind, G. H. Fredrickson, *Macromolecules*, **45**, 6253-6265 (2012).
11） P. Mansky, T. P. Russell, C. J. Hawker, J. Mays, D. C. Cook, S. K. Satija, *Phys. Rev. Lett.* **79**, 237-240 (1997)
12） S. P. Samant, C. A. Grabowski, K. Kisslinger, K. G. Yager, G. Yuan, S. K. Satija, M. F. Durstock, D. Raghavan, A. Karim, *ACS Appl. Mater. Interfaces*, **8**, 7966-7976 (2016)
13） T. P. Russell, *Mater. Sci. Rep.*, **5**, 171 (1990).
14） 桜井健次編，新版X線反射率入門，講談社（2018）

15) N. L. Yamada, N. Torikai, K. Mitamura, H. Sagehashi, S. Sato, H. Seto, T. Sugita, S. Goko, M. Furusaka, T. Oda, M. Hino, T. Fujiwara, H. Takahashi, A. Takahara, *Eur. Phys. J.*, **126**, 108 (2011)
16) K. Mitamura, N. L. Yamada, H. Sagehashi, N. Torikai, H. Arita, M. Terada, M. Kobayashi, H. Seto, D. Goko, M. Furusaka, T. Oda, M. Hino, H. Jinnai, A. Takahara, *Polym. J.*, **45**, 100-108 (2011)
17) P. Mansky, T. P. Russell, C. J. Hawker, M. Pitsikalis, J. Mays, *Macromolecules*, **30**, 6810-6813 (1997)
18) D. Y. Ryu, J-Y. Wang, K. A. Lavery, E. Drockenmuller, S. K. Satija, C. J. Hawker, T. P. Russell, *Macromolecules*, **40**, 4296-4300 (2007)
19) P. Mansky, Y. L-E. Huang, T. P. Russell, C. Hawker, *Science*, **275**, 1458-1460 (1997)
20) D. Y. Ryu, K. Shin, E. Drockenmuller, C. J. Hawker, T. P. Russell, *Science*, **308**, 236-239 (2005)
21) S. P. Samant, C. A. Grabowski, K. Kisslinger, K. G. Yager, G. Yuan, S. K. Satija, M. F. Durstock, D. Raghavan, A. Karim, *ACS Appl. Mater. Interfaces*, **8**, 7966-7976 (2016)
22) T. P. Russell, *Science*, **297**, 964-967 (2002)
23) E. Huang, P. Mansky, T. P. Russell, C. Harrison, P. M. Chaikin, R. A. Register, C. J. Hawker, J. Mays, *Macromolecules*, **33**, 80-88 (2000)
24) 宮崎　司，産業応用を目指した無機・有機新材料創製のための構造解析技術，第1章X線回折，3斜入射X線散乱による構造解析，シーエムシー出版（2015）
25) K. Masunaga, *et al.*, *Polym. J.*, **43**, 471-477 (2011)
26) H. Ogawa, *et al.*, *Polym. J.*, **45**, 109-116 (2013)
27) K. Shimokita, T. Miyazaki, H. Ogawa, K. Yamamoto, *J. Appl. Cryst.*, **47**, 476-481 (2014)
28) H. Ogawa, T. Miyazaki, K. Shimokita, A. Fujiwara, M. Takenaka, T. Yamada, Y. Sugihara, M. Takata, *J. Appl. Cryst.*, **46**, 1610-1615 (2013)
29) T. Miyazaki, K. Shimokita, H. Ogawa, K. Yamamoto, *J. Appl. Cryst.*, **48**, 1016-1022 (2015)
30) T. Miyazaki, K. Shimokita, H. Ogawa, K. Yamamoto, *J. Appl. Cryst.*, **51**, 560-561 (2018)
31) T. J. Hermel, S. F. Hahn, K. A. Chaffin, W. W. Gerberich, F. S. Bates, *Macromolecules*, **36**, 2190-2193 (2003)
32) Y. Mori, L. S. Lim, F. S. Bates, *Macromolecules*, **36**, 9897-9888 (2003)
33) A. Phatac, L. S. Lim, C. K. Reaves, F. S. Bates, *Macromolecules*, **39**, 6221-6228 (2006)

第14章　自己組織化による相分離微粒子材料

藪　浩*

1　はじめに

高分子微粒子はラテックスに始まり，乳化重合技術の発展に伴いバルク材料やフィルム材料などと共に多様な分野に応用されてきた高分子材料の一形態である。均一なサイズの高分子微粒子は液晶ディスプレイのスペーサや潤滑補助剤として利用されている。また，近年では光の波長程度のサイズを持つ粒子を修正することで，モルフォチョウの様な構造色用材料[1)]が多く研究されている。その光散乱特性から化粧品や光拡散体としても有用である。医療分野においては，抗体を結合した粒子による凝集沈降を利用することでイムノアッセイを行う手法[2)]などが開発され，医療現場ですでに実用化されている。

これら従前の応用は，そのほとんどが高分子微粒子の均一な粒径と，その表面物性に依存している。近年，シード重合や分散重合技術，マイクロ流路を用いたエマルジョン液滴制御技術の発展により，微粒子の形状を制御し，電子ペーパーの色材[3)]など，高分子微粒子の新たな応用が見いだされている。しかしながら微粒子の内部・表面構造をナノスケールで系統的に制御する方法論は未だ確立されていない。

2種以上のポリマーの混合物であるポリマーブレンドや，異種ポリマーが末端で結合したブロック共重合体は，各ポリマーの相溶性が低い場合，それぞれμmスケール，nmスケールの相分離構造を形成することがバルクにおいて研究されている[4)]。特にブロック共重合体は，そのナノスケール構造を重合度，相溶性，セグメント比率などのパラメータにより，球状ドメインやシリンダー，ラメラなど，系統的に変化させることができることから，ナノスケール構造の形成に適している。

本章では，近年めざましく発展しているポリマーの相分離を利用した高分子微粒子の系統的な構造制御とその応用に関して紹介する。

2　ポリマーブレンド・ブロック共重合体微粒子の作製方法

ポリマーブレンドやブロック共重合体は基本的に異種材料の混合物であるため，従前の微粒子作製法をそのまま適用することが難しい。そこで，いくつかの手法が考案されている。

*　Hiroshi Yabu　東北大学　材料科学高等研究所　デバイス・システムグループ
ジュニア主任研究者（准教授）

2.1　乳化・分散リビングラジカル重合

乳化液滴を利用した乳化重合および分散重合などの異相重合は従前から均一粒径を与える高分子微粒子合成方法として用いられている。アニオン重合や触媒を用いたリビング重合等により分子量制御されたブロック共重合体が合成されているが，これらの合成手法は極めて不純物や重合条件に関して要求条件が厳しく，異相重合で用いることが難しい。一方で近年発展がめざましいリビングラジカル重合技術はこれらの異相重合技術との相性が良いため，ブロック共重合体微粒子の合成方法として用いられている。

2.2　液滴乾燥法

重合を用いず，すでに重合されたポリマー材料から微粒子を作製する手法もある。液滴乾燥法は揮発性有機溶媒に溶かしたポリマー材料を混和しない貧溶媒中にエマルジョンとして分散させ，溶媒を蒸発除去することにより微粒子を作製する手法である[5]。本手法は重合反応を伴わないため，多様な材料が使用可能であり，ナノ粒子との混合なども可能である。

2.3　再沈殿法

上記2種の手法は安定な乳化液滴の調製が必要であるため，界面活性剤や安定剤などが必ず微粒子表面に付着する。一方，有機顔料ナノ粒子などの作製法である再沈殿法は，高分子微粒子の作製方法にも利用できる[6]。ポリマー材料を有機溶媒に溶解させ，よく混和する貧溶媒中に析出させることにより，微粒子を得ることができる。

2.4　自己組織化析出（Self-Organized Precipitation, SORP）法

再沈殿法は貧溶媒中にポリマー溶液を加え，析出させるが，本手法では，揮発性有機溶媒に溶かしたポリマー溶液中に混和する貧溶媒を加え，有機溶媒を蒸発除去することにより高分子微粒子を得る手法である[7]。液滴乾燥法と再沈殿法の組み合わせと考えることもできる。本手法は界面活性剤等が不要である上，溶媒蒸発の際に相分離構造を成長させることが可能であるため，ブロック共重合体微粒子のナノ構造制御に適している。

3　ポリマーブレンド微粒子

液滴乾燥法やSORP法を利用して，ポリマーブレンドから微粒子の作製が報告されている。2種以上のポリマーを混合するため，共通の溶媒にポリマーを溶解し，ポリマーも良溶媒も溶けない非溶媒，あるいは良溶媒とは混和するがポリマーは溶解しない貧溶媒を加える。良溶媒を蒸発させた後，ポリマーブレンド微粒子を得る。

図に得られた微粒子の構造を示す。SORP法で作製した場合，混和するポリマーの極性と分散媒体である水の相互作用が微粒子の構造を決定する。例えば疎水性が同程度のポリスチレン

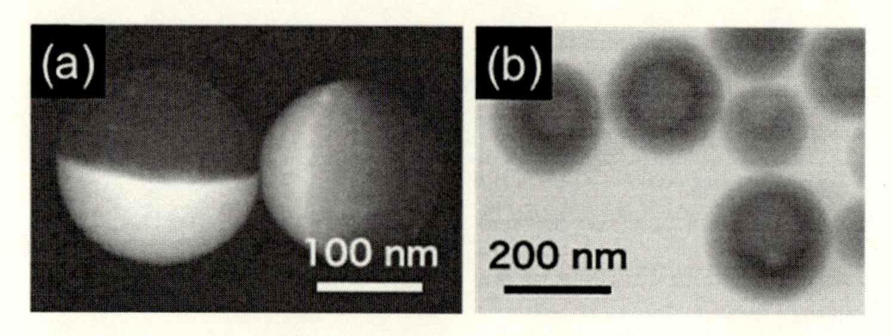

図1　PS/PIの走査型透過電子顕微鏡（STEM）像（a）とPS/PB-NH2の透過電子顕微鏡（TEM）像（b）
PI（白色（a））およびPB-NH2（黒色（b））相を OsO_4 で染色。STEM像とTEM像ではコントラストが逆転している事に注意。

（PS）とポリイソプレン（PI）の場合はヤヌス型の微粒子が得られた（図1）[8]。一方極性が大きく異なる組み合わせの場合（PSとアミノ末端ポリブタジエン（PB-NH2）），極性の高いポリマーが表面に分布したコアーシェル構造となった[9]。この結果から，混合するポリマーの極性を変化させることで，微粒子内部にコアーシェル構造やヤヌス構造などの内部構造を制御することが可能であると言える。

液滴乾燥法などの場合は，界面活性剤や安定剤が微粒子表面に付着する。従って，SORP法とは異なり，界面活性剤や安定剤とポリマーの相互作用が微粒子の内部構造を決定する。

4　ブロック共重合体微粒子

我々は2005年にSORP法を用いて共重合比がほぼ1：1のPS-b-PIジブロック共重合体から微粒子を作製し，その内部に一軸配向したラメラ状のミクロ相分離構造が形成されることを報告した[10]。同じポリマーを用いて再沈殿法で微粒子を作製した場合，相分離構造が未発達であったことから，溶媒蒸発に時間のかかるSORP法は相分離を安定構造に固定化するために有効な手法であることが示された。その後，多くの研究グループがSORP法や液滴乾燥法を利用して，多様な構造を持つブロック共重合体微粒子を報告している[11]。

4.1　バルクのミクロ相分離構造を反映したブロック共重合体微粒子

粒子サイズ（D）がミクロ相分離構造の周期（L_0）よりも十分大きい場合（$D/L_0>4$），微粒子内部にはバルクのミクロ相分離構造を反映したナノ構造が形成される。共重合比を変えることにより，球状，シリンダー，ラメラなどのミクロ相分離構造が形成される。一次元構造である球状ドメインを除き，シリンダーやラメラ構造は微粒子内部での配向も重要であり，シリンダー構造は微粒子界面に配向することで，同心円リング状の構造を微粒子内部に形成する（図2）。一方でラメラの場合は構成単位が2次元シート状となるため，同心球あるいは一方向に配向したラメ

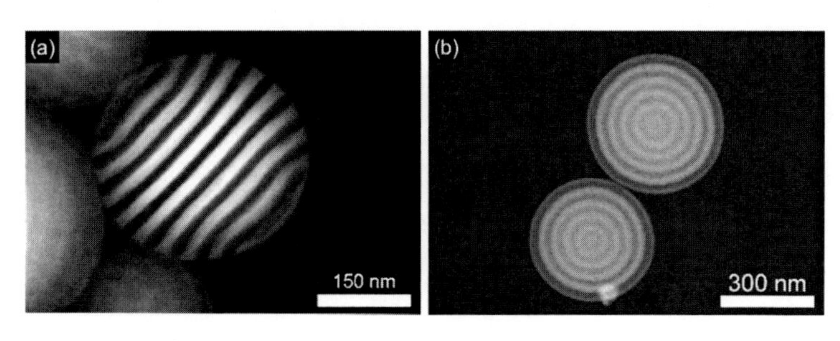

図2　ラメラ相を形成するPS-b-PIから作製した一軸ラメラ（a）および
オニオン状（b）微粒子のSTEM像

ラ構造が形成される。これらは一方のポリマー相を固定化し，他方のみを溶かすSelective Immobilization and Selective Elusion（SISE）法により詳細に確かめられている[12]。また，ミクロ相分離構造の周期はバルクと同様にブロック共重合体の重合度に依存しており，そのドメインサイズも調整できる。

4.2　サイズに依存したミクロ相分離構造を持つブロック共重合体微粒子

$D/L_0<4$の場合，粒子サイズが小さいことにより，粒子界面で制限された空間内でミクロ相分離構造が不整合を起こし，そのフラストレーションによりバルクと異なるミクロ相分離構造が現出する。例えば，バルクでラメラ相を形成する高分子量PS-b-PIブロック共重合体から微粒子を作製し，その内部に形成した相分離構造をTEMにより観察したところ，非常に複雑なミクロ相分離構造がD/L_0の値に依存して形成されることが明らかとなった（図3）[13]。この様な拘束（Confinement）場における，ミクロ相分離構造の形成は，バルクとは異なる構造を与え，ナノスケール界面がミクロ相分離構造に与える影響を評価する上で興味深い。従来から薄膜（1次元拘束場）[14]や陽極酸化アルミナ多孔体[15]（2次元拘束場）に封じ込めたブロック共重合体のミクロ相分離構造ははバルクと異なる相が形成されることが報告されている。微粒子は理想的な3次元拘束場として捉えることが可能であり，微粒子におけるミクロ相分離構造を議論することにより，ナノスケールにおけるミクロ相分離構造形成プロセスの理解が進むものと考えられる。

4.3　数理モデルを用いたブロック共重合体微粒子内部の相分離構造の解析

我々が上記の拘束場空間におけるミクロ相分離構造に関する報告を行った後，多くの実験的・理論的研究が進められている[16]。我々も独自に応用数学分野の研究者と共に，3次元拘束場におけるミクロ相分離構造形成をシミュレートする数理モデルを構築した（図4）[17]。

本モデルでは，2種の流体における相分離を記述するCahn-Hilliard方程式を，粒子−媒体間の相分離と粒子内でのポリマーブロックAおよびBの相分離の2つに適用し，これらをカップルさせることで微粒子内部に形成される相分離構造のサイズと粒子界面における媒体との影響を記述する。ここで図4中のuとvはそれぞれ媒体と微粒子間のマクロな相分離およびA・Bブロッ

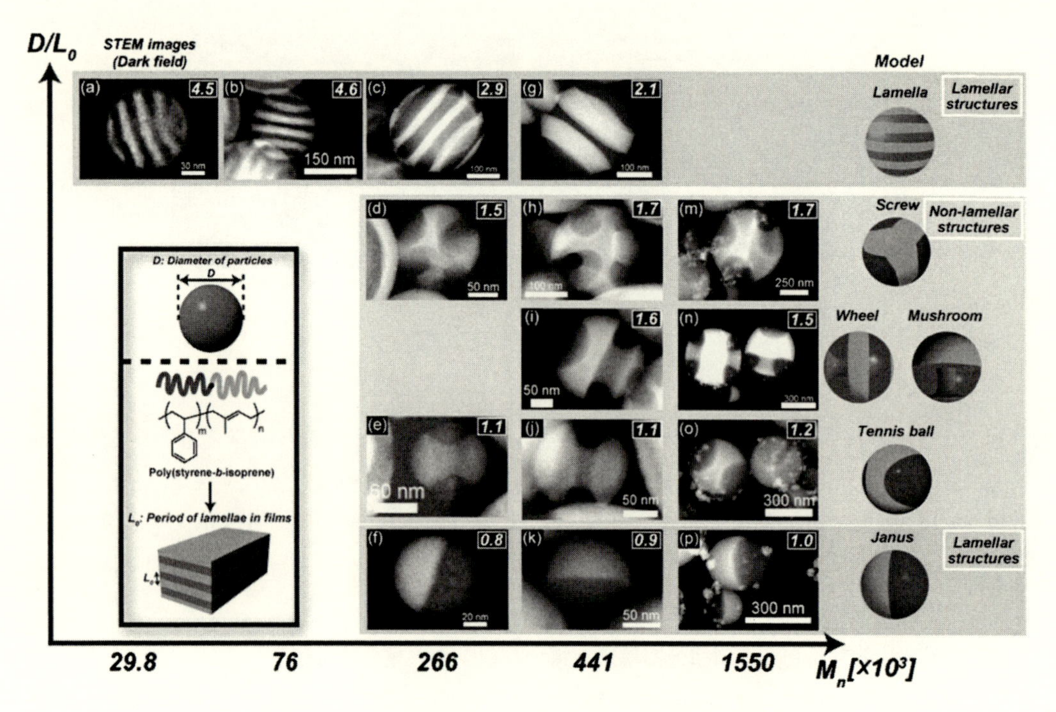

図３　３次元拘束場におけるミクロ相分離構造の変化
（文献 13 より許可を得て転載）

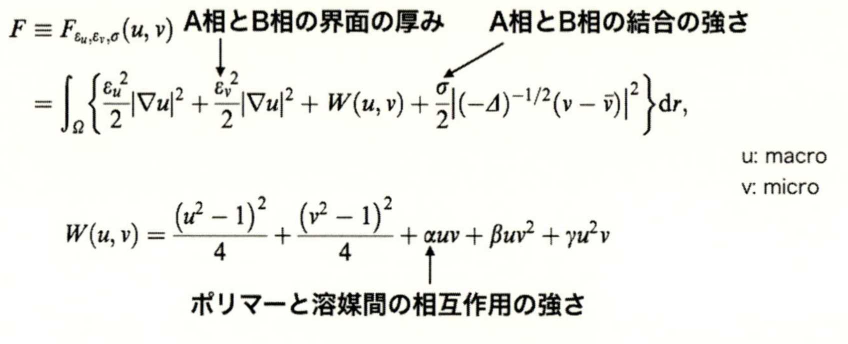

図４　Coupled-Cahn-Hilliard 方程式

ク間の相分離に関する関数であり，界面の厚みや，A・B ブロック間の結合の強さ，A あるいは B ブロックの媒体との相互作用の強さなどのパラメータを変化させることにより，相分離構造が変化する。この Coupled-Cahn-Hilliard 方程式により，実験で観察された多様なミクロ相分離構造を数理モデルで再現することに成功した（図 5）。

さらに本モデルは微粒子の熱アニーリングの効果についてもシミュレートすることが可能である。一般的に水中での熱アニーリングは A および B ブロック間の χ パラメータは増大し，ミクロ相分離構造が促進される。χ パラメータは界面の厚みを変え，媒体と相互作用の強いポリマー

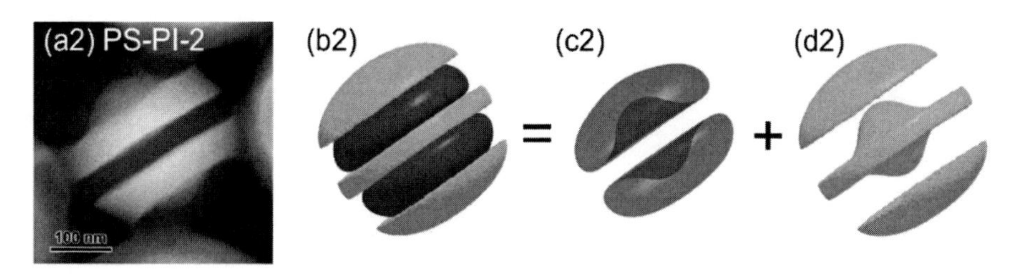

図5　ブロック共重合体微粒子のSTEM像とCoupled-Cahn-Hilliard方程式によりシミュレートした微粒子内のミクロ相分離構造
（文献17より許可を得て転載）

が表面に現れる事を示した[18]。この結果は水中での微粒子の相分離構造変化を忠実に再現できることが明らかとなった。

5　相分離構造を持つ微粒子の応用

相分離構造を持つ微粒子は内部および表面にナノ構造を形成することが可能であることから，従来にはない多様な高分子微粒子の応用が可能となる。例えば磁性ナノ粒子や顔料ナノ粒子をヤヌス構造を持つ微粒子内に担持させることで，外場により色調の変わる電子ペーパーの色材へ応用できる[19]。磁性ナノ粒子の表面をヤヌス粒子の一方の相と同種，あるいは親和性の高いポリマーで被覆し，ヤヌス粒子を作製する際の溶液に加えるだけで，親和性の高い特定の相にナノ粒子を導入することが可能である（図6）。このような磁性ヤヌス粒子は磁場により配向・収集することが可能であり，外場制御によりディスプレイ用の色材などへの応用が可能であると考えられる。磁性ナノ粒子や顔料だけでなく，金属ナノ粒子[20]や量子ドット[21]なども導入可能である。これらは下記に述べる蛍光検出系やセンサーなどへの応用の際に非常に重要な技術となる。

ヤヌス粒子やミクロ相分離構造を表面に持つ微粒子は，サイズ制御された異なる高分子ドメインを表面に露出させることができる。この特性を活かして，一方に抗原や抗体を結合させ，反対面に蛍光分子を組み込んだヤヌス粒子を用いることで，簡便に高感度なイムノアッセイシステムの構築が可能である（図7）[22]。抗原を結合した蛍光ヤヌス粒子を検体と共に抗体を結合させたチップ上に流すことにより，検体中の抗原濃度を競合的に測定することが可能となる。

また，高分子微粒子表面に抗体を結合させ，抗原をサンドイッチすることで粒子の凝集を引き起こし，抗原濃度を測定する凝集沈降法という手法はすでに医療現場において検査に用いられている。本手法の感度を上げるためには，感度良く粒子の凝集を形成するために粒径の制御が重要である。さらに，効率的な抗原–抗体反応を実現するために抗体の空間的な配置・密度を制御することが必要不可欠である。既往の手法では前者の粒子のサイズ制御は実現されているが，後者については手法が確立されていない。我々はごく最近，微粒子表面に官能基を導入したブロック共重合体微粒子の相分離構造を形成させ，選択的に化学修飾可能であることを報告している[23]。

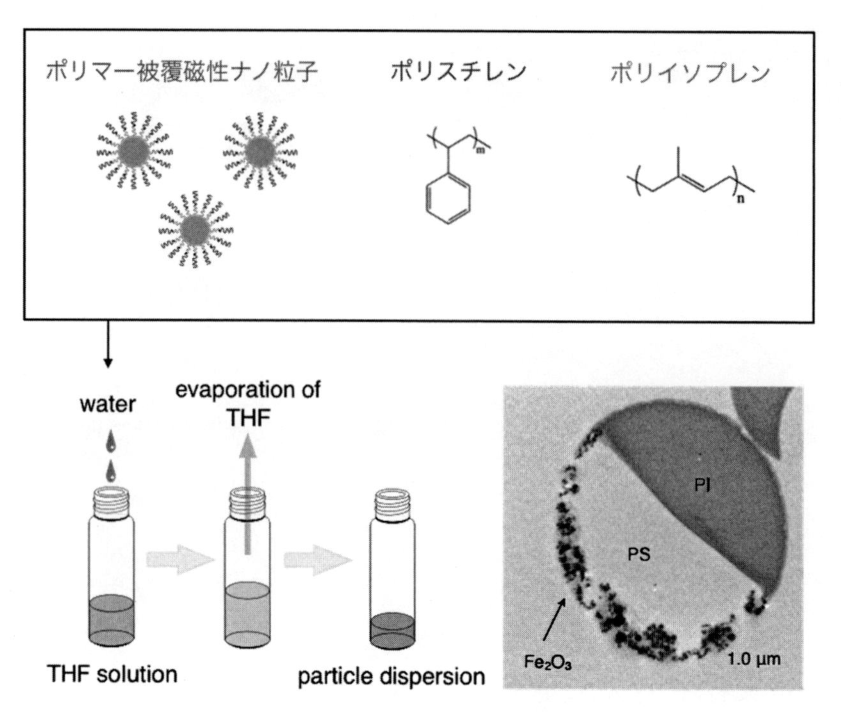

図6　磁性ヤヌスナノ粒子の作製方法

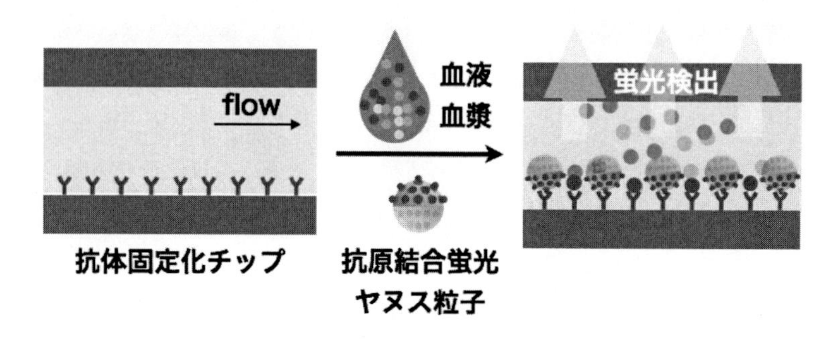

図7　抗原結合蛍光ヤヌス粒子を用いたイムノアッセイの模式図

さらに，貴金属ナノ粒子を表面に担持したコアーシェル型微粒子は，近赤外光で吸着分子のラマン散乱を増強できることから，分散型のSERS用増強基材として有用である[21]。PSとPB-NH_2からSORP法を用いて微粒子を作製すると，表面に極性の高いPB-NH_2が偏析し，アミノ基が表面に露出する。その結果，表面電位は正に帯電し，この分散液に負に帯電した金ナノ粒子を混合すると，静電相互作用により微粒子表面に金ナノ粒子が密に集積された金ナノ粒子被覆コアシェル型微粒子が得られる。金ナノ粒子は$\lambda = 500$ nm付近に特有の局在プラズモン共鳴（LSPR）吸収波長を持つが，金ナノ粒子が近接すると，金ナノ粒子間のLSPRがカップルし，電磁場増強を伴い吸収波長が長波長側にレッドシフトする。この特性を利用して，微粒子に吸着し

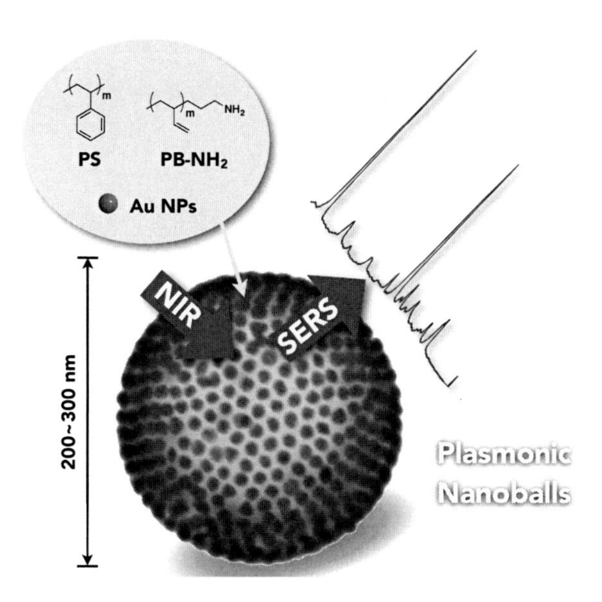

図８　金ナノ粒子被覆コアーシェル微粒子の近赤外励起表面増強ラマン散乱分光の模式図

た分子のラマン散乱を生体透過できる近赤外光で励起できるコンポジット微粒子の作製に成功している。このような微粒子は，細胞や組織の局所的な分子動態を非破壊・非染色で観察できるプローブとして利用できると考えられる。

以上の様に，高分子微粒子の構造制御は，化学修飾を組み合わせることによりライフサイエンス分野に貢献できることを示している。これらは応用の一例であるが，ナノ構造を相分離により形成することにより，従来の高分子微粒子では不可能であった応用が可能となると考えられる。

6　おわりに

高分子微粒子のナノ構造制御は近年研究が大きく発展している領域であり，新規の構造を持つ微粒子の作製が多く報告されている。一方でその応用開拓は発展途上であり，無機材料とのハイブリッド化や構造と化学特性を合わせた新規の応用が進むことが期待される。

文　　献

1)　Y. Y. Diao *et al., Adv. Funct. Mater.*, **23** (43), 5373 (2013)
2)　A. Larsson, *et al., J. Immun. Meth.*, **108**, 205 (1988)

3) H. Wang *et al., ACS Appl. Mater. Interf.,* **7** (16), 8827 (2015)
4) I. W. Hamley, "Development in Block Copolymer Science and Technology", John Wiley & Sons (2005)
5) N. Saito *et al., Langmuir,* **23** (11), 5978 (2007)
6) G. Zhao *et al., Chem. Mater.,* **19** (8), 1901 (2007)
7) H. Yabu *et al., Chaos,* **15** (4), 047505 (2005)
8) T. Higuchi *et al., Soft Matter,* **4** (5), 1302-1305 (2008)
9) K. Motoyoshi *et al., Soft Matter,* **6** (5), 1253-1257 (2010)
10) H. Yabu *et al., Adv. Mater.,* **17** (17), 2062 (2005)
11) J. M. Shin *et al., ACS Nano,* **11** (2), 2133 (2017)
12) T. Higuchi *et al., Angew. Chem. Int. Ed.,* **48** (28), 5125 (2009)
13) T. Higuchi *et al., Angew. Chem. Int. Ed.,* **47** (42), 8044 (2008)
14) M. J. Fasolka *et al., Macromolecules,* **33** (15), 5702 (2000)
15) P. Lambooy *et al., Phys. Rev. Lett.,* **72**, 2899 (1994)
16) M. Pina *et al., J. Polym. Phys. B,* **54** (17), 1702 (2016)
17) E. Avalos *et al., Soft Matter,* **12** (27), 5905 (2016)
18) E. Avalos *et al., ACS Omega,* **3** (1), 1304 (2018)
19) H. Yabu *et al., ACS Appl. Mater. Interf.,* **6** (20), 18122 (2014)
20) H. Yabu *et al., Macromol. Rap. Commun.,* **31** (14), 1267-1271 (2010)
21) H. Yabu *et al., Polym. J.,* **43** (3), 301-305 (2011)
22) D. Varadharajan *et al., Adv. Funct. Mater.,* in press (2018)
23) M. Kanahara *et al., Part. Part. Syst. Char.,* **32** (4), 411 (2015)

第15章　側鎖結晶性ブロック共重合体による結晶化超分子間力とポリエチレン改質機能

八尾　滋*

1　緒言

全世界で生産されるプラスチックの量は，1964年の1,500万tから2014年31,100万tと，50年で約20倍に増加しており，もっとも成長し成功した産業として考えることができる。その中でも，ポリエチレン（Polyethylene：PE）とポリプロピレン（Polypropylene：PP）は全生産量の約60%を占める主要プラスチックであり，広範な分野に適用され，また多くの研究者・開発者・消費者が手に触れている素材でもある[1)]。この50年間の状態を背景として，PEやPPは耐溶剤性が高く，難改質性・難接着性プラスチックである，という常識が構築され，あらゆる教科書にも記載されている。またこれらの特性を示す原因としては，PEやPPの分子構造が非極性構造であり，ごく弱い相互作用力とされているファンデルワールス力しか持たないことが理由として挙げられている[2)]。強い接着性を示すためには，極性力や水素結合力が不可欠であるというのも，この間に確立された常識である。従って，PEやPPの表面改質には，プラズマ法やフレア法などの物理的な手法により主鎖を切断し，官能基を導入する手法のみが有効であるとして一般に定着している。但しこれらの手法は改質した特性を長時間維持できず，複雑な形状には対応が難しく，材質の強度を損ねるものであり，また実用上の要求を十分満たす改質効果が得られないため，多くの課題を残している[3~5)]。

一方で，PEやPPは高結晶性高分子としても良く知られている。特にPEの結晶弾性率は，分子鎖軸に垂直な方向であっても極めて高い[6)]。この特性は，PEやPPの分子鎖間に働く結晶化力・凝集力が想像以上に強いことを意味している。それは即ち，同じ構造を持つ高分子鎖間においては，ファンデルワールス力に由来する結晶化力は構造を形成する主要な相互作用力であることを意味している。従って，PEやPPにおいては，分子構造が類似した化合物が近接した場合，それらに対しては結晶化に伴う相互作用力が働く可能性がある。

我々の研究室ではこのような発想の基，側鎖に長鎖アルカン鎖を持つ高分子とPEがファンデルワールス力を活かした結晶化超分子間力を示す可能性に着目した。特に長鎖アルカン鎖側鎖を持つユニットと種々の機能性を示すユニットからなるブロック共重合体のPE表面改質特性に関する研究を行い，この種のブロック共重合体がPEをはじめとする種々の難改質性高分子に対して吸着機能を発現し，その結果としてこれら難改質性高分子の表面を化学的に改質できることを見

＊　Shigeru Yao　福岡大学　工学部　教授

出した[7~17]。本報ではこのブロック共重合体の分子特性と PE との相互作用に関する機能発現メカニズムに関して解説を行うとともに，その適用分野に関する紹介を行う。

2　側鎖結晶性ブロック共重合体の基礎特性・機能

2.1　側鎖結晶性ブロック共重合体の設計と分子特性

側鎖に長鎖アルカン鎖を持つモノマーから重合した高分子は，その側鎖部位で結晶化する側鎖結晶性高分子（Side Chain Crystalline Polymer：SCCP）となる。また溶媒親和性などの機能をもつモノマーからなる機能性ユニット（Functional Unit：FU）を持つブロック共重合体も，側鎖結晶性を示す側鎖結晶性ブロック共重合体（Side Chain Crystalline Block Copolymer：SCCBC）となる。図1には側鎖結晶性モノマーにステアリルアクリレート（Stearyl Acrylate：STA）を，溶媒親和性を示すモノマーにノルマルブチルアクリレート（n-Butyl Acrylate：NBA）を用いた典型的な SCCBC の構造式を示す。また図2はこの構造の SCCBC の側鎖結晶性部位（Side Chain Crystalline Unit：SCCU）に対してエネルギー的に安定な構造を分子動力学・分子力学法を用いて導き出したものである。図からも側鎖である長鎖アルカン鎖が配列している様子が再現されている。

SCCBC の重合には種々のリビングラジカル重合法が有意に利用できる。図3には我々の研究において NMP 法により重合した STA-NBA 構造の SCCBC と PE の XRD プロファイルを対比して示す。図からわかるように，SCCBC は PE の（110）面と極めてよく似た結晶構造を示す側鎖結晶性高分子であることが分かる。またピークが若干低角度側にシフトし，半値幅が大きいが，これは図2で示された構造からも，アルカン鎖間隔が PE 結晶のそれよりも若干広く，結晶構造の不完全性を表していると考えられる。

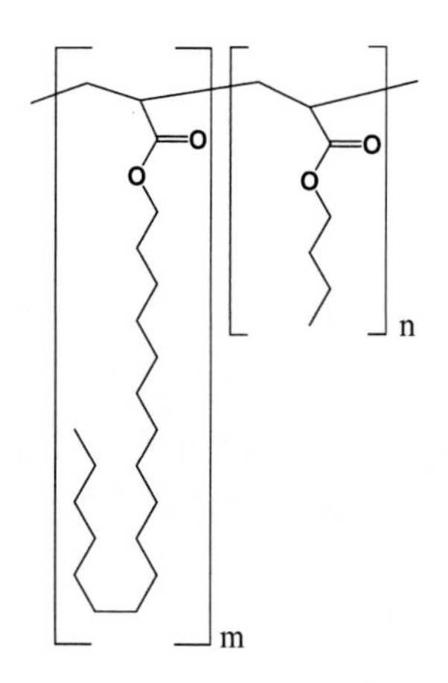

図1　典型的な側鎖結晶性ブロック共重合体の化学構造

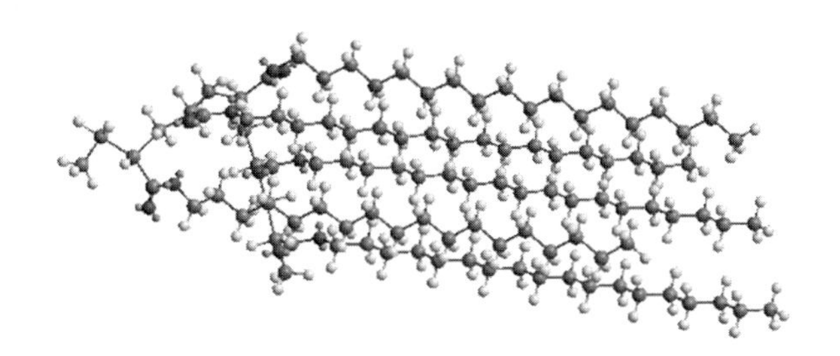

図２　計算化学により得られたSCCUの安定状態

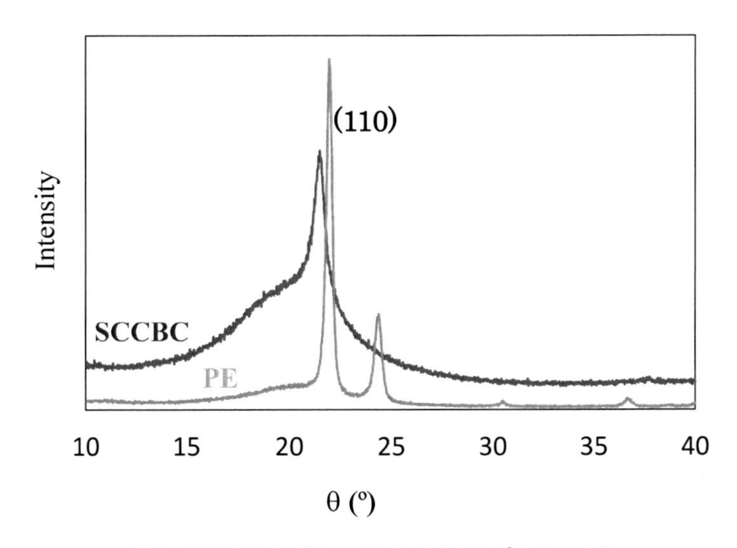

図３　SCCBCとポリエチレンのXRDプロファイル

2.2　PE微粒子濃厚分散系分散剤機能・TR流体機能

SCCBCが示す機能として最初に見出されたものは，PE微粒子濃厚分散系に対する分散剤効果である。1節でも述べたように，PEは接着性・吸着性に乏しく，また高結晶性でもあることから，表面の化学的改質が困難な高分子として知られている。従って，PE微粒子分散系は比較的低濃度でも粒子同士が凝集構造を形成し，高粘度化することが知られており，またそれに有効な分散剤のないことが課題であった。

一方，我々がSTA-NBA構造のSCCBCをPE微粒子濃厚分散系に微量添加したところ，粘度が急激に大きく低下する分散剤効果を発現することを見出した[7~12]。表1には種々の微粒子分散系に対して，STA（Mw＝6000）-NBA（Mw＝6000）のSCCBCを粒子濃度の1wt％添加した前後での粘度変化を表したものである。なおこの時の分散溶媒は酢酸ブチルを，粘度計は東機産業株式会社製のB形粘度計を用いている。表1から結晶化度が高いHDPE微粒子系の方がLDPE微粒子系よりも粘度が大きく低下していることが分かる。一方でPP粒子系には全く効果を発現していないことも分かる。また非常に興味深いことに，ポリアミド12（Polyamide12：PA12）

粒子に対してはある程度の分散剤効果を発現している。これらの結果は，SCCBC が類似した結晶構造を持つ PE 表面と特異的な相互作用を発現すること，かつその相互作用力は，結晶構造の完全性が高いほど強いと考えられることを示唆している。PA12 の場合は結晶構造の一部にやはりアルカン鎖が配列した構造を持つために，やや弱い相互作用が働くと考えられる。

図 4 には分子動力学により計算された PE 表面への SCCU の吸着過程を示す。図より，わずか 1 ns 程度で SCCU が PE 表面に吸着する様子が示されている。この様子を上面から見ると SCCU の側鎖アルカン鎖は PE の結晶配列した分子鎖に並列に配向していることが分かる。この計算結果は，SCCU と PE の結晶間にはエピタキシャルな結晶化により一体となった擬似結晶が生じる

表 1　種々の高分子微粒子分散系に対する SCCBC の分散剤効果

Particle	Polymer	Content（wt%）	Viscosity（mPa・s）		Changed ratio（%）
			Original	Resulted	
Ceridust 3620①	HDPE r＝0.96～0.98	40	1360	6.2	99.5
MIPELON PM200②	UHDPE r＝0.93～0.94	50	830	15	98.2
ME 0520③	LDPE r＝0.93～0.94	40	311	15	95.2
Propylmat 31④	PP	45	536	554	3.4
GPA-500⑤	Polyamide12	52	734	95	87.1

① Clariant International Ltd,　② Mitsui Chemical, INC.,　③ DEUREX Micro-Technologies GmbHAdresse, ④ Micro Powder, ⑤ Ganz Chemical Co., LTD.

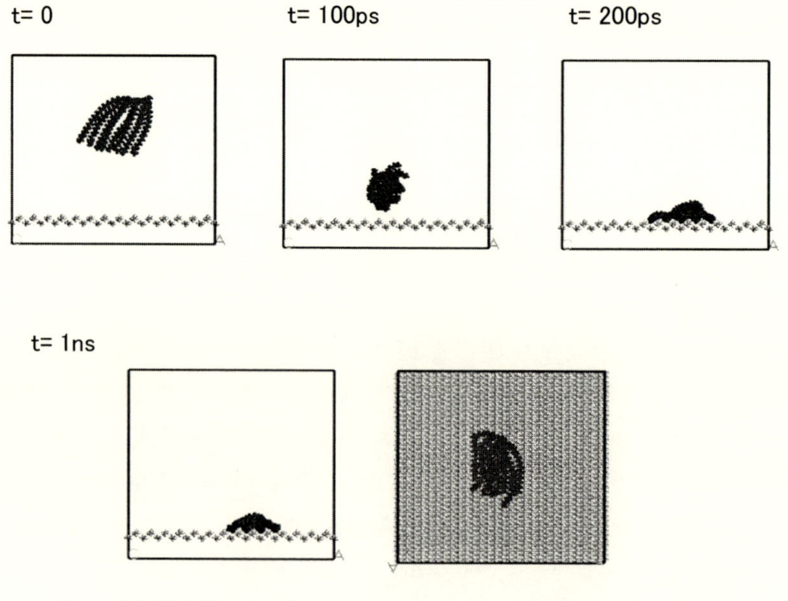

図 4　分子動力学により得られた SCCU の PE の結晶表面に対する挙動

結晶化超分子間力（Crystalline Supra Molecular Interaction：CSMI）と称することができる相互作用力が働いていることを示唆している。

図5はSCCBC添加前後でのPE微粒子（Ceridust 3620）のSEM写真を示す。図から，添加前では粒子表面が破断に伴う非常に荒れた状態であるのに対し，添加後はビロードに覆われたようなスムーズな状態に変化していることが分かる。これはSCCBCがPE微粒子表面全体を均一に覆っている状態を表している。

図6はその様子を模式的に表したものである。図に示すようにSCCUがPE表面に吸着すると，FU（表1および図5の場合は溶媒親和性）がPE表面をブラシのように覆うようになり，PE粒子表面がFUの機能を示すように改質される。FUの機能が溶媒親和性の場合，このような粒子系では粒子表面に粘度の低い溶媒層が形成され，そのために粒子が容易に回転緩和できるようになる。その結果として，PE微粒子分散系に対する分散剤効果が発現され，粘度が著しく

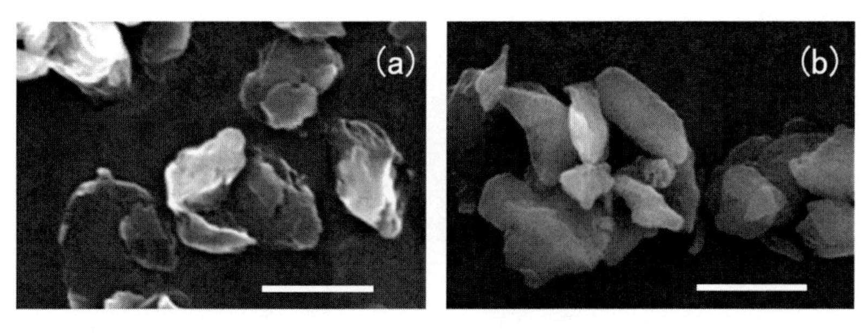

図5　未改質およびSCCBCにより改質されたPE粒子のSEM画像
(a)：未改質粒子，(b)：改質後

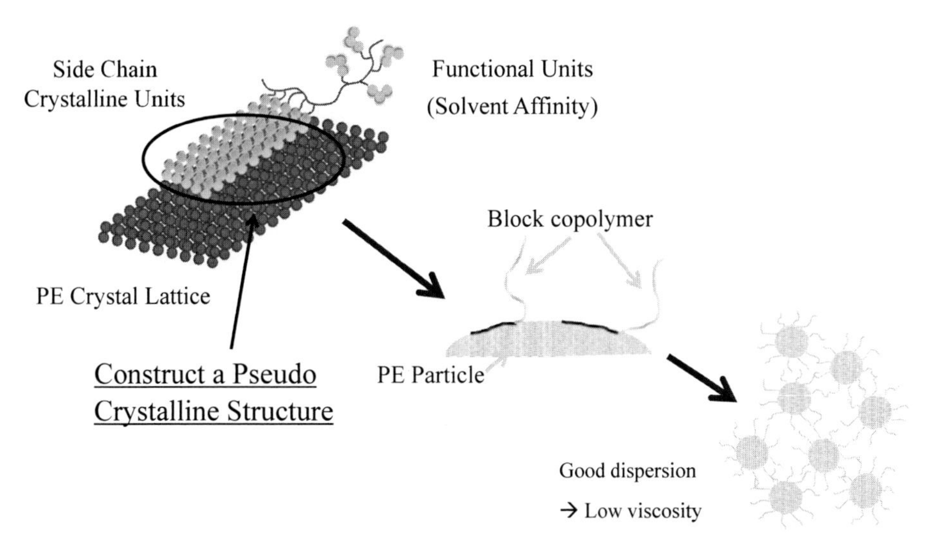

図6　SCCBCによる分散剤メカニズム

低下を示すようになる。

一方，この様に分散剤効果により低粘度化した PE 微粒子濃厚分散系は，温度を上昇すると擬似結晶が融解するために CSMI が消失し，表面から SCCBC が離脱を起こし，分散剤効果がなくなり高粘度化する熱レオロジー流体（Thermal Rheological Fluid：TR Fluid）機能を発現することが明らかとなっている。図 7 は PE 微粒子分散系に SCCBC を 1 wt％添加した系でのせん断速度 1 sec^{-1} および角周波数 1 rad・sec^{-1} における，それぞれせん断粘度および複素粘度の温度依存性を示したものである（UBM2000G（コーン・プレート型）で測定)。図からせん断粘度では約 40℃付近に，また複素粘度ではさらに高温の 60℃付近に粘度が変化する転移温度があり，この温度前後で粘度が一ケタ以上増加を示していることが分かる。またこの粘度変化は可逆的であり，温度を下げることにより再び低粘度化することが明らかとなっている。

図 8 はこの TR 機能の発現メカニズムを模式的に表したものである。図 8（a）の低温状態では SCCU は PE 表面に擬結晶を形成して吸着性を示している。この擬結晶も通常の結晶と同じく固有の融点を持つために，温度が上昇してその融点を超えるとこの吸着力は急激に失われ，図 8（b）に示すように SCCBC の PE 粒子表面からの離脱が始まる。この状態のように，SCCBC による改質機能が失われた PE 微粒子は親溶媒性ではなくなるために，互いに凝集し，粘度が急激に増加すると考えられる。

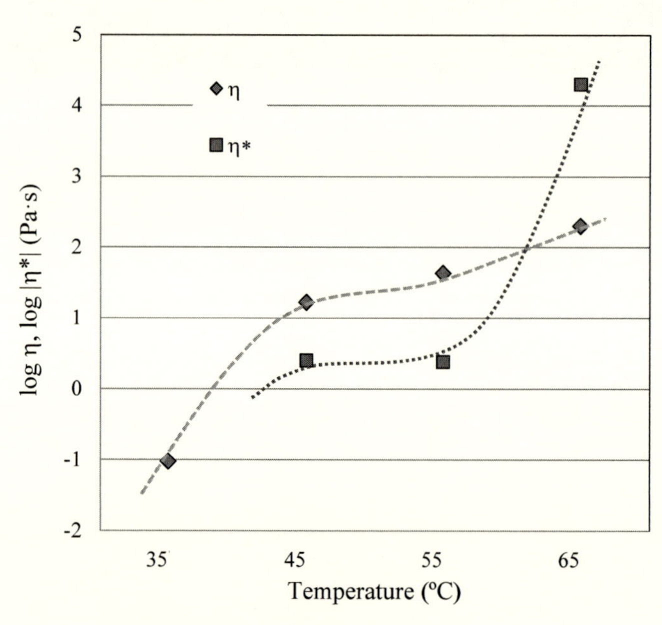

図 7　$\gamma = 1\ sec^{-1}$ でのせん断粘度および $\omega = 1$ rad・sec^{-1} での複素粘度の温度依存性

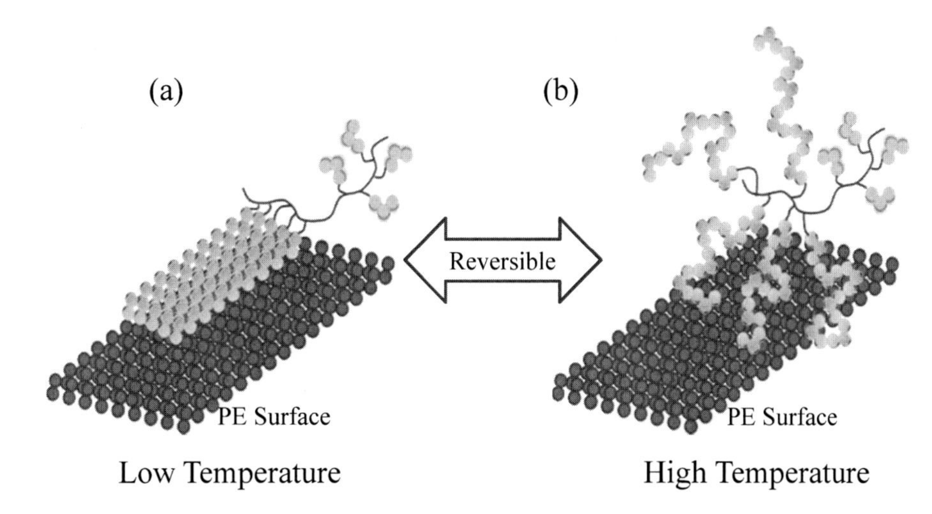

図8　SCCBCの吸着および脱着メカニズム
(a)：転移温度以下，(b)：転移温度以上

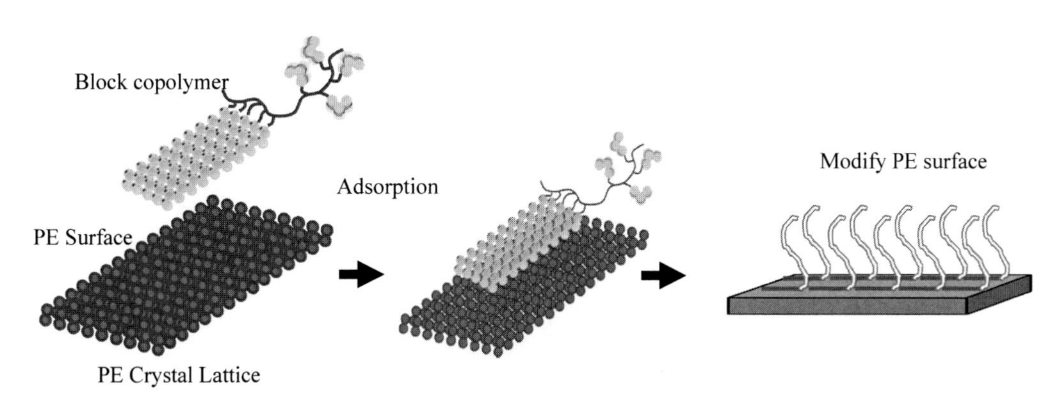

図9　SCCBCによるPE表面改質メカニズム

2.3　PE表面改質機能

PE基板表面の高度機能化として，現在表面開始グラフト重合による高分子ブラシによる改質が注目を集めている[18]。通常表面開始グラフト重合は，高分子基板上にプラズマなどを照射することで触媒や官能基などの重合開始点を導入し，それを起点として所定の機能性高分子を成長させることにより，表面改質を実現する手法である。従って，この手法による改質特性は，グラフト重合する機能性高分子の特性もさることながら，重合開始点の数ならびに密度，グラフト重合鎖の分子量の均一性などの要因に依存する。特に分子量の均一性を保証するためには真空下あるいは不活性ガス下でのリビング重合が不可欠であり，大面積への対応やコストなどが課題となっている。

一方図6に示したようなSCCBCのCSMIは，PEが平板であっても有意に作用し，図9に示すように，SCCBCで処理を行うことによりPE表面をFUがブラシのように生えた状態で覆うことが可能となる。この密度はSCCUの分子量に依存し，またあらかじめFUの分子鎖長のそろったSCCBCを用意しておくことで，容易に種々の特性を示す高分子ブラシで覆われたPE表面を創製することが可能となる。

図10には実際にPE表面をSCCBCで改質処理を行った断面TEM写真を示す。従来異種高分子間には無定形層が形成され，染色により成分間に黒い境界線が見えるようになる。しかし，この図では成分間に境界線が全く見られず，SCCBCとPEが非常に強固に吸着している様子がうかがわれる。

図11はSCCUにヘキサデシルアクリレート（Hexadecyl acrylate：HAD）を，FUにジ（エチレングリコール）エチルエーテルアクリレート（di（ethylene glycol）ethyl ether acrylate：DEEA）を用いて重合したSCCBC（HDA（Mw＝4,000）-DEEA（Mw＝16,000））を用い，この0.3 wt％の酢酸ブチル溶液でLLDPE（Petrosen®170, 東ソー㈱）をコーティングした時の水との接触角を未改質時と比較したものである。未改質時85.4°であった接触角が，改質により56.0°まで低下し，親水性的な特性が著しく強くなっていることが分かる。図12には水の接触角のSCCBCの改質溶液の濃度依存性を示す。図より極低濃度のSCCBC溶液で極小値を示し，それ以降濃度を上げてもあまり変化せず，逆にやや増加していることが分かる。この結果は，極低濃

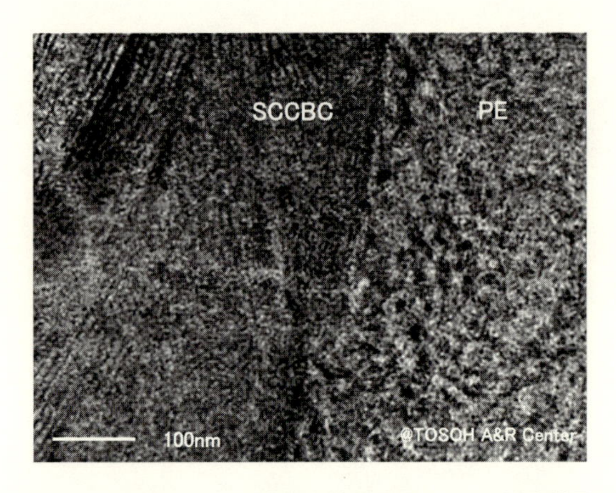

図10　SCCBCとPE表面の接触界面のTEM観察結果

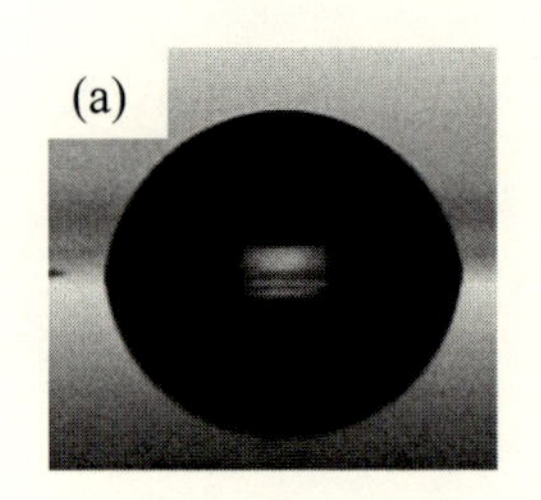

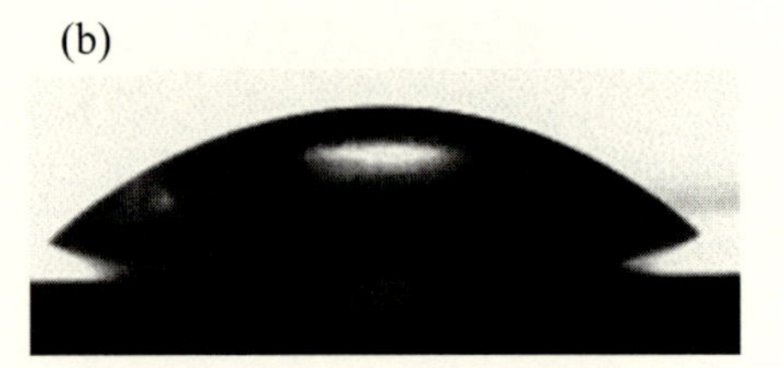

図11　original PE表面および改質PE表面の接触角
(a)：original PE, (b)：改質PE

度でSCCBCがLLDPEフィルム全面に吸着し，DEEAによるFUが表面を効率的に覆う機能のあることを示唆している。

このSCCBCのPEに対する相互作用力は極めて強く，この機能を利用することでPE表面に接着性を付与することができる[15)]。図13は，SCCBCの0.1 wt％のキシレン溶液中にHDPE（FX201，京葉ポリエチレン㈱）フィルムを浸漬して改質したフィルム同士をアロンアルファ201（東亜合成㈱）で接着し，JIS K6854-3に準拠してT型剥離実験を行った結果を，未改質HDPE同士を同様に接着した試料と比較したものである（ここでは，SCCUにベヘニルアクリレート（Behenyl acrylate：BHA）を，FUに2-(*tert*-ブチルアミノ）エチルメタクリレート（2-(*tert*-Butylamino) ethyl Methacrylate：TBAEMA）を用いて重合したBHA（Mw＝8,000)-TAEMA（Mw＝8,000）をSCCBCとして用いた)。図から未改質のHDPEフィルム同士を接着させた試料は容易に剥離し，最大荷重も0.4 Nとほとんど接着性を有していないのに対し，当該SCCBCにより改質したHDPEフィルムは最大荷重が12.7 Nを示し，接着力が大きく向上していること

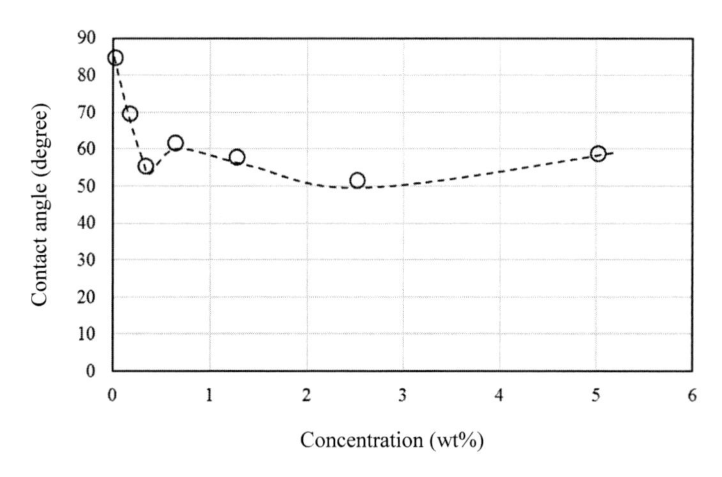

図12　SCCBCにより改質したPE表面の接触角の改質溶液濃度依存性

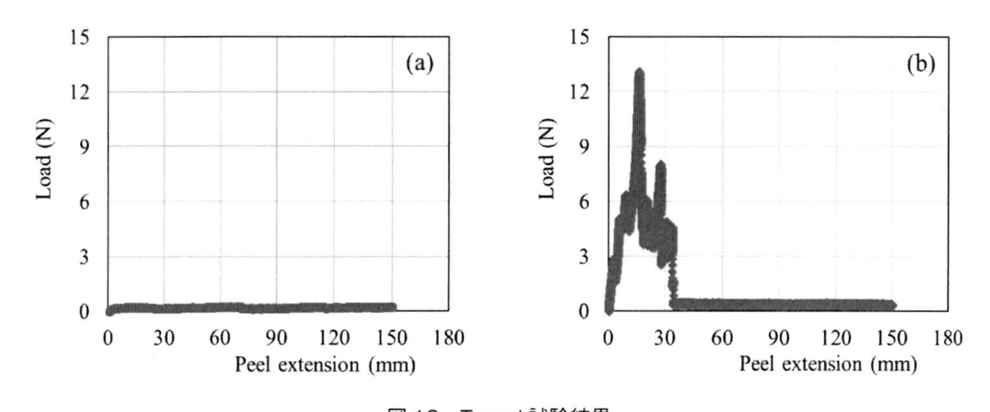

図13　T-peel試験結果
(a)：original PE，(b)：SCCBCにより改質したPE

が分かる。さらに改質 HDPE フィルムにおいては界面剥離ではなく HDPE 基板が破断しており，接着界面が極めて強固に接着していることを示す結果が得られている。図 14 には未改質のフィルム同士と当該 SCCBC を用いて同様の処理を行って改質したフィルム同士を，JIS K6850 に準拠して引張試験を行った結果を示す。未改質 HDPE の場合，すぐに破断が生じ破断力は 27.7 N であった。一方改質を行ったフィルム同士では破断力が 208.7 N となり，SCCBC と HDPE との相互作用力が非常に強いことが示されている。図 15 には各試料の試験後の画像を示す。図から未改質試料は接着面で剥離しているのに対し，改質した試料では接着部位以外の HDPE が伸びていることが示されている。HDPE は PE の中でも最も結晶性が高く，難改質性も高いとされているプラスチックであるが，これらの結果もまた SCCBC が PE 表面と非常に強い CSMI を示すことを表している。

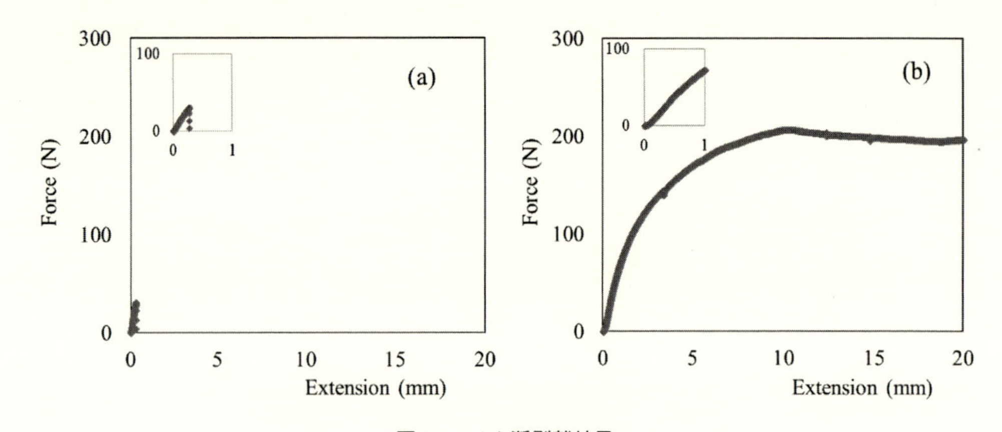

図 14　せん断剥離結果
(a)：original PE,（b）：SCCBC により改質した PE

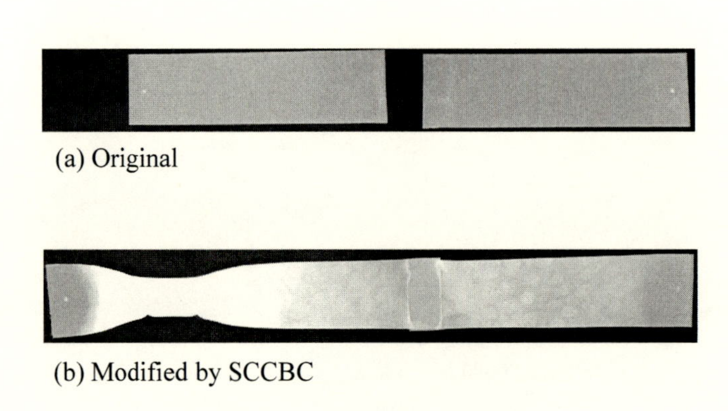

図 15　せん断剥離試験後の試料写真
(a)：original PE,（b）：SCCBC により改質した PE

2.4 PTFE表面改質機能

前節で述べてきたように，SCCBCのPE表面との相互作用力はこれまで考えられてこなかった結晶性高分子の特性を活かした，新たに見出された相互作用力である。従って，他の結晶性高分子に対しても適用性があると考えられる。特にポリテトラフルオロエチレン（Polytetrafluoroethylene：PTFE）はCF_2の繰り返し構造から成り立っており，結晶構造もわずかな螺旋を描いており，PE結晶との類似性からこの結晶化超分子間力が十分に機能すると考えられた。そこで，側鎖結晶性のフッ素系モノマーとしてアクリル酸1H, 1H, 7H-ドデカフルオロヘプチル（1H, 1H, 7H-Dodecafluoroheptyl acrylate：DFA）を，FUにはDEEAを用い，新たにブロック共重合体（F-SCCBC）を重合し，PTFEの改質機能に関する検討を行った[19]。

図16は未改質のPTFEと，F-SCCBCの5 wt％酢酸ブチル溶液に浸漬して改質した試料の水との接触角を比較したものである。図から，未改質時には101.2°と大きく撥水性を示していたPTFE表面が，浸漬後は59.9°と水に対する濡れ性が増大するように改質されていることが分かる。また図17はPTFEの多孔膜に対する改質効果を示したものである。改質がなされていないものは多孔膜上に水滴が形成されているのに対し，同じく5 wt％酢酸ブチル溶液に浸漬して改質したものは水が多孔膜全面に染みていることが分かる。

これらの結果は，もっとも改質が困難とされるPTFEに対しても，SCCBCが示すCSMIは有

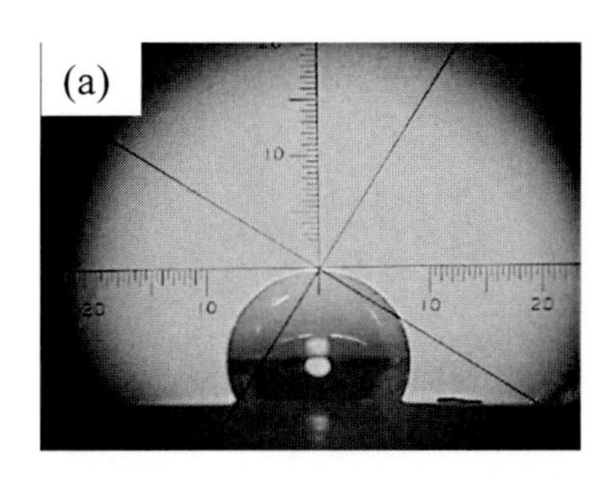

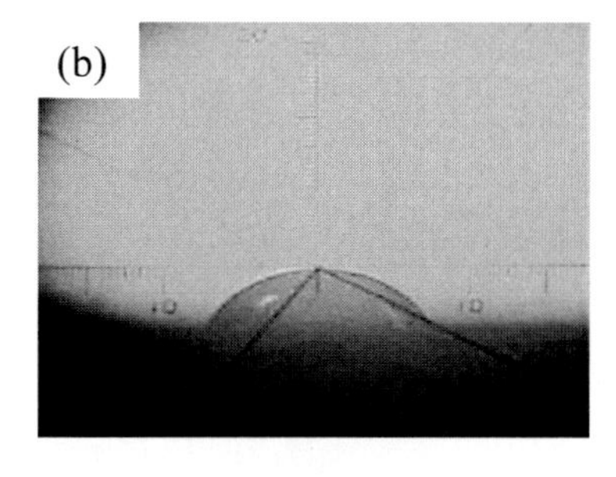

図16　original PTFEと改質したPTFEの接触角

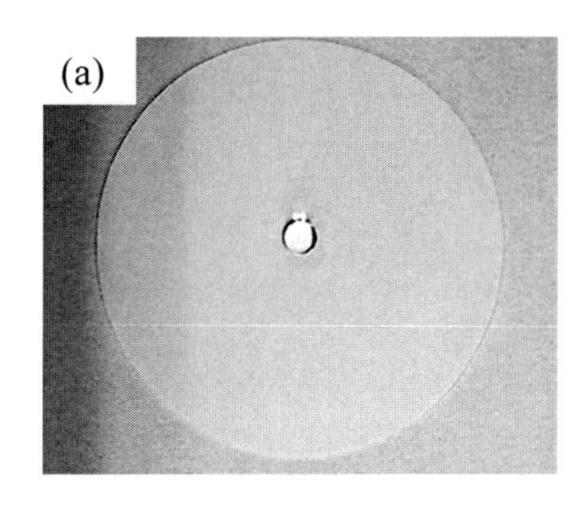

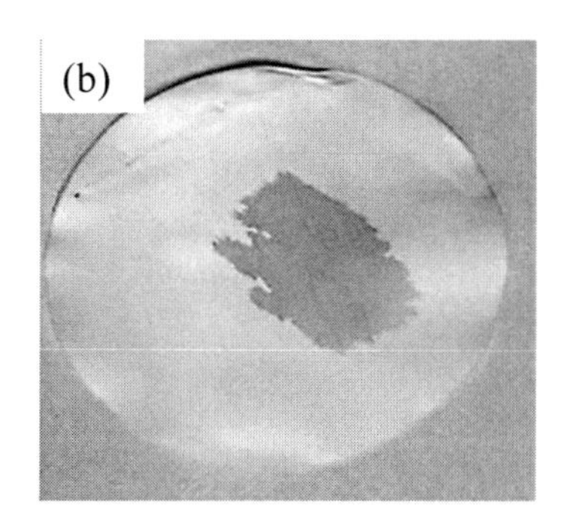

図17　水滴摘果後のPTFE多孔膜の外観
（a）：original PTFE多孔膜，（b）：改質後のPTFE多孔膜

効に機能することを表しており，その汎用性を示唆するものである。

3 側鎖結晶性ブロック共重合体の適用分野

3.1 動脈塞栓剤（TR 流体機能）

SCCBC は機能性部位に用いるモノマー種を変えることにより，PE 微粒子に種々の特性を付与することが可能となる。例えば機能性モノマーとしてアクリル酸 2-(2-エトキシエトキシ）エチル（Acrylic Acid 2-(2-Ethoxyethoxy) ethyl Ester：DEEA）を用いることにより PE 微粒子表面は極親水性を示すようになり，極性溶媒系への PE 微粒子分散も可能となる。今回はこの機能性モノマーを用いた TR 流体の動脈塞栓剤への適用研究について解説を行う。

がんの中でも肝臓がんは発見するのが難しく，かつ治療法も肝切除やラジオ波焼灼療法，肝移植などがあるが，これらの手法は身体への負担が大きいのが課題である。そこで近年では患者の心身的負担の軽減を目的とした低侵襲性治療が盛んに検討されている。中でもカテーテルを用いて腫瘍に繋がる動脈に抗がん剤を注入し，血管塞栓剤で塞いで抗がん剤を局所的にかつ長期間患部へ残存させるとともに，動脈を詰まらせて血液を途絶えさせることによりがんを壊死させる肝動脈化学塞栓療法（transcatheter arterial chemoembolization：TACE）が有用な治療法として注目を集めており，現在積極的に施術されている。この時主に用いられている塞栓剤としてはゼラチンが一般的であるが，もともと弾力のあるゼラチンを，目的の位置までカテーテルで運ぶことが非常に困難であること，X 線が素通りするために正確な位置が確認できず異なった動脈を塞栓する危険性があること，さらに一度塞栓を行っても血流により溶解してしまい塞栓効果が失われるなどの課題が指摘されている[20]。

一方，溶媒に X 線造影剤（イオメロン 40 wt%）とエタノール（25 wt%）混合溶液を用い，機能性モノマーに DEEA を用いた SCCBC を分散剤として添加（PE 微粒子に対し 2 wt%）した PE 微粒子（35 wt%）分散系は，図 18 に示すように 40℃付近で粘度上昇の転移点を示す TR 流

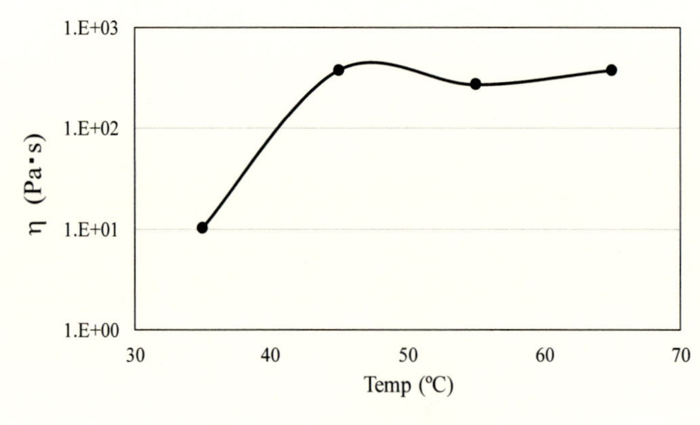

図 18 せん断粘度の温度依存性

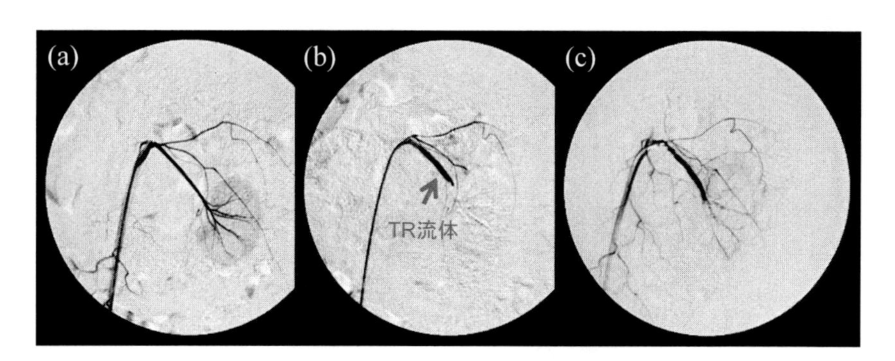

図19　動脈塞栓剤への適用試験結果
(a)：注入前，(b)：注入直後，(c) 28日後

体機能を発現する。従ってこの機能性TR流体は，体内に注入する際にはX線で位置を確認でき，かつ体内で高粘度化・ゲル化することで，血流の塞栓が可能でかつ長時間の耐久性が実現できる塞栓剤となりうる特性を持つことが明らかとなった。

図19には実際にネズミの腎臓に対してこの機能性TR流体を注入した結果を示す。図から，塞栓位置をX線観察下で特定することができ，また28日後でも良好に維持できていることが分かる。また術後の経過観察により，重篤な炎症などが生じておらず，動脈塞栓剤として有意に機能することを見出すことができている[21]。

本機能性TR流体に関しては，現在も滋賀医科大学との共同研究が継続中である。

3.2　リチウムイオン電池セパレータ（PE多孔膜改質）

リチウムイオン電池は正極と負極の接触を避けるために多孔膜を挟んだ構造となっている。またさらに短絡時の発熱・暴走による発火を防ぐため，昇温により溶融し正極と負極を完全に遮断する機能を持つPE多孔膜が通常用いられている。しかしながら，PEは非極性物質であるために，極性物質である電解液とは本質的に濡れにくく，大きな内部抵抗を示すことが知られている。内部抵抗の低減化のために，PE多孔膜の薄膜化が行われているが，一方で膜強度の低下や作業性が悪化するために限界があり，抜本的な解決が望まれている。そこで，FUに親水性モノマーを用いたSCCBCを用いたPE多孔膜の親水化とリチウム電池セパレータへの適用性の検討を行った。

図20はPE多孔膜をSCCBC（STA（Mw＝5,000）-DEEA（Mw＝9,500））を用いて改質したものと非改質PE多孔膜の水への親和性を評価した結果である。非改質PE多孔膜が水に浮かぶのに対し，改質PEが水中に沈降していることが分かる。この結果は，当該SCCBCを用いることでPE多孔膜の表面のみならず，多孔内部まで親水性に改質されていることを示している。

図21はこのように親水化処理されたPE多孔膜を，リチウム電池の固体電解質として適用した結果を示したものである。図から常温で非常に高いリチウムイオン電導能を持つことが分かる。この結果は，SCCBCがPE多孔膜の細孔表面に沿ってきれいに吸着し，良好なイオン電導

図20　未改質 PE 多孔膜（a）および改質 PE 多孔膜（b）の水中での挙動写真

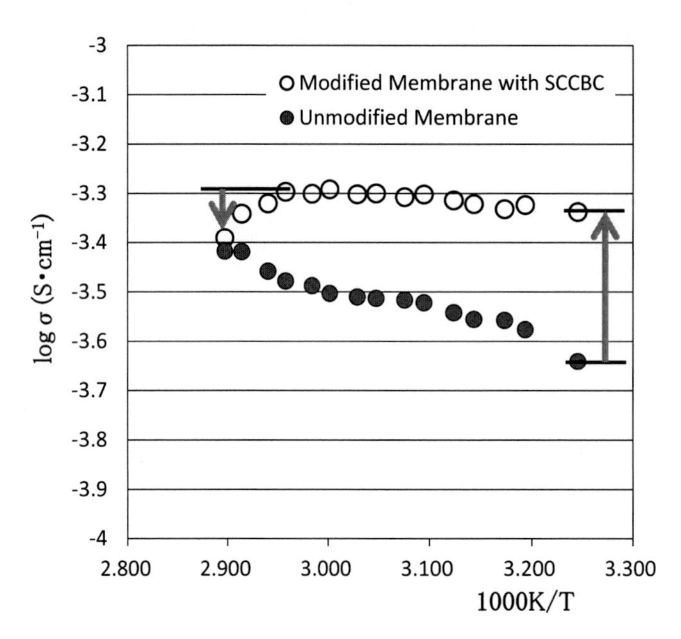

図21　未改質および改質 PE 多孔膜の電気伝導度の温度依存性
●：未改質 PE 多孔膜，○：改質 PE 多孔膜

性チャンネルを形成しているためであると考えられる。また一方でこの温度依存性は通常のリチウムイオン２次電池とは異なり，温度が上昇するほどイオン伝導率が減少する傾向を示す。これは TR 流体機能の項で述べたように，SCCBC が示す CSMI が温度応答性を保有しており，高温で PE 多孔膜の細孔表面から離脱することで，先のイオン電導性チャンネルの構造が乱れた結果であると考えられる。図22にはこの機能発現メカニズムをモデル的に示したものである。この

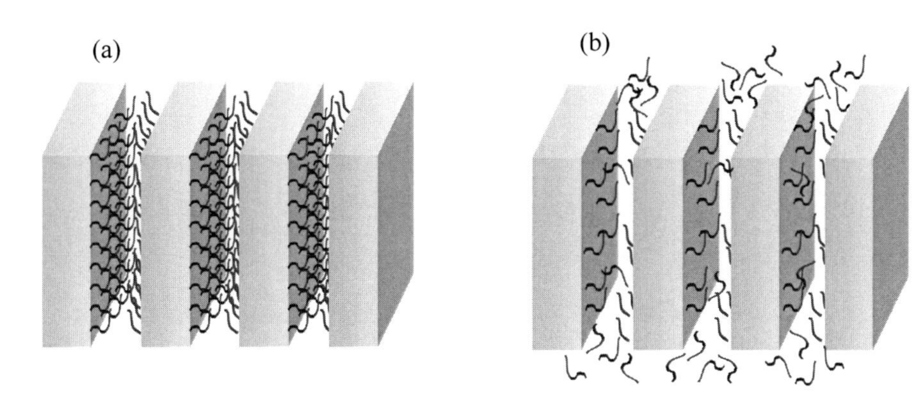

図22　電気伝導度転移メカニズム
(a)：低温状態，(b)：高温状態

ようなSCCBCの示す特異な機能は，リチウムイオン2次電池の温度暴走を防ぐ，新たな制御機構として利用できる可能性がある。

3.3　細胞培養基板

近年，多機能性細胞の再生医療分野での利用が期待されている。その中でも，胚性幹細胞（iPS細胞）や人工多能性幹細胞（ES細胞）の研究がとくに盛んである。またこれらの細胞は足場依存性細胞であるために浮遊状態では生存できないことから，細胞培養時には基板に接着させることが生命活動に不可欠となっている。現在培養基板には，観察の容易性やコストの観点からポリスチレン（Polystyrene：PS）のディッシュが多用されている。しかしPSはそのままでは疎水性が高くほとんどの細胞は接着しないことが課題となっている。この課題を解決するために，種々の手法を用いてPS表面を親水性に改質し，細胞接着性を向上させる研究が行われている。しかしながら一方で，接着性を向上すると細胞の剥離が困難になるという，逆説的な課題も出現しており，現状これらの課題を全面的に解決する手法は，まだ提案されていない。

PSはPEとは異なり無定形高分子である。従って結晶化超分子間力は作用しない。他方，PSとPEは溶融無定形状態では接着性を示すことも知られている。そこで，PSにもSCCBCが吸着し，かつSCCBC固有の結晶化-融解による温度応答性が機能するのではないかと予想し，PSの表面改質とその細胞培養特性の評価を目的として研究を行った。

研究にはSCCUがSTA，FUがアクリル酸（Acrylic acid：AA）のSCCBC（STA（Mw＝5,000)-AA（Mw＝12,000)）を使用した。図23は未処理の培養皿と，このSCCBCで処理を行った培養皿に水を滴下した結果を示したものである。図からSCCBC処理により親水性が大きく向上したことが分かる。また図24は未処理およびSCCBC処理を行った培養皿で5日間細胞培養を行った結果を示す。図から当該SCCBC処理により細胞が良好かつシート状に増殖していることが分かる。またこの培養皿を43℃の雰囲気に置き60分振とうを行った様子を図25に示す。

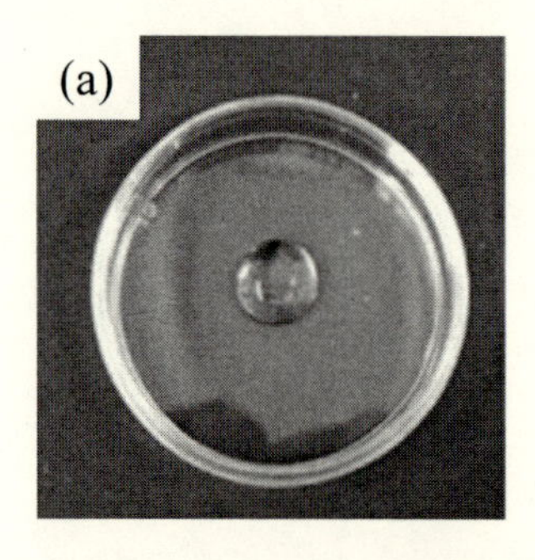

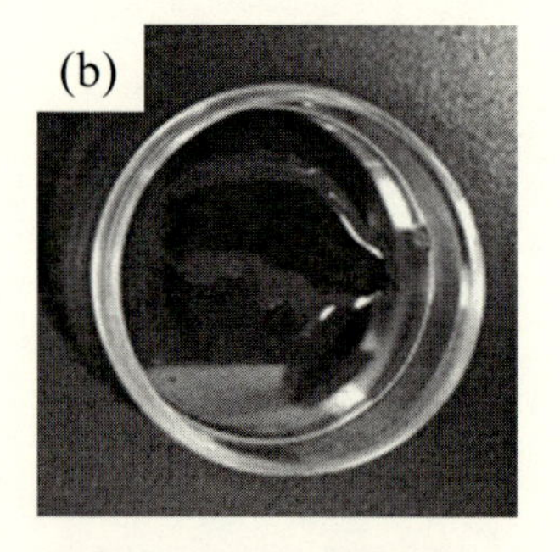

図23　originalと改質した細胞培養皿の親水性評価結果
(a)：originalの細胞培養皿，(b)：改質した細胞培養皿
(福岡大学薬学部　中島教授，櫨川助教より提供)

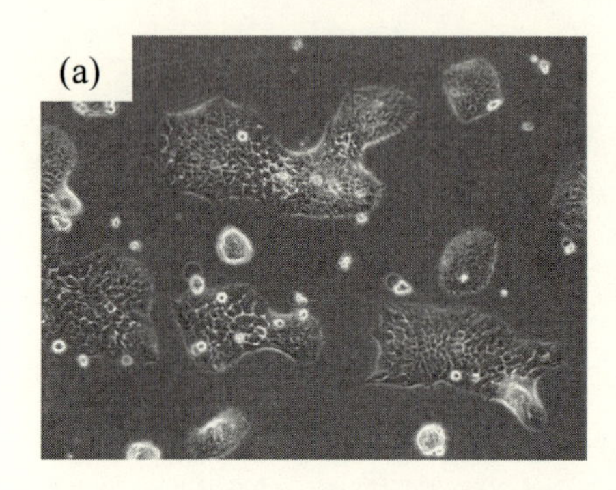

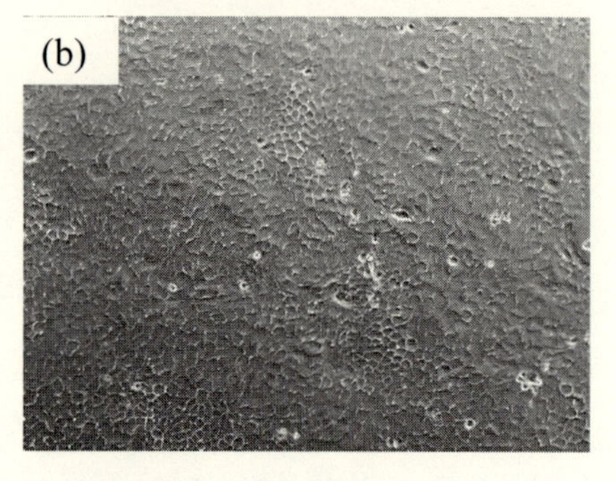

図24　originalの細胞培養皿および改質した細胞培養皿での細胞増殖の様子
(a)：originalの細胞培養皿，(b)：改質した細胞培養皿
(福岡大学薬学部　中島教授，櫨川助教より提供)

図25　43℃で60分振動を与えた後の細胞シートの様子
(福岡大学薬学部　中島教授，櫨川助教より提供)

図からシート形状を保ったまま細胞が剥離していることが分かる。

本技術は，様々な細胞株におけるシート（具体的には褥瘡シート，心筋シート等），多層構造細胞シート，組織シートへの展開も可能であり多様なバイオマテリアル分野に応用ができると考えられる。さらに本技術は，血液サンプルからの接着細胞の分離，または酵素処理の影響を受けない環境下における細胞表面接着分子解析への応用（検査・研究分野）も可能である。

4　終わりに

構造が精度高く制御されたブロック共重合体は，1980年代には非常に煩雑な手法であるリビングアニオン重合によるものが主流であったが，昨今は比較的簡便なリビングラジカル重合が数多く提案され，大学・研究機関レベルでは非常に身近なものとなりつつある。しかしながら工業的にはまだコストがかかる高分子材料であり，大量に必要とする用途には適していない。

今回我々は，リビングラジカル重合を利用して，長鎖アルカン鎖側鎖を持つ部位と機能性部位からなる側鎖結晶性ブロック共重合体を重合し，これまで不可能とされてきたPEの化学的な表面改質に関する検討を行った。その結果，当該側鎖結晶性ブロック共重合体が結晶性超分子間力によりPE表面と非常に強い相互作用力を発現し，PE表面を任意の物性に化学的に改質できることを見出した。さらにこのメカニズムはPTFEなどの他の結晶性高分子に関しても適用可能であることも見出した。

また我々が研究対象としている側鎖結晶性ブロック共重合体は，その適用用途が表面・界面である。表面や界面はその体積と比較すると極めて少ない使用量で機能が発現できるというメリットが存在する。また多層ではなく一層で物性発現が達成できること，さらに高分子としては非常に低分子量レベル（10,000～40,000程度）で性能が発現できる。この様にごく少量で大きな機能を発現することで，コスト面での課題も解決することが可能である当該側鎖結晶性ブロック共重合体に関する研究は，今後のブロック共重合体の適用に関して，一つの指針となるものである。

謝辞

本研究はこれまでの大学および大学院の卒業生ならびに現在の研究スタッフの業績をまとめたものである。ここに深く感謝したい。また動脈塞栓剤の研究は滋賀医科大学の新田哲久准教授との共同研究の成果であり，細胞培養基板の研究は福岡大学薬学部の中島学教授，櫨川舞助教との共同研究の成果である。ご協力に対して深く感謝するものである。

文　献

1） PlasticsEurope https://www.plasticseurope.org/en.
2） M. Alger, Polymer Science Dictionary, p663, p716, Third edition, Springer (2017)
3） K. Nam, T. Iwata, T. Kimura, H. Ikake, S. Shimizu, T. Masuzawa, and A. Kishida, "Adhesion between polymer surface modified by graft polymerization and tissue during surgery using an ultrasonically activated scalpel device.", *J. appl. Polym. Sci.*, **131/139**, 40885 (2014)
4） M. R. Sanchis, V. Blanes, M. Blanes, D. Garcia, and R. Balart, "Surface modification of low density polyethylene (LDPE) film by low pressure O_2 plasma treatment.", *Eur. Polym. J.*, **42**, 1558/68 (2006)
5） D. M. Brewis, and R. H. Dahm, , "A review of electrochemical pretreatments of polymers", *Int. J. Adhes. Adhes.*, **21**, 397/409 (2001)
6） 高分子化学序論（第2版），p80, 化学同人（1989）
7） S. Yao, S. Ichikawa, "A Novel Dispersant for High Content Polyethylene Particle Dispersion", *Nihon Reoroji Gakkaishi*, **39-4**, 181/182 (2011)
8） 市川賢，八尾滋，「側鎖結晶性ブロック共重合体を用いた粒子分散系の熱レオロジー特性Ⅱ」，日本レオロジー学会誌，**40-1**, 37/40 (2012)
9） S. Yao, M. Sakurai, H. Sekiguchi, H. Otsubo, T. Uto, Y. Yamachika, W. Ishino, S. Ichikawa, and D. Tatsumi, "Thermal Rheological Fluid Properties of Particle Dispersion Systems using Side Chain Crystalline Block Copolymer (III).", *Nihon Reoroji Gakkaishi*, **41-1**, 7/12 (2013)
10） S. Yao, T. Okuma, C. Kumamaru, H. Sekiguchi, S. Ichikawa, D. Tatsumi, "Supramolecular Interaction of Side-Chain Crystalline Block Co-Polymer and Its Thermal Rheological Function." MATERIALS TRANSACTIONS, Advanced Materials Development and Integration of Novel Structured Metallic and Inorganic Materials, **54-8**, 1381/1384 (2013)
11） 大熊徹，中野涼子，関口博史，八尾滋，市川賢，巽大輔，「側鎖結晶性ブロック共重合体による超分子機能－濃厚ポリエチレン粒子分散系の分散剤効果と熱レオロジー効果－」，電子情報通信学会技術研究報告，**113-167**, 81/82 (2013)
12） T. Okuma, R. Nakano, H. Sekiguchi, S. Yao, "Thermal Rheological Fluid with Side-Chain Crystalline Block Co-Polymer", Proceedings of the 9th JFPS International Symposium on Fluid Power, **2014**, 442/446 (2014)
13） R. Nakano, H. Sekiguchi, S. Yao, "Polyethylene Surface Modification by Side Chain Crystalline Block Copolymer", *Macromolecular Symposia*, **349-1**, 44/55, (2015)
14） 八尾滋，「側鎖結晶性高分子による結晶化超分子間力とその将来展望」，高分子論文集，**73-2**, 139-/146 (2016)
15） 平井翔，小渕秀明，中野涼子，関口博史，八尾滋，「側鎖結晶性ブロック共重合体を用いた高密度ポリエチレンの接着力の付与に関する検討」，成形加工，30-5, 220/221 (2018)
16） Y. Hasebe, Y. Kanazawa, R. Nakano, H. Sekiguchi, S. Yao, "Influence of chemical structure of side chain crystalline monomer on TR fluid behavior", Proceedings of the

10th JFPS International Symposium on Fluid Power, 2017 accepted
17) Y. Miho, S. Hirai, R. Nakano, H. Sekiguchi, S. Yao, "Modification of polyethylene using side-chain crystalline block copolymer and evaluation of hydrophilicity", Polymer Journal, accepted
18) 辻井敬亘,「リビングラジカル重合による精密表面改質に関する研究」, 繊維と工業, 61 (10), p260-265, (2005)
19) 特開2016-079389.
20) 平松京一, 内田日出夫, "IVR-放射線診断技術の治療的応用", 金原出版 (1994).
21) 平井翔, 武田誠, 新田哲久, 中野涼子, 関口博史, 八尾滋,「側鎖結晶性ブロック共重合体を用いた動脈血管塞栓機能を有する熱レオロジー流体の創製と評価」, 高分子論文集, 75-1, 75/79 (2018)

第16章　ブロック共重合体の時空間構造化によるバイオミメティクス材料

上木岳士[*1], 小野田実真[*2],
玉手亮多[*3], 吉田　亮[*4]

1　はじめに

非相溶な高分子成分が連結されたブロック共重合体は分子内／間に働く相互作用が複雑に競合する結果，その物理化学的性質を反映した規則構造を形成する。これは熱力学的な最安定状態（平衡相）あるいは速度論的な緩和過程（準安定状態）で作られる，静的な空間秩序といえる。これに対して我々は，ある平衡状態から別の平衡状態に移行する流れの中で，時空間構造を形成する新しいブロック共重合体を提案した。系中の化学エネルギーを消費しながら時間発展していく様は，ATPを消費し，代謝しながら運動エネルギーを獲得するモータータンパク質を連想させる。事実，これらブロック共重合体の動的な振る舞いをつぶさに観察していくと，生体内で見られる様々な現象とのアナロジーに気付かされる。本稿ではダイナミックな特徴を示すブロック共重合体の，人工物でありながらどこか生命じみた，いくつかの動的特徴を紹介する。

2　ブロック共重合体の時空間構造化

ブロック共重合体が自己集合することで形成する規則構造は一般的に数10～数100 nmオーダーの大きさであり，生体内で重要な役割を担う各種タンパク質やDNA，脂質二重膜の厚み等と同程度のスケールである。この空間秩序化は分子自身が熱力学的な安定性を確保しようとすることにその駆動力の根源はあるが，そのメカニズム（自己集合）を利用する限り，結果として得られる構造体は決して動的性質を表現することはない。生体におけるダイナミズムをブロック共重合体をもって模倣する設計概念として，化学振動反応の一種であるBelousov-Zhabotinsky反応（BZ反応）の反応回路を，分子自身に組み込むことを着想した。BZ反応とは強酸存在下，

＊1　Takeshi Ueki　物質・材料研究機構　国際ナノアーキテクトニクス研究拠点　主任研究員；北海道大学大学院　生命科学院　客員准教授
＊2　Michika Onoda　東京大学大学院　工学系研究科　マテリアル工学専攻
＊3　Ryota Tamate　横浜国立大学大学院　工学研究院　機能の創生部門；日本学術振興会特別研究員PD
＊4　Ryo Yoshida　東京大学大学院　工学系研究科　マテリアル工学専攻　教授

マロン酸（MA）のような有機酸が臭素酸ナトリウム（$NaBrO_3$）のような酸化剤により酸化される反応であり，生体内の代謝経路であるTCA回路とも数多くの類似点が指摘されている[1)]。一般的に，電子移動を伴う酸化還元反応は極めて迅速に進む。つまり酸化剤と還元剤を混ぜると直ちに還元体から酸化体に電子が移動し，新たな平衡状態に到達する。しかしBZ反応における電子移動反応は緩慢に進行し，さらに特筆すべきは反応の進行に伴って系中の化学物質濃度や金属触媒（例えばRu(bpy$_3$)）の酸化還元状態が自律的に振動するのである。吉田らは1996年，BZ反応回路を組み込むことでRu(bpy)$_3$の酸化還元振動に誘起された高分子ネットワークの親疎水性が周期変化する設計を試みることで，高分子ゲルの体積がリズミックに振動する分子システムを初めて報告した[2)]。この分子設計をヒントに我々は，平衡構造化の壁を打ち破って時空間構造化するブロック共重合体を実現できるのではないかと考えた。目的のブロック共重合体の基本的な分子設計を図1（a）に示す[3)]。第一セグメントに親水性高分子（例えばポリ(エチレンオキシド)（PEO)），第二セグメントに水中で低温相溶-高温不溶型の温度応答性を示すポリ(*N*-イソプロピルアクリルアミド)（PNIPAAm）と，BZ反応の振動子として働くRu(bpy)$_3$にビニル基がついたモノマーを共重合した高分子を選択した。いずれの高分子成分も低温では水に溶解しているが，高温では導入したPNIPAAmの性質により第二セグメントのみ水に不溶となる。PEOは高温においても良好な相溶性を確保できるため，PNIPAAmのLCST型相転移温度以上では第二セグメントをコア，PEOをコロナとした自己集合体が作られる。この自己集合化温度はRu（bpy)$_3$の酸化還元状態に依存して変化する。Ru(bpy)$_3$が還元状態（Ru(bpy)$_3^{2+}$）であれ

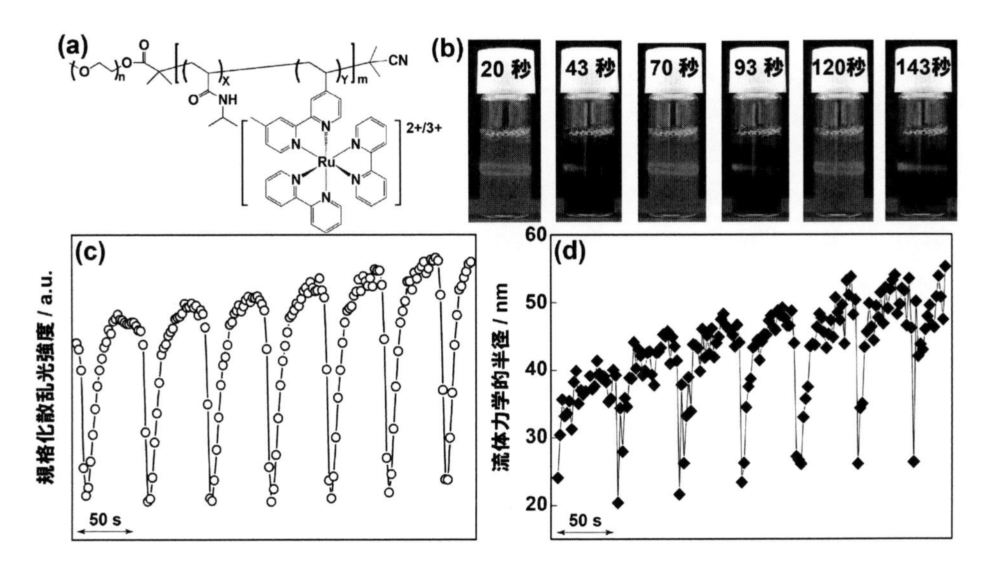

図1　(a) 時空間構造を形成するAB型ジブロック共重合体の基本化学構造，(b) 集合構造の自発的形成-崩壊サイクルに伴うチンダル現象の振動，サンプル左方向からレーザーを照射している，(c) 規格化した散乱光強度の周期変化，(d) 時分解動的光散乱測定により定量化された溶液中のパーティクルサイズ振動。

ばより低温で，酸化状態（$Ru(bpy)_3^{3+}$）であればより高温で集合体を形成する。重要なことは還元状態と酸化状態の間に双安定な温度領域が確保されることである。すなわちこの温度領域では$Ru(bpy)_3$の酸化還元状態が周期変化するに従い，自己集合構造が自律的に形成-崩壊すると期待される。合成されたブロック共重合体をBZ反応基質を含む水溶液に溶解させ双安定温度に保持したところ，溶液の色調変化（ブロック共重合体に導入した金属触媒の価数変化）に伴い，光の多重散乱に由来するチンダル現象が周期的に観測された。（図1（b））BZ反応に駆動された高分子の親疎水性変化に伴い，動的な自己集合構造の形成-崩壊現象が起きていることを示す結果である。この現象をより微視的な立場から解析するため，我々は時分解動的光散乱測定（DLS）を行った。散乱光の周期振動が定量化され，かつ，その変化に伴いパーティクルサイズが振動していることがわかる[3]。（図1（c），（d））我々は，このブロック共重合体が生命現象に重要なメソスケール，すなわちナノスケールと現実世界をつなぐ中間領域のスケールにおける時空間構造を再現し，かつその普遍的なメカニズムを探る手立てになると確信し，以下に示す発展的研究に着手した。

3　自律的に振動する高分子ベシクル

両親媒性のブロック共重合体は，例えその化学構造が同一であっても，その分子量（比，分布）が異なると，最終的にできてくる集合構造は大きく変化する。Batesらは疎水性のポリブタジエン（PB）とPEOからなるジブロック共重合体が水中で形成する自己集合構造において共重合体に占めるPBの割合が増えるに従って，球状のミセルからシリンダー型，さらには疎水性膜で区画化されたベシクル構造へと形を変えることを報告した[4]。この組成変化と集合構造の関係は高分子の化学種によらず普遍的であり，例えばPNIPAAmのような温度応答性高分子を一成分とするブロック共重合体でも同様の構造変化が認められている。そこで我々は自励振動するブロック共重合体の全体に占める第二セグメントの分子量を増やすことで周期的にベシクルの形成-崩壊を起こす系が構築できると考えた。合成されたブロック共重合体は第二セグメントが占める重量分率が87%と親水性セグメントに比べて非常に大きい。光学顕微鏡，透過型電子顕微鏡，蛍光顕微鏡観察など複数の直接観察からこのブロック共重合体は高温平衡状態におくとベシクル構造を形成することが確認された。図2（a），（b）に時分解DLS測定の結果を示す。散乱光強度，およびパーティクルサイズともに明確な振動が起きており，自己集合構造の形成と崩壊が起きている様が見て取れる[5]。ベシクルは集合体の体積において10^6～10^7 nm^3と，いわゆるコアシェル型の球状ミセル（10^3～10^4 nm^3）に比べて遙かに大きい。そこで我々はベシクルの動的な形成-崩壊プロセスを光学顕微鏡で直接観察できるはずと予想した。各時間における顕微鏡像を図2（c）に示す。0 sにおける顕微鏡像には何も写っていない（パーティクルサイズが観測下限以下である）が，80 s，160 sと時間が経過するに連れて球状のベシクルが同時多発的に発生し，みるみるうちにそのサイズが成長していくのがわかる。また，その成長過程においては複数のベシ

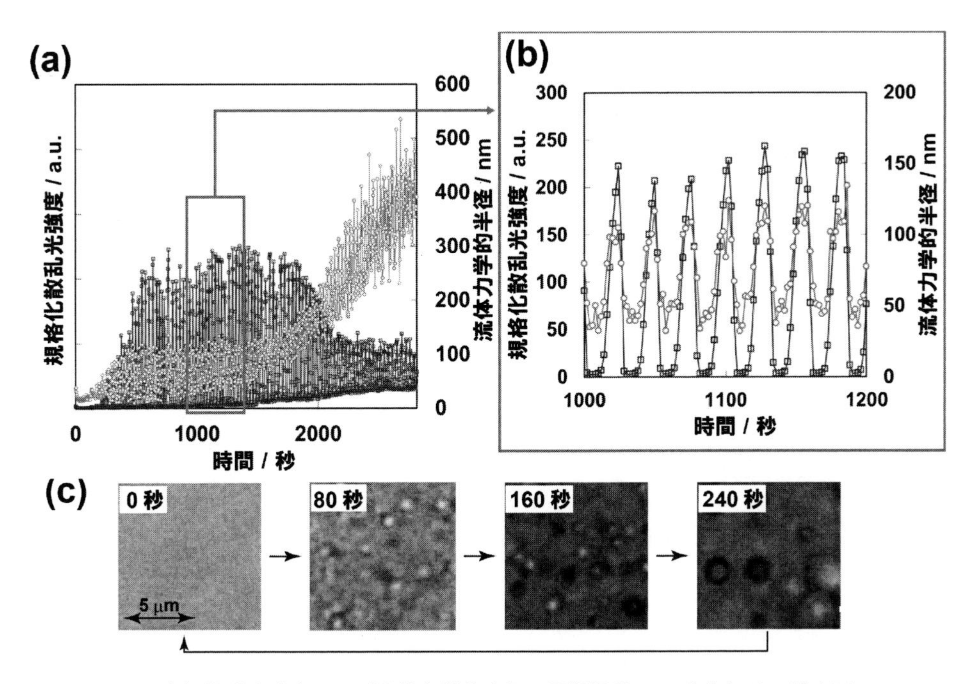

図2　(a) 散乱光強度および流体力学的半径の周期振動および (b) その拡大図，
(c) 高分子ベシクルの自発的形成–崩壊現象の光学顕微鏡下による直接観察

クルが衝突を繰り返しながら徐々に融合し，やがて一回りサイズの大きな一つのベシクルになることも観察された[5]。これら現象は有糸分裂のサイクルに伴って起きるベシクルの形成–崩壊サイクルや[6]，シナプス小胞（ベシクル）によって運搬された神経伝達物質が原形質膜に融合，放出され，やがて新たな運搬役となる小胞が再構築される，ベシクルの生成と消失の過程[7]にアナロジーがある。最近ではこうした合成ブロック共重合体からなる動的ベシクルの挙動に及ぼす高分子濃度や分子量依存性[8]，化学振動反応基質の濃度効果[9]など，時空間構造に関してより詳細なメカニズムもホットなトピックスである。

さらに我々は区画化部分を構成する疎水性膜部分に化学架橋を施すことでブロック共重合体からなる自己集合体の単純な形成–崩壊ではなく細胞膜に見られるような体積／形状振動を示すベシクルを実現した[10]。第二セグメントは，NIPAAm と BZ 反応を触媒する $Ru(bpy)_3$ 基に加え化学架橋が可能なビニリデン基を導入した。得られたブロック共重合体を水に溶かし，昇温してベシクルを形成したところで共溶解させた光ラジカル開始剤により膜部分を共有結合を介して架橋した。このベシクルは双安定な温度条件で BZ 反応基質を添加すると膜の親疎水性変化に同期したリズミックな体積振動が直接観察された。さらに興味深いことに，得られたベシクルのうち一部は座屈不安定性に基づく形状振動が観測された（図3）[10]。これは $Ru(bpy)_3$ の酸化に伴い起きる疎水膜の水和により，膜の接線方向に応力が発生し，この応力が膜の機械的安定性の臨界点を超えたときに変形を起こすと考えられた。変形後は膜表面積が上昇することでベシクル内部に迅

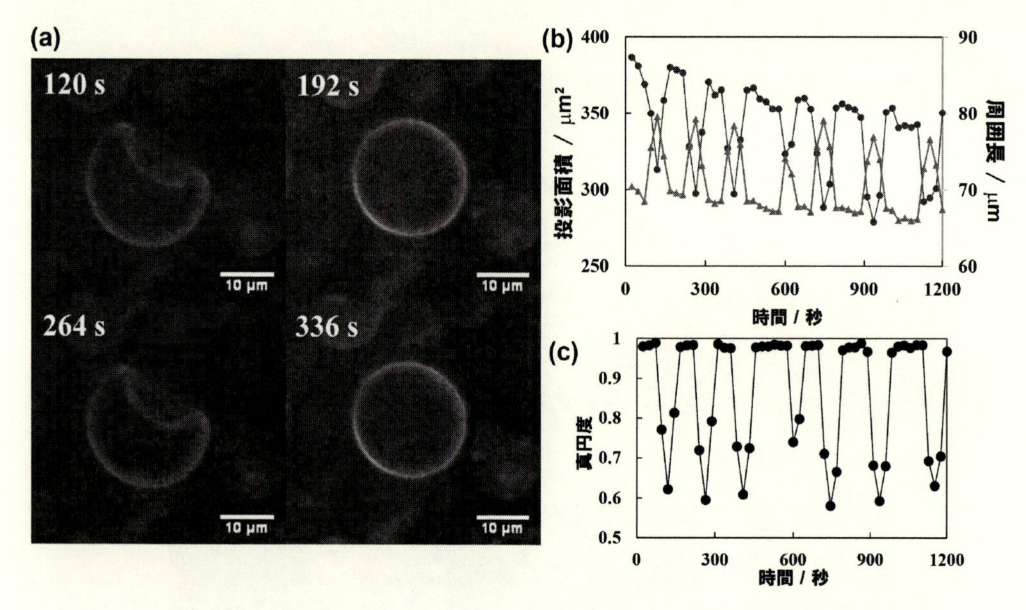

図３　(a) 膜部分を化学架橋したベシクルの自律的形状（座屈）振動，(b) 座屈振動の画像解析による架橋ベシクルの投影面積（丸，縦軸左）および周囲長（三角，縦軸右）の時間発展，(c) 座屈振動に伴う真円度（$=4\pi S/L^2$, S：投影面積，L：周囲長）の周期振動

速に水が流入，膜部分の水への協同拡散ならびに平衡化により膨潤状態に到達する。つまりこのような座屈変形は内部が空洞で外界と流体を介した物質やエネルギーのやり取りが容易な構造体であるからこそ観測された現象と結論づけられた。さらに我々はサイズが大きい，すなわち曲率のより小さい中空構造体において座屈変形が起きやすいことや多孔質で水の透過性が高いコロイドソームにおいてはその自律振動の過程において多点での座屈や座屈点の移動など，より複雑な挙動を示すことを明らかにした[11]。こうした中空微粒子の自発的な体積振動や形状振動は，心筋細胞の拍動や種々の細胞膜における周期運動でしばしば観測されるユニークな時空間構造である。

4　アメーバのように粘弾性を自律変化させる機能性流体

ブロック共重合体の科学は分子の化学構造だけでなく，その二次構造（モノマーのシークエンス分布やセグメントの繋がり方等）を豊富な選択肢から設計し組み立てることに，その醍醐味がある。我々は単純な AB 型ジブロック共重合体だけでなく，両末端に自励振動セグメントを，中央に親水性（PEO）セグメントを配した ABA 型自励振動トリブロック共重合体を合成した。一般的に，ハードセグメントを末端に，中央にソフトセグメントを基本単位構造に持つトリブロック共重合体は熱可塑性エラストマーとしても知られるように周囲の環境（多くの場合，温度）変化に鋭敏に応じて内部の微視的構造を可逆変化させ，巨視的な，我々が現実として認識できる空

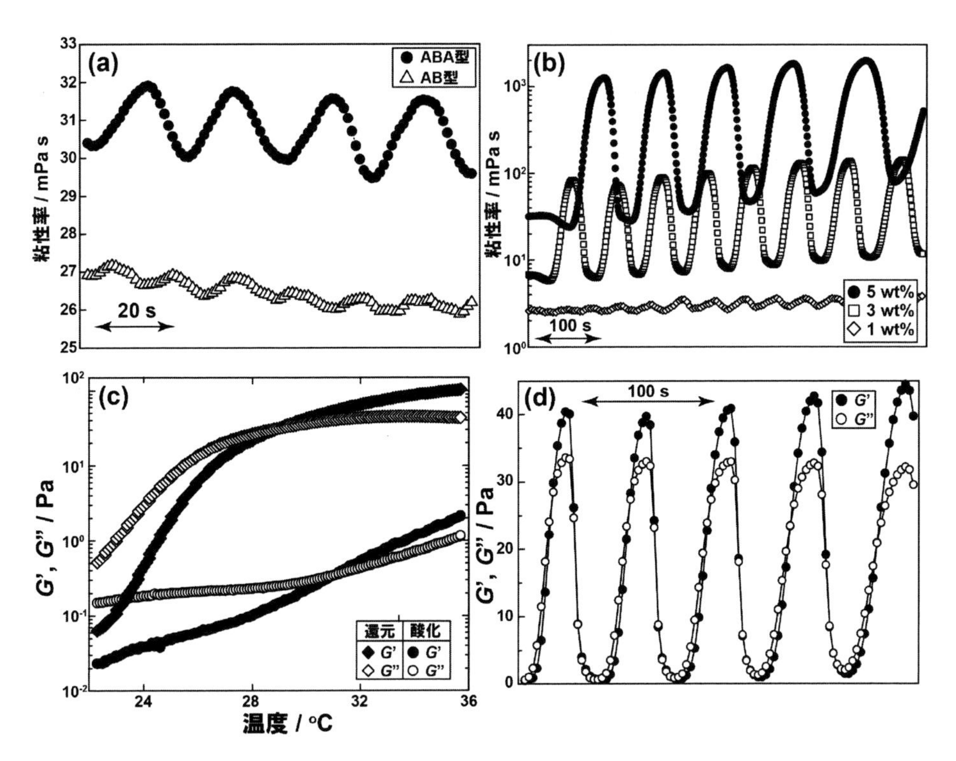

図4　(a) AB型およびABA型トリブロックを基本骨格とするブロック共重合体の双安定温度，BZ反応条件下における溶液粘性率の周期的変化，(b) ABC型トリブロック共重合体の粘性率振動，縦軸が対数表記になっている点に注意，ABA型より低い高分子濃度において1,000倍近く大きな粘性率振幅を示す，(c) ABC型トリブロック共重合体の平衡状態における *G*'（貯蔵弾性率）および *G*"（損失弾性率）の温度依存性，(d) ABC型トリブロック共重合体の双安定温度（30℃）条件における周期的ゾル-ゲル振動

間スケールで粘弾性変化をもたらす。自励振動セグメントを両端に持つABA型ブロック共重合体では，周期的な自己集合構造の形成に伴う粘性率振動が起きることが期待された。図4 (a) にBZ反応条件下におけるABA型トリブロック共重合体水溶液および対応するAB型ジブロック共重合体の粘性率を縦軸に，横軸に時間をとった結果を示す。いずれのブロック共重合体水溶液においても時間経過に伴って，粘性率の振動を示すが，基本骨格をAB型からABA型に変えると粘性率の振幅，ベースラインともに大きく底上げされる[12]。時分解DLS測定による詳細な解析から，ABA型トリブロック共重合体においては，BZ反応条件下，単分子溶解状態にある高分子と過渡的な集合構造の他に，極めて長い緩和時間側にネットワークの前駆成分ともいうべき巨大な集合体の存在が示唆された。こうした構造ないしはダイナミクスの情報から高分子の重なり合い濃度以上においてはABAトリブロック共重合体からなる巨大な分子量の集合構造（ミセル）の凝集体が発生し，還元状態で高い粘性率を生じさせているものと考えられた[13]。しかし一方で，振動条件下における粘性率の絶対値に注目すると，その振幅は2～3 mPa sと小さいものであった。これは導入する高分子溶液の濃度を上げても変わることはなかった。すなわち，マ

ルチブロック共重合体を用いた自律粘弾性変化のより大きなダイナミズムを実現するためには高分子の一次構造から抜本的に見直す必要があった。

次に我々は異なる三つの高分子成分からなるABC型トリブロック共重合体の検討に挑戦した。ここでBブロックとCブロックはそれぞれ親水性のポリ（*N,N'*-ジメチルアクリルアミド）と自励振動セグメントで，Aブロックには*N*-イソプロピルアクリルアミドに疎水性の*n*-ブチルアクリレートを共重合してより低温で自己集合する高分子を選択した。粘性率あるいはゾル-ゲル振動が起こる双安定温度，かつ$Ru(bpy)_3$が酸化された状態においてAブロックは既に凝集温度を超えており，高分子ミセルを作っている。一方，Cブロックは還元状態になったときに初めて凝集温度を超えるため，ミセル同士は直ちに手をつないで，高分子ネットワークが系全体をパーコレートすると期待された。双安定温度においてABC型トリブロック共重合体にBZ反応条件を適用した結果を図4（b）に示す。驚くべきことにABA型と比較して1000倍以上の粘性率振幅で明確な振動が起きることがわかる[14]。$Ru(bpy)_3$の酸化還元状態に応じてABC型トリブロック共重合体が非共有結合的なネットワークを迅速かつ正確に組み替えている様子が想像できる。この高分子溶液において動的粘弾性測定から求まる貯蔵弾性率（G'）と損失弾性率（G''）に注目した。一般的にこれらパラメータはそれぞれ系の固体的性質と液体的性質を反映しており，任意の温度でこの二つの大小関係に着目したとき$G'>G''$であればゲル，$G'<G''$であればゾルと定義される。図4（c）より$Ru(bpy)_3$が還元状態ではゾルからゲルに変化する温度が28.9℃，酸化状態では31.1℃であることが確認された。我々はこの双安定温度条件でBZ反応を適用すれば，系の粘弾性がゾルとゲルの間を外部刺激のスイッチングなしに行き来できるような系が構築できると考えた。検討の結果を図4（d）に示す。高分子水溶液のG'とG''は時間経過に伴い周期的かつ明確に交差し，ゾルとゲルの二状態を行き来していることがわかる。高分子水溶液をリアルタイムで観察した結果からも，ゲル（流体が自己支持性を発揮して，サンプル瓶の底面で形を保っている状態）とゾル（サンプル瓶を傾けると，流動性により液面も傾く状態）の二状態が交互に訪れる様がわかる（図5（a））。化学構造のみならずブロック共重合体の二次構造（高分子の繋がり方）を精密に設計することで，より洗練された動的性質を実現した例である。デモンストレーションとして細いガラスキャピラリにこのBZ反応基質を含むこの高分子水溶液を封入し17°の傾斜を与えた。当然，液滴には重力が働き，チューブ内を滑り落ちていくが，その前進速度が周期的に変化していく様子が観測される（図5）。水溶液が還元状態にあるときはゲル自身の自己支持性により速度がゼロ近くまで落ち込み，酸化状態になると有限の速度値をもってチューブ内を前進していく。高分子流体が粘弾性を周期的に変化させつつ速度を変化させる様は，自然界において見られるアメーバ運動のようである。アメーバは生体における運動性の単位であり，化学エネルギーを燃料にしたアクチンフィラメントの重合-解重合のサイクルに基づくリズミックなゾル-ゲル振動により運動性を得ている。言い換えるとアメーバは種々のイオンや基質を含む天然高分子溶液が化学反応サイクルを回転させることで運動していることになる。他方，今回我々が示した粘弾性振動もまた，種々の化学種を含む高分子水溶液が化学反応の

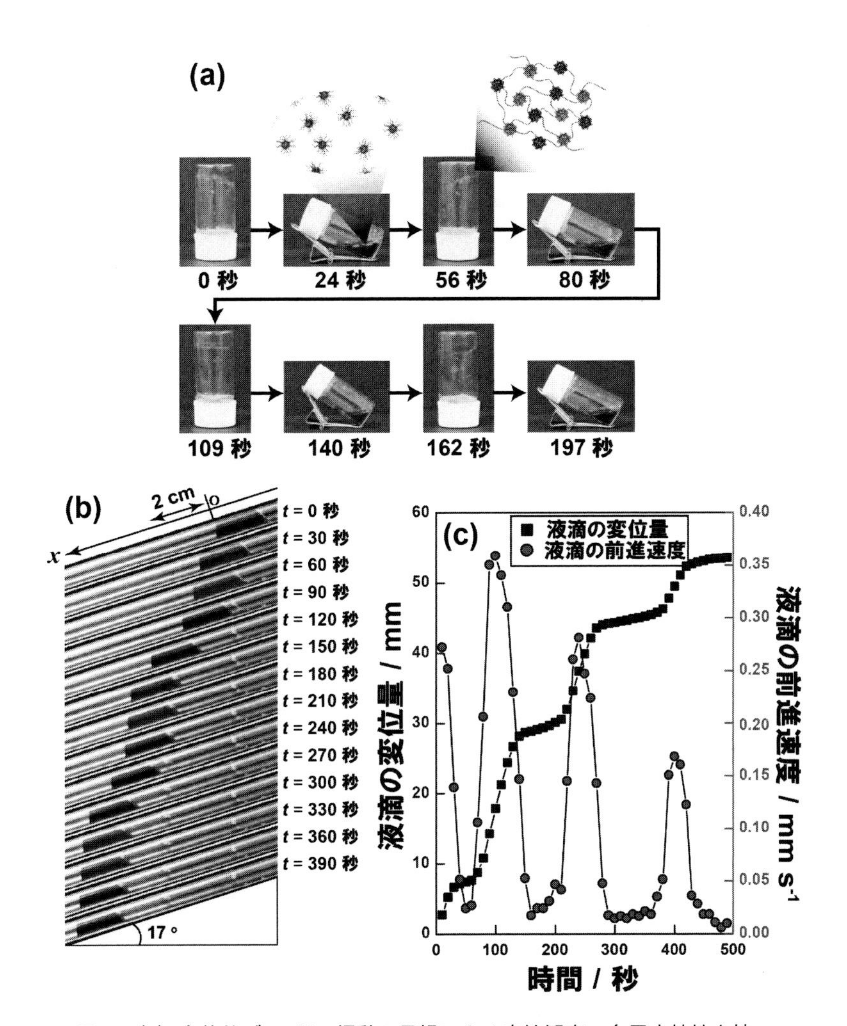

図5　(a) 自律的ゾル-ゲル振動の目視による直接観察，自己支持性を持つゲル状態と流動的なゾル状態が交互に訪れている様子が見て取れる，(b) ABC型トリブロック共重合体水溶液をガラスキャピラリに封入して17°の傾斜角を与えた際の直接観察および (c) 液滴の変位量（四角，縦軸左）および液滴の前進速度（丸，縦軸右）

触媒サイクルによってエネルギーを得て，それを運動エネルギーに変換している。歯車やモーター等といった材料を組み合わせて機能を発揮するわけではなく，高分子物質を分子レベルから設計することで，生体が示すソフトでしなやかな特徴を再現した斬新な材料システムの大きな可能性を示した。このような機能性流体は今後，自律的に駆動するアクチュエーティングシステムやヒーリング用ペットロボットひいては天然のアメーバ運動を解明するモデル物質としても有望と考えられている[14]。

5　おわりに

「自己組織化（self-organization）」とは大きく「自己集合（self-assembly）」と「散逸構造（dissipative structure）」の二つの概念に分けられる[15]。これまで述べてきたように自己集合は自由エネルギー極小あるいは特定の速度論的緩和過程により作り出される静的な構造化である。（平衡構造・緩和構造）。他方，散逸構造は非平衡の流れの中で作り出される，ある種の“効果”として「あたかもそこにあるように見える」動的な秩序化である。散逸構造は熱的な開放条件下，エネルギーや物質のやり取りの中で形成される構造化ゆえ，以下の二点において特にユニークである。1. 秩序化に時間構造を組み込むことができる。2. 分子や構成要素のオーダーを遙かに超えるスケールの空間構造（固有パターン）を作ることができる（例：うろこ雲，生命，宇宙空間で星々が形成する周期構造など）。

材料科学の分野では最近，自己集合を超えた自己組織化的アプローチが新たなフロンティアを開拓する方法論として期待されている[15]。それは生物の時空間的な階層構造に倣い，散逸構造に特徴的な「時間周期性」「長距離構造相関」を自己集合過程にフィードバックするという考え方である。構造デザイン性をはじめ，物質や機能の多彩さに満ちたブロック共重合体を科学するにあたって，これら自己組織化の概念には新たなヒントや発見が隠されていると予想している。

文　　献

1） A. Zaikin *et al., Nature*, **225**, 535 (1970)
2） R. Yoshida *et al., J. Am. Chem. Soc.*, **119**, 5134 (1996)
3） T. Ueki *et al., Chem. Commun.*, **49**, 6947 (2013)
4） S. Jain *et al., Science*, **300**, 460 (2003)
5） R. Tamate *et al., Angew. Chem. Int. Ed.*, **53**, 11248 (2014)
6） A. Margalit *et al., J. Cell. BioChem.*, **95**, 454 (2005)
7） T. C. Sudhof, *Nature*, **375**, 645 (1995)
8） R. Tamate *et al., Soft Matter.*, **13**, 4559 (2017)
9） R. Tamate *et al., Phys. Chem. Chem. Phys.*, **19**, 20627 (2017)
10） R. Tamate *et al., Adv. Mater.*, **27**, 837 (2015)
11） R. Tamate *et al., Angew. Chem. Int. Ed.*, **55**, 5179 (2016)
12） T. Ueki *et al., Chaos*, **25**, 064605 (2015)
13） M. Onoda *et al., Sci. Rep.*, **5**, 15792 (2015)
14） M. Onoda *et al., Nature Commun.*, **8**, 15862 (2017)
15） 山口智彦，自己組織化ナノマテリアル（国武豊喜監修），p.3, フロンティア出版（2007）

第17章　結晶性ブロック共重合体

竹下宏樹*

1　はじめに

ブロック共重合体の合成方法や形成されるミクロ相分離構造に関しては，膨大な研究報告がなされ体系的理解が進んできた。合成技術の急速な進歩にも助けられ，最近では非常に複雑で精緻なミクロ相分離構造を設計し，設計に合致したブロック共重合体を狙って合成することが可能になりつつある。それとともに，ミクロ相分離構造を工業的に利用するための様々なアイディアも提案されるようになってきており，これまで蓄積してきた基礎的知見が花開こうとしている。

そのような中，この20年ほどの間，成分鎖として結晶性や液晶性の成分を有するブロック共重合体（結晶性ブロック共重合体，液晶性ブロック共重合体）に関する研究も活発に遂行されてきた。これらブロック共重合体は，ポリマーブレンドやグラフト共重合体等と合わせて，多成分多相系高分子とも呼ばれる（熱力学的には，ブロック共重合体とミクロ相分離は一成分で一相というべきだが，相分離に着目するためこう呼ばれる）[1)]。液晶性ブロック共重合体において，主鎖や側鎖に導入された液晶性メソゲン基が配向・配列する力を駆動力としてミクロ相分離構造の形態や配向を制御する試みが活発に行われている[2~5)]。一方，結晶性ブロック共重合体では，結晶化によるミクロ相分離構造の再配列という観点と，ミクロ相分離構造による結晶化挙動への影響という二つの観点が主たる関心として検討が行われてきた。

多成分多相系高分子においては，成分鎖の結晶化や液晶化といった相転移とミクロ相分離という（液-液）相分離の競争・協奏により結晶化挙動や最終的相構造が決定されるが，そこにおいて考えるべき要因としては，大きく以下の三つが重要になる。

①まず考慮すべきは転移エネルギーの差である。いわば液-液相分離であるミクロ相分離に対して，成分鎖の結晶化や液晶化の転移エネルギーは一般に高い。したがって，平衡論的に考える限りにおいては，形成される相構造は結晶相・液晶相が最安定となるべく決められるのが自然であろう。しかし，②結晶化や液晶化，とりわけ高分子のそれは，高い過冷却度下において非平衡下で進行するのが一般的である。さらに，高分子は低分子化合物に比べて拡散速度が非常に遅く，熱力学的に最安定な相構造へと到達することなく局所安定化する場合も多い。したがって，このような系の相構造は平衡論のみから議論することは不可能であり，速度論的な考察が不可欠となる。③更に考慮すべきは，形成される相構造の大きさである。数～数十ナノメートルの構造を有するミクロ相分離構造と結晶化・液晶下による構造が共存する。高分子の結晶化による構造は，

＊　Hiroki Takeshita　滋賀県立大学　工学部材料科学科　准教授

原子・分子の配列による数オングストロームの結晶構造から，数ナノメートルの結晶ラメラ構造，さらにそれが集合した時にはミリメートルスケールにまで成長しうる球晶構造に至る階層性を有する。液晶による配向構造も数百ミクロンからミリメートルに達する相関を示す。結晶化・液晶化により生じるこのような巨大な構造が，ナノスケールのミクロ相分離構造下から起こる時の相構造や結晶化・液晶化挙動は非常に興味深い。

本稿では，結晶性ブロック共重合体の結晶化において見られる特徴的な減少について，大きく二つの観点から紹介したい。一つは，ブロック共重合体が形成するミクロ相分離構造が結晶化により受ける影響，もう一つは逆にミクロ相分離構造による空間的拘束が結晶化挙動に与える影響である。

2 結晶化におけるミクロ相分離構造の維持・再編成

結晶性ブロック共重合体といえども結晶性成分の融点以上においては，非晶性ブロック共重合体として振る舞う。

ブロック鎖間の偏斥が弱くミクロ相分離構造を形成しない場合，無秩序状態から結晶化することになる。結晶性成分が結晶ラメラ構造を形成し，非晶性成分は結晶ラメラ間に挟まれた状態となるが，結晶化挙動としては通常のホモポリマーと同様である[6]。

成分鎖間にある程度以上の偏斥の強さが存在し，融解状態においてミクロ相分離構造を形成しうる系では，結晶性成分鎖は数～数十ナノメートル程度のミクロドメインの一つを形成することになる。ここから成分鎖が結晶化する時，まず考慮すべきは，融体において存在するミクロ相構造が保持されたまま相空間内部のみで結晶化が進行するか，ミクロ相分離構造が破壊され結晶ラメラ構造主体の構造へと再編成されるかである。そこでは，成分間の偏斥の強弱，非晶性成分のガラス転移温度，分子量，ミクロドメイン形態，その他様々な要因が複雑に関係する。このような相構造形成過程についての報告が目立つようになったのは，放射光小角X線散乱法（SAXS）による実験が一般化したことによるところが大きい。

Nojimaらは，高エネルギー物理学研究所（現高エネルギー加速器研究機構）に建設された放射光施設Photon Factory内のSAXS装置により，ポリ（ε-カプロラクトン）(PCL)-ポリブタジエン（PBd）ブロック共重合体のミクロ相分離構造下からの結晶化を時分割で追跡し，PCLの結晶化が融体におけるミクロ相分離構造を破壊し，PCL結晶ラメラ主導の相構造が新たに出現することを初めて報告した[7]。Shiomiらも，様々な分子量と組成を有するポリ（エチレングリコール）(PEG)-PBd系において，同様の検討を行っている[8]。Nojimaらの系と同様に非晶性成分であるPBdのガラス転移温度が結晶性成分の結晶化温度に比して充分低いため，結晶化時PBdはゴム状である。図1はラメラ状ミクロ相分離構造およびPEGシリンダ状ミクロ相分離構造化からの結晶化過程におけるSAXS一次ピークの時間変化を示したものである[8]。ラメラ状ミクロ相分離を形成するBE51では，初期に存在したミクロ相分離由来のSAXSピークがPEGの

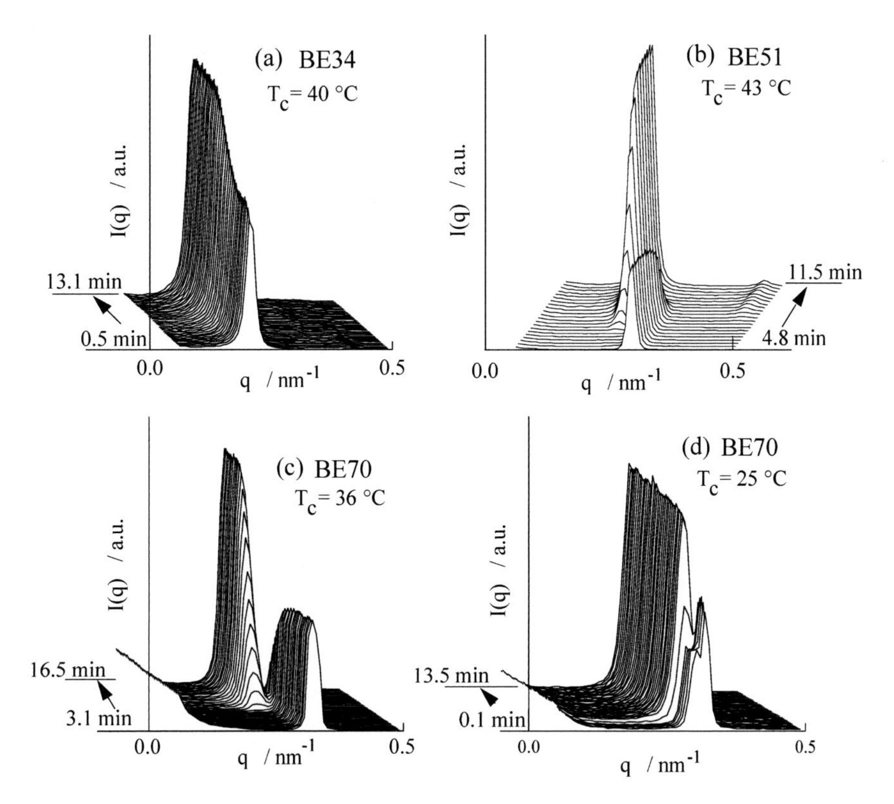

図1　PEG-PBd ブロック共重合体の結晶化過程における
SAXS プロファイルの時間変化[8)]
BE のあとの数字は結晶成分の分率を示す。融体において BE34 は PEG シリンダ状，BE51 はラメラ状，BE70 は PBd シリンダ状のミクロ相分離構造を形成する。

結晶化にともない消失し，PEG 結晶ラメラ構造による新たなピークが出現する。それに対して，シリンダ状ドメイン内に閉じ込められた PEG が結晶化する際は，ミクロ相分離構造由来のピークはその強度を大きく変えるもののピーク位置は変化せず，初期のミクロ相分離構造が保持されたままミクロドメイン内で結晶化が起こることを示している（BE34)。PEG がマトリクス（PBd がシリンダ状ドメイン）にある BE70 では，ミクロ相分離の維持・破壊は，結晶化温度に依存している。図2はミクロ相分離の保持・破壊の PEG 組成および温度依存性を模式図としてまとめたものである。PEG 組成（ミクロドメイン形態）および温度により，ミクロ相分離の維持・破壊が決定されることが明らかとなっている。さらに，分子量（ミクロドメインのサイズ）も重要な影響を及ぼすことが分かっている[8)]。つまり，相構造決定においては平衡論のみではなく，速度論的な要因が強く働く。

上述のように，非晶性成分がゴム状である場合においても，分子量やミクロドメイン形態によって相構造形成過程が影響を受ける。他にも，成分間の強い偏斥や非晶性成分の高いガラス転移温度が相構造変化に影響を与えることは容易に想像できる。

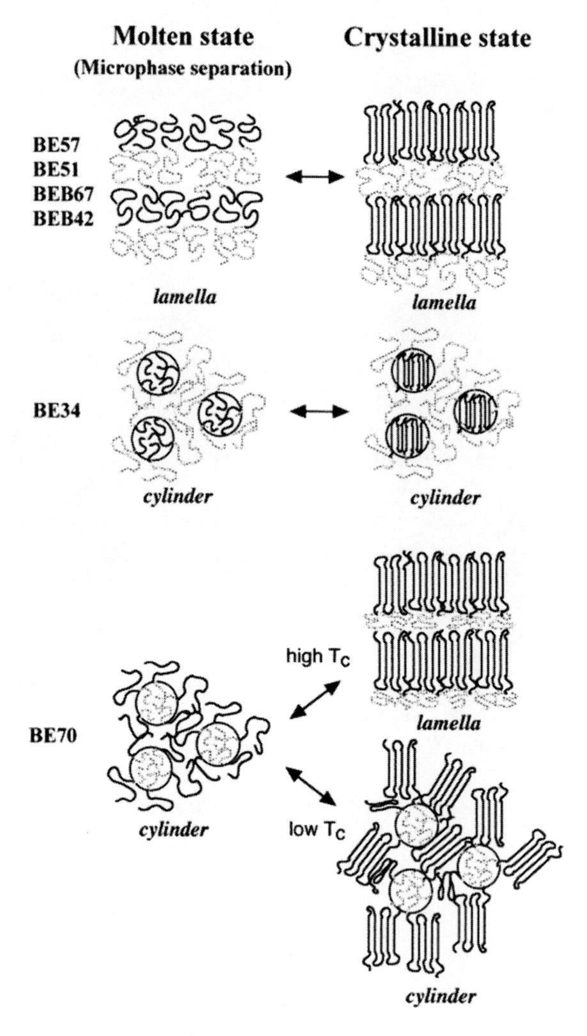

図２　PEG-PBd ブロック共重合体の結晶化による構造構造変化のブロック組成，結晶化温度依存性の模式図[8)]

Takeshita らは，ポリエチレン（PE)-ポリスチレン（PS）において，ミクロ相分離構造下からの結晶化挙動を報告している[9,10)]。PE の融点は PS のガラス転移温度と近く，結晶化する温度域において PS はガラス状である。それを反映して，融解状態において形成されるミクロ相分離構造は結晶化によっても構造を変えることなく，結晶化はミクロ相構造内で進行することが示された。同様の結果は，ポリ（テトラヒドロフラン）(PTHF)-PS[11)]，PEG-ポリ（ビニルシクロヘキサン）(PVCH)[12)]，PEG-PS[13)]等においても報告されている。これらの結果は，系を適切に選択すれば，ミクロ相分離構造を保持したまま，それを鋳型とした結晶化が可能であることを示している。この後に述べる結晶化への影響のみならず，ミクロ相分離構造は可視光に比べて非常に小さいスケールを有しているため，これら系は結晶化しているにもかかわらず透明であることも重要な特徴の一つである。

3　ミクロ相分離による拘束が結晶化に与える効果

ミクロ相分離構造が保持されたままその内部で結晶化が起こる場合，ミクロ相分離というナノサイズの相空間による拘束が結晶化に与える拘束効果が興味ある課題となる。

図3は，上述のPE-PS系において，DSCにより測定した全結晶化速度の温度依存性をアレニウス型プロットとして示したものである[9]。PEホモポリマーと比較すると，結晶化可能温度域が低温側にシフトしていることに加えて，プロットの傾きが示すみかけの活性化エネルギーはブロック共重合体において非常に高くなっていることが分かる。この傾向はジブロック共重合体よりトリブロック共重合体において顕著であることも分かる。このことは，ミクロドメインによる拘束が結晶化に重要な影響を与えること，また，拘束には空間的な拘束とブロック鎖末端のミクロ相分離界面への結合の効果があり得ることを示唆している。これらの挙動は，PTHF-PS[11]，PEG-PVCH[12]，PEG-PS[13]系等においても報告されており，特にガラス状非晶性成分による拘束が結晶化を強く阻害することが明らかとなっている。

Hamleyらや Chenらは，それぞれPE-PVCH[12]，PEG-PS[13]系において，ガラス状ミクロ相分離構造内における結晶化挙動について，結晶の配向方向に着目して報告している。Hamleyらは，PE結晶のc軸のミクロ相分離界面に対する配向方向の分子量依存性を検討した。ブロック共重合体の分子量が低く，分子鎖1本がミクロ相分離界面において占める面積が小さい場合には結晶

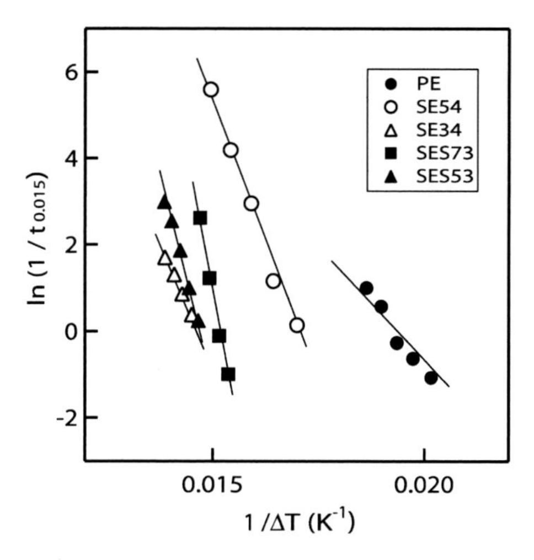

図3　PE-PSブロック共重合体におけるPE全結晶化速度のアレニウス型プロット[9]

PEはホモポリマーを，SEはジブロック共重合体を，SESはトリブロック共重合体（PEが中央成分）を示す。PE，SE，SESの順にみかけの活性化エネルギーは大きくなる。

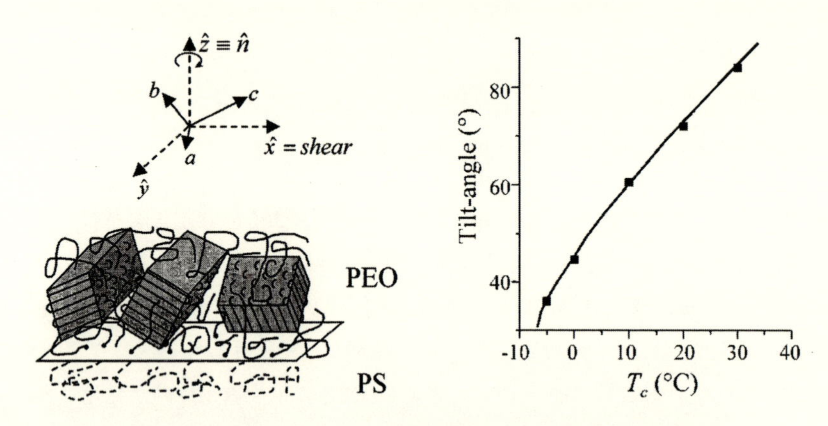

図４　PEG-PS 系におけるミクロ相分離界面と結晶配向の模式図（左），および，ミクロ相分離界面と結晶のｃ軸との関係の結晶化温度依存性。高い温度で結晶化し結晶化速度が遅いほど，ｃ軸はミクロ相分離界面に垂直となる（右）[13]。

c 軸は界面と垂直に配向し，分子量が大きくなるにつれて c 軸が界面と平行になることを示した。Chen らは，界面に対する結晶配向方向には速度論的要因が強く関与していることを PEG-PS 系において示している（図 4）。すなわち，結晶成長速度が比較的高い状況ではミクロ相分離界面に対する結晶配向は生じないが，比較的遅い結晶化速度の下では，最も成長速度が速い成長（120）面の成長方向が界面と平行になる傾向が強く，結果として結晶 c 軸が界面と垂直になるという結論である。

このような拘束された結晶成長においては，結晶成長次元も抑制されうる。例えば，Sakurai らはポリエチレン（PE）-プロピレン（PP）ブロック共重合体と PP をブレンドすることによりミクロドメイン形態を制御し，その結晶成長次元を Avrami 指数から検討した[14]。その結果 Avrami 指数は不連続な変化を示し，ミクロ相分離構造による空間制限が結晶成長次元に影響を与えていることを早い時期に報告している。

4　拘束空間内における「均一核形成」

上で述べたように，ミクロ相分離構造内において結晶化する際，結晶化は阻害され全結晶化速度の温度依存性から見積もった結晶化の活性化エネルギーはみかけ上非常に高くなる。また，結晶化可能な温度域は低温側へと大きくシフトする。これらの要因として様々なことが指摘されてきた。例えば，ガラス状態にある非晶性成分による拘束が体積変化を困難にすること，結晶核発生前に生じると言われている長距離密度ゆらぎ[15,16]よりも相構造の方が小さいため核形成が困難になること等である。

そのような中，Loo らにより「均一核形成」の可能性が指摘された[17,18]。高分子の結晶化において観察される球晶サイズ（数～数百ミクロン）から類推すると，一般的に結晶化が起こる条件と観察の時間スケールにおいて，不均一結晶核の生成頻度はせいぜい数ミクロン角の体積に1個程度である。一方で，ミクロ相分離構造により結晶性成分は数～数十ナノメートルサイズのミクロドメインに分割されていることを考えると，孤立した多数のミクロドメインの中でその内部で不均一核が発生するものは極一部であると考えられる。また，結晶性成分が孤立ドメインであるとすると，不均一核から成長した結晶は，自身が存在するミクロドメイン内を結晶で満たした時点で成長を止める。結果として，結晶性成分の大部分は不均一核からの成長に参加することができず，結晶化のためにはそれぞれの閉じたミクロドメイン内で均一核の形成を待たざるを得ない。したがって，全結晶化速度は核形成速度そのものとなり，これは一次の速度式（Avramiの式として眺めると，Avrami指数 $n=1$）となるという説明である。この考察に基づき，Looらはミクロドメイン内に拘束されたPEの結晶化挙動を検討した。図5は，PEと非晶性高分子（SEB63）からなるブロック共重合体（PE分率 $f_{PE}=14.3$）の結晶化挙動である[17]。比較として示してあるPEホモポリマー（E40）が一般に見られるシグモイド型曲線を示すのに対し，PEが球状ドメイン内に存在するE/SEB63は一次の結晶化動力学を示している。

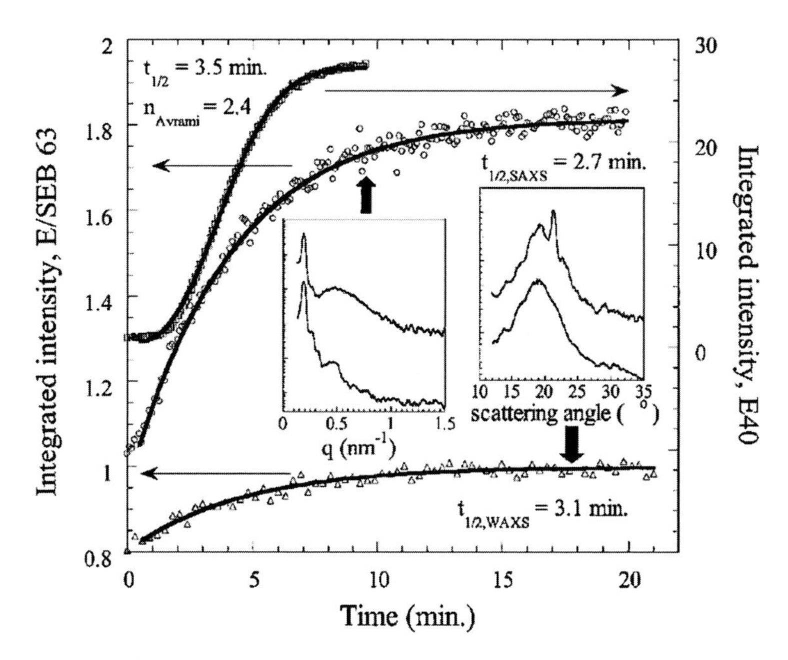

図5　球状ミクロ相分離内に拘束されたPEブロック鎖の結晶化挙動[17)]

SEB63はスチレン-エチレン-ブテンランダム共重合体であり非晶性。PE-SEB63ブロック共重合体（E/SEB63）中のPE分率は14.3%。E40はPEホモポリマーを表す。

5　ミクロドメイン空間による拘束と分子鎖の拘束

上記 Loo らの説明は説得的でありミクロ相分離構造による拘束下での結晶化挙動を非常によく説明可能である。しかし，ミクロ相分離構造内における結晶性成分には2種類の拘束が働くことに注意が必要である。すなわち，空間のサイズと形態による拘束（結晶成長の制限，成長次元の制限，非晶状態における分子鎖の広がりに対する制限等）と分子鎖のミクロ相分離界面への結合に由来する拘束である（図6）[19]。

これら2種類の拘束効果を切り分ける試みが最近報告されている[19~22]。Ho らは PCL ホモポリマーとポリ（エチレン-プロピレン）(PEP)-PS ブロック共重合体をブレンドした系において，PEP-PS ミクロ相分離内に閉じ込められた PCL ホモポリマーの結晶化速度，融点等が PCL ホモポリマーに比して著しく低下することをしめし，空間拘束の効果を論じている[20]。

Nojima らは，ブロック成分鎖間を結合する部位に後から光開裂可能な *o*-ニトロベンジル基を仕込んだポリ（δ-バレロラクトン）(PVL)-PS ブロック共重合体および PCL-PS ブロック共重合体を合成し，系統的な検討を加えている[19, 21~22]。ミクロ相分離形成後，紫外光により結晶性成分鎖を界面から切り離すことにより，ミクロドメインそのものによる空間拘束の効果と界面への連結効果を切り分ける試みである。図7は球状およびシリンダ状ミクロ相分離構造内における PVL の結晶化度の時間依存性である。球状とシリンダ状それぞれに対して，ブロック鎖分離前後のものが示されている。いずれも一次の速度式（Avrami 指数として表現するなら $n=1$）でよく記述可能であり，核形成律速であることが分かる。また，空間次元が低い球状ドメイン内の方がシリンダ状ドメイン内よりも結晶化速度はより遅延していることも分かる。興味深いのは，ここに紫外光を照射しブロック鎖が切り離されミクロドメイン界面からの拘束が取り除かれると，結晶化速度（核形成速度）が遅くなることである。これは，界面への拘束による分子鎖の運動の抑制が核形成促進に寄与するためであろうと考察されている。すなわち，分子鎖の界面への拘束は必ずしも結晶化を促進するとは限らないことを意味している。

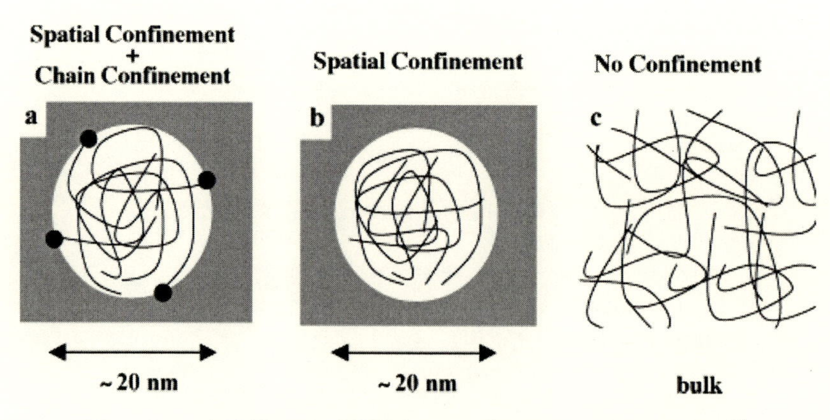

図6　ミクロ相分離による空間拘束と分子鎖の界面への拘束の模式図[19]

Nojimaらのこの方法は，紫外光照射量の調整により，界面から切り離される結晶性成分の量の制御が可能であることが特徴である。図8はシリンダ状ミクロ相分離構造を形成するPCL-PS

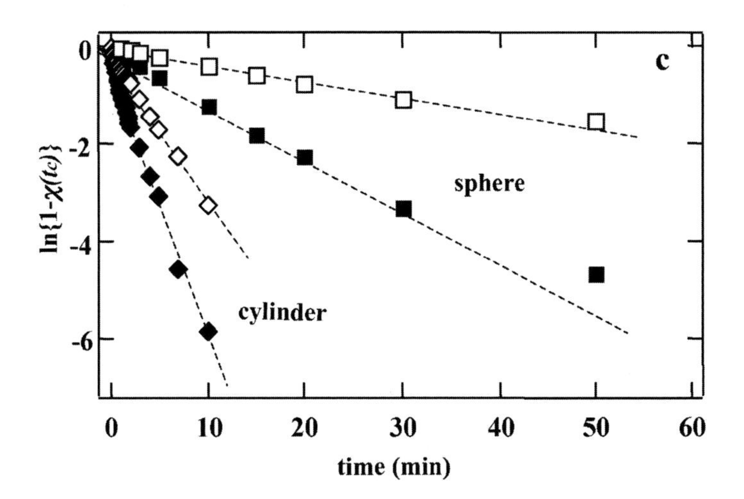

図7　球状およびシリンダ状ミクロ相分離内に拘束されたPVLの結晶化[19)]
□：球状（ブロック切断後），■：球状（ブロック切断前），◇：シリンダ状（ブロック切断後），◆：シリンダ状（ブロック切断前）

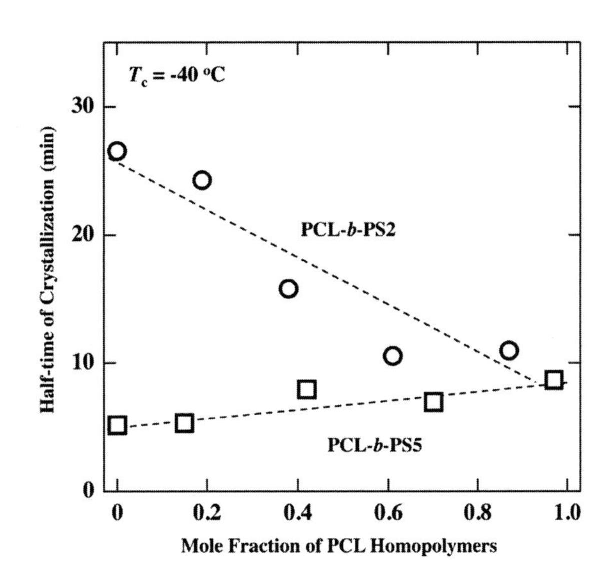

図8　シリンダ状空間内における半結晶化時間のPCLホモポリマー分率（ブロック切断割合）依存性[21)]。異なる二つシリンダ径を有する試料について示している。
□：シリンダ径17.2 nm，○：シリンダ径14.9 nm。

において，ブロック結合開裂度を変えながら（ホモポリマー分率を変えながら）結晶化速度を測定した結果である。シリンダ径の異なる2つのPCL-PSについて示している。光開裂により鎖末端の拘束が緩和されるにともなう結晶化速度の変化は，シリンダ径によって大きく異なっている。鎖末端の界面への拘束の効果が拘束空間サイズにより異なることが，臨界核形成障壁と分子運動の抑制の観点から議論されている。

以上のように，ブロック共重合体が形成するナノスケール相空間が高分子結晶化に及ぼす影響に関しては，合成技術の進歩もあり，非常に精密で工夫された実験が行われるようになってきた。そこで得られている空間拘束の結晶化への影響に関する知見は，薄膜中の高分子結晶化やポリマーブレンド中の数ミクロンのドロップレット内における結晶化の理解にも援用することが出来ると考えられる。また，今回は触れなかったが複数の結晶性成分を含む高分子多成分系（結晶性-結晶性ブロック共重合体，結晶性 / 結晶性ブレンド）においては，先に結晶化し形成された結晶ラメラ間において他方が結晶化することになり，ミクロ相分離とは異なる拘束空間における結晶化が問題になることが知られている[23,24]。

6　おわりに

この20年非常に活発に行われてきたミクロ相分離構造下からの結晶化に関する研究の一部を，結晶化によるミクロ相分離構造の再編，相構造による結晶化（結晶化速度，結晶成長次元）の抑制，鎖末端の界面へのアンカリング効果等に絞って紹介した。合成技術の進歩や測定手法の発達によりこの分野の理解は飛躍的に進んできたが，いまだ定性的理解の範囲を抜け出せていない部分も多い。今後定量的理解を目指したさらなる研究が期待される。

また，最近では，ブロック共重合体が溶液中で形成するミセルを結晶化と結晶融解により制御し，ドラッグデリバリーに利用しようとする試み等，結晶性ブロック共重合体の新しい利用方法も提案されつつある[25,26]。ミクロ相分離，ミセル化，結晶と複雑な相構造支配要因を有する系であるが，それ故に構造制御の可能性は広く，それを利用した新材料開発へと繋がることが期待される。

文　献

1）高分子学会ABC研究会，ポリマーABCハンドブック，基礎編第1章，エヌ・ティー・エス（2001）
2）H. Komiyama *et al., Polymer J.*, **47**, 571 (2015)
3）M. Koga *et al., Macromol. Chem. Phys.*, **219**, 332 (2017)

4) H. Takeshita *et al.*, *Polymer*, **50**, 271 (2009)
5) S. Taniguchi *et al.*, *Polymer*, **49**, 4889 (2008)
6) H. Takeshita *et al.*, *Polymer*, **51**, 799 (2010)
7) S. Nojima *et al.*, *Macromolecules*, **25**, 2237 (1992)
8) T. Shiomi *et al.*, *Macromolecules*, **35**, 8056 (2002)
9) H. Takeshita *et al.*, *J. Polym. Sci., Polym. Phys.*, **42**, 4199 (2004)
10) H. Takeshita *et al.*, *Polymer*, **48**, 7660 (2007)
11) T. Shiomi *et al.*, *Polymer*, **42**, 4997 (2001)
12) I. W. Hamley *et al.*, *Macromolecules*, **29**, 8835 (1996)
13) S. G. D. Chen *et al.*, *J. Am. Chem. Soc.*, **122**, 5957 (2000)
14) K. Sakurai *et al.*, *Macromolecules*, **27**, 4941 (1994)
15) M. Imai *et al.*, *Phys. Rev. Lett.*, **71**, 4162 (1993)
16) G. Matsuba *et al.*, *Phys. Rev. E*, **62**, R1497 (2000)
17) Y. L. Loo *et al.*, *Macromolecules*, **34**, 8968 (2001)
18) Y. L. Loo *et al.*, *Phys. Rev. Lett.*, **84**, 4120 (2000)
19) S. Nojima *et al.*, *Macromolecules*, **41**, 1915 (2008)
20) L. M. Ho *et al.*, *Macromolecules*, **37**, 5985 (2004)
21) S. Nakagawa *et al.*, *Macromolecules*, **46**, 2199 (2013)
22) S. Nakagawa *et al.*, *Polymer*, **55**, 4394 (2014)
23) H. Takeshita *et al.*, *Polymer*, **47**, 8210 (2006)
24) S. Nojima, *et al.*, *Polymer*, **102**, 256 (2016)
25) J. J. Crassous *et al.*, *Polymer*, **62**, A1 (2015)
26) R. C. Hayward *et al.*, *Macromolecules*, **43**, 3577 (2010)

ブロック共重合体の構造制御と応用展開

2018年10月31日　第1刷発行

監　　修	竹中幹人	(T1092)
発 行 者	辻　賢司	
発 行 所	株式会社シーエムシー出版	
	東京都千代田区神田錦町1－17－1	
	電話 03(3293)7066	
	大阪市中央区内平野町1－3－12	
	電話 06(4794)8234	
	http://www.cmcbooks.co.jp/	
編集担当	伊藤雅英／仲田祐子	

〔印刷　倉敷印刷株式会社〕

ISBN978-4-7813-1351-1 C3043 ¥74000E